BKI Baupreise kompakt 2016 Altbau

Statistische Baupreise für Positionen mit Kurztexten

D1985131

BKI Baupreise 2016 Altbau

Statistische Baupreise für Positionen mit Kurztexten

BKI Baukosteninformationszentrum (Hrsg.)
Stuttgart: BKI, 2015

Mitarbeit:
Hannes Spielbauer (Geschäftsführer)
Klaus-Peter Ruland (Prokurist)
Michael Blank
Annette Dyckmans
Wolfgang Mandl
Thomas Schmid
Jeannette Wähner

Fachautoren:
Robert Fetzer
Jörn Luther
Jochen Letsch
Andreas Wagner

Layout, Satz:
Hans-Peter Freund
Thomas Fütterer

Fachliche Begleitung:
Beirat Baukosteninformationszentrum
Hans-Ulrich Ruf (Vorsitzender)
Wolfgang Fehrs (stellv. Vorsitzender)
Peter Esch
Oliver Heiss
Prof. Dr. Wolfdietrich Kalusche
Martin Müller
Prof. Walter Weiss
Prof. Sebastian Zoeppritz

Alle Rechte vorbehalten.
© Baukosteninformationszentrum Deutscher Architektenkammern GmbH

Anschrift:
Bahnhofstraße 1, 70372 Stuttgart
Kundenbetreuung: (0711) 954 854-0
Baukosten-Hotline: (0711) 954 854-41
Telefax: (0711) 954 854-54
info@bki.de, www.bki.de

Für etwaige Fehler, Irrtümer usw. kann der Herausgeber keine Verantwortung übernehmen.

Vorwort

Die Ermittlung, Planung und Überwachung der Baukosten in verschiedenen Planungsphasen eines Bauprojektes ist ein wesentlicher Bestandteil der Architektenleistung.

Das neue Fachbuch unterstützt Architekten, Ingenieure, Sachverständige und alle Fachleute, die mit Baupreisen von Baumaßnahmen im Altbau befasst sind.

Das Fachbuch eignet sich aufgrund seiner kompakten Abmessungen besonders für die schnelle und mobile Baupreisrecherche. Auch für die Bepreisung von Leistungsverzeichnissen, eine neue Grundleistung nach HOAI 2013, ist es ein wertvolles Werkzeug.

Der Anwender findet nach Leistungsbereichen geordnet statistisch ausgewertete Baupreise zu Positionen mit Minimal-, Von-, Mittel-, Bis- und Maximalpreisen sowie erläuternde Stichworttexte und die zugehörigen Mengeneinheiten und Kostengruppen nach DIN 276.

Die Baupreise für Altbau stammen aus den Bereichen Rohbau, Ausbau, Gebäudetechnik, Freianlagen sowie Instandsetzung / Abbruch. Insgesamt befinden sich im Fachbuch Baupreise zu 40 Leistungsbereichen. Alle Kennwerte basieren auf der Analyse realer, abgerechneter Bauwerke, die in der BKI-Baukostendatenbank verfügbar sind.

Mit den BKI Regionalfaktoren für jeden Stadt-/Landkreis passen Anwender die BKI-Bundesdurchschnittspreise an Ihre regionalen Gegebenheiten an.

Besonderer Dank gilt abschließend dem BKI-Beirat, der mit seinem Expertenwissen aus der Architektenpraxis, den Architekten- und Ingenieurkammern, Normausschüssen und Universitäten zum Gelingen der BKI-Fachinformationen beiträgt.

Wir wünschen allen Anwendern des neuen Fachbuchs viel Erfolg in allen Phasen der Kostenplanung. Anregungen und Kritik zur Verbesserung der BKI-Fachbücher sind uns jederzeit willkommen.

Hannes Spielbauer	Klaus-Peter Ruland
Geschäftsführer	Prokurist

Baukosteninformationszentrum
Deutscher Architektenkammern GmbH
Stuttgart, im November 2015

Inhalt

Seite

Benutzerhinweise

Baupreise für die Positionen der Leistungsbereiche (LB)

Einführung

Dieses Fachbuch wendet sich an Architekten, Ingenieure, Sachverständige und sonstige Fachleute, die mit Kostenermittlungen von Hochbaumaßnahmen befasst sind. Es enthält statistische Baupreise für „Positionen", geordnet nach den Leistungsbereichen nach StLB. Neben den Mittelwerten sind auch Von-Bis-Werte und Minimal-Maximal-Werte angegeben. Bei den Von-Bis-Werten handelt es sich um mit der Standardabweichung berechnete Bandbreiten, wobei Werte über dem Mittelwerte und Werte unter dem Mittelwert getrennt betrachtet werden. Der Mittelwert muss deshalb nicht zwingend in der Mitte der Bandbreite liegen.

Durch Übernahme der BKI Regionalfaktoren in die Datenbank wurde es möglich, die Objekte und damit auch deren Positionspreise auch hinsichtlich des Bauortes zu bewerten. Für statistische Auswertungen rechnet BKI so, als ob das Objekt nicht am Bauort, sondern in einer mit dem Bundesdurchschnitt identischen Region gebaut worden wäre.

Die regional bedingten Kosteneinflussfaktoren sind somit aus den hier veröffentlichten Positionspreisen herausgerechnet. Das soll aber nicht darüber hinwegtäuschen, dass Positionspreise darüber hinaus weiteren vielfältigen Einflussfaktoren unterliegen.

Alle Baupreise wurden objektorientiert ermittelt und basieren auf der Analyse realer, abgerechneter Vergleichsobjekte, die derzeit in der BKI-Baukostendatenbank verfügbar sind.

Benutzerhinweise

1. Definitionen

Positionen sind Teilleistungen die in einem Leistungsverzeichnis eine zu erbringende Leistung eindeutig beschreiben. Bestandteile der Positionen sind Positionsnummer, Kurztext, Langtext, Abrechnungseinheit, Einheitspreis, Gesamtpreis und Kostengruppen nach DIN 276. Die Positionsnummer dient als Sortierkriterium innerhalb des Leistungsverzeichnisses, welches sich meist in hierarchischen Stufen mit Gewerken und Titeln strukturiert. Die Kurztexte dienen der verkürzten Darstellung und als schnelles Selektionskriterium. Der Langtext beschreibt dann die geforderte Leistung eindeutig. Einheitspreise sind Preise, welche in Verrechnung mit definierter Einheit den Gesamtpreis ergeben.

Bei dieser Veröffentlichung in kompakter Form wird der Kurztext mit einem konkretisierenden Schlagworttext ergänzt. Die Sortierung der Positionen erfolgt ohne Titel über Gewerke und den Positionsnummern. Der Einheitspreis wird Netto und Brutto in fünf Preisstufen auf der Basis abgerechneter Bauleistungen nach statistischer Methode dargestellt.

2. Kostenstand und Mehrwertsteuer

Kostenstand aller Kennwerte ist das 3. Quartal 2015. Alle Baupreise dieses Fachbuchs werden in brutto und netto angegeben. Die Angabe aller Baupreise dieser Veröffentlichung erfolgt in Euro. Die vorliegenden Baupreise sind Orientierungswerte. Sie können nicht als Richtwerte im Sinne einer verpflichtenden Obergrenze angewendet werden.

3. Datengrundlage

Grundlage der Tabellen sind statistische Analysen abgerechneter Bauvorhaben. Die Daten wurden mit größtmöglicher Sorgfalt vom BKI bzw. seinen Dokumentationsstellen erhoben. Dies entbindet den Benutzer aber nicht davon, angesichts der vielfältigen Kosteneinflussfaktoren die genannten Orientierungswerte eigenverantwortlich zu prüfen und entsprechend dem jeweiligen Verwendungszweck anzupassen. Für die Richtigkeit der im Rahmen einer Kostenermittlung eingesetzten Werte können daher weder Herausgeber noch Verlag eine Haftung übernehmen.

4. Anwendungsbereiche

Die Baupreise sind Orientierungswerte, sie können bei Kostenberechnungen und Kostenanschlägen angewendet werden. Die formalen Mindestanforderungen hinsichtlich der Darstellung der Ergebnisse einer Kostenermittlung sind in DIN 276 : 2008-12 unter Ziffer 3 Grundsätze der Kostenplanung festgelegt. Die Anwendung des Positions-Verfahrens bei Kostenermittlungen setzt voraus, dass genügend Planungsinformationen vorhanden sind, um Qualitäten und Mengen von Positionen ermitteln zu können.

5. Geltungsbereiche

Die genannten Baupreise spiegeln in etwa das durchschnittliche Baukostenniveau in Deutschland wider. Die Geltungsbereiche der Tabellenwerte sind fließend. Die „von-/ bis-Werte" markieren weder nach oben noch nach unten absolute Grenzwerte. Auch die Minimal- Maximal-Werte sind nur als Minimum und Maximum der in der Stichprobe enthaltenen Werte zu verstehen. Das schließt nicht aus, dass diese Werte in der Praxis unter- oder überschritten werden können.

6. von-bis Preise

Die „von-bis Preise" wurden mit der Standardabweichung ermittelt, ein statistisches Verfahren, das aus dem kompletten Spektrum der Preisbeispiele einen wahrscheinlichen Mittelbereich errechnet. Um dem Umstand Rechnung zu tragen, dass Abweichungen vom Mittelwert (BKI-Bundesdurchschnittswert) nach oben bei Baupreisen wahrscheinlicher sind als nach unten, wurde die Standardabweichung für Preise oberhalb des Mittelwertes getrennt von denen unterhalb des Mittelwertes ermittelt.

7. BKI-Bundesdurchschnittswerte / Regionalfaktor Stadt-/Landkreis

Grundlage der BKI Regionalfaktoren, die auch der Normierung der Baupreise der dokumentierten Objekte auf Bundesniveau zu Grunde liegen, sind Daten aus der amtlichen Bautätigkeitsstatistik der statistischen Landesämter.

Zusätzlich wurden von BKI Verfahren entwickelt, um die Daten prüfen und Plausibilitätsprüfungen unterziehen zu können.

Für den Anwender bedeutet die regionale Normierung der Daten auf einen BKI-Bundesdurchschnitt (Mittelwert), dass einzelne Baupreise oder das Ergebnis einer Kostenermittlung einfach mit dem Regionalfaktor des Standorts des geplanten Objekts multipliziert werden können. Die landkreisbezogenen Regionalfaktoren finden sich im Anhang des Buchs ab Seite 294.

8. Einflüsse auf Baupreise

In den Streubereichen (von-/bis-Werte) der Baupreise spiegeln sich die vielfältigen Einflüsse aus Nutzung, Markt, Gebäudegeometrie, Ausführungsstandard, Projektgröße etc. wider. Die Orientierungswerte können daher nicht schematisch übernommen werden, sondern müssen entsprechend den spezifischen Planungsbedingungen überprüft und ggf. angepasst werden. Mögliche Einflüsse, die eine Anpassung der Orientierungswerte erforderlich machen, können sein:

- besondere Nutzungsanforderungen,
- Standortbedingungen (Erschließung, Immission, Topographie, Bodenbeschaffenheit),
- Bauwerksgeometrie (Grundrissform, Geschosszahlen, Geschosshöhen, Dachform, Dachaufbauten),

- Bauwerksqualität (gestalterische, funktionale und konstruktive Besonderheiten),
- Quantität (Positionsmengen),
- Baumarkt (Zeit, regionaler Baumarkt, Vergabeart).

9. Urheberrechte

Alle Objektinformationen und die daraus abgeleiteten Auswertungen (Statistiken) sind urheberrechtlich geschützt. Die Urheberrechte liegen bei den jeweiligen Büros, Personen bzw. bei BKI.

Es ist ausschließlich eine Anwendung der Daten im Rahmen der praktischen Kostenplanung im Hochbau zugelassen. Für eine anderweitige Nutzung oder weiterführende Auswertungen behält sich BKI alle Rechte vor.

Erläuterungen

1

386
Nachträgliche Querschnitts-abdichtung in Mauerwerk

Nachträgliche Querschnittsabdichtung in Mauerwerk **Preise €**

Nr.	Kurztext / Stichworte Einheit / Kostengruppe		▶	▷	brutto ø netto ø	◁	◀
17	**Horizontalsperre, Sägen, weich, bis 25cm** Horizontalabdichtung, Sägeverfahren; Platten/Bahnen; Mauerdicke bis 25cm; sägen und mit Quellmörtel auspressen; Ziegelmauerwerk, weich; inkl. Fugen schließen						
	m	**€ brutto**	**73**	**77**	**97**	**104**	**112**
	KG 395	€ netto	61	65	82	87	94
18	**Horizontalsperre, Sägen, weich, bis 38cm** Horizontalabdichtung, Sägeverfahren; Platten/Bahnen; Mauerdicke bis 38cm; sägen und mit Quellmörtel auspressen; Ziegelmauerwerk, weich; inkl. Fugen schließen						
	m	**€ brutto**	**82**	**87**	**109**	**117**	**125**
	KG 395	€ netto	69	73	92	98	105
19	**Horizontalsperre, Sägen, weich, bis 50cm** Horizontalabdichtung, Sägeverfahren; Platten/Bahnen; Mauerdicke bis 50cm; sägen und mit Quellmörtel auspressen; Ziegelmauerwerk, weich; inkl. Fugen schließen						
	m	**€ brutto**	**104**	**111**	**139**	**149**	**160**
	KG 395	€ netto	88	93	117	125	135

2 6 3 4 5

Erläuterung nebenstehender Tabelle

Alle Baupreise werden mit und ohne Mehrwertsteuer dargestellt.
Kostenstand: 3.Quartal 2015.
Kosten und Baupreise umgerechnet auf den Bundesdurchschnitt.

❶

Leistungsbereich mit Nummer entsprechend Standardleistungsbuch

❷

Ordnungsziffer im jeweiligen Leistungsbereich
Sind die Positionen nicht lückenlos durchnummeriert, ist die fehlende Position nur in unserer Datenbank sowie auf der CD BKI-Positionen 2015 veröffentlicht. Es handelt sich hierbei um Leistungen, welche vergleichbar bereits in dieser Veröffentlichung enthalten sind und nur elektronisch einen Mehrwert haben.

❸

Kurztext der Position

❹

Stichworte aus dem Mustertext mit:
Gegenstand, Material, Dimension, Verarbeitung, Ort, Sonstige

❺

Abrechnungseinheit; Einheitspreise brutto und netto mit min/von/mittel/bis/max-Werten

❻

Kostengruppe nach DIN 276

Gliederung in Leistungsbereiche nach STLB-Bau

Als Beispiel für eine ausführungsorientierte Ergänzung der Kostengliederung werden im Folgenden die Leistungsbereiche des Standardleistungsbuches für das Bauwesen in einer Übersicht dargestellt.

000 Sicherheitseinrichtungen, Baustelleneinrichtungen
001 Gerüstarbeiten
002 Erdarbeiten
003 Landschaftsbauarbeiten
004 Landschaftsbauarbeiten -Pflanzen
005 Brunnenbauarbeiten und Aufschlussbohrungen
006 Spezialtiefbauarbeiten
007 Untertagebauarbeiten
008 Wasserhaltungsarbeiten
009 Entwässerungskanalarbeiten
010 Drän- und Versickerarbeiten
011 Abscheider- und Kleinkläranlagen
012 Mauerarbeiten
013 Betonarbeiten
014 Natur-, Betonwerksteinarbeiten
016 Zimmer- und Holzbauarbeiten
017 Stahlbauarbeiten
018 Abdichtungsarbeiten
020 Dachdeckungsarbeiten
021 Dachabdichtungsarbeiten
022 Klempnerarbeiten
023 Putz- und Stuckarbeiten, Wärmedämmsysteme
024 Fliesen- und Plattenarbeiten
025 Estricharbeiten
026 Fenster, Außentüren
027 Tischlerarbeiten
028 Parkett-, Holzpflasterarbeiten
029 Beschlagarbeiten
030 Rollladenarbeiten
031 Metallbauarbeiten
032 Verglasungsarbeiten
033 Baureinigungsarbeiten
034 Maler- und Lackierarbeiten - Beschichtungen
035 Korrosionsschutzarbeiten an Stahlbauten
036 Bodenbelagarbeiten
037 Tapezierarbeiten
038 Vorgehängte hinterlüftete Fassaden
039 Trockenbauarbeiten

040 Wärmeversorgungsanlagen - Betriebseinrichtungen
041 Wärmeversorgungsanlagen - Leitungen, Armaturen, Heizflächen
042 Gas- und Wasseranlagen - Leitungen, Armaturen
043 Druckrohrleitungen für Gas, Wasser und Abwasser
044 Abwasseranlagen - Leitungen, Abläufe, Armaturen
045 Gas-, Wasser- und Entwässerungsanlagen - Ausstattung, Elemente, Fertigbäder
046 Gas-, Wasser- und Entwässerungsanlagen - Betriebseinrichtungen
047 Dämm- und Brandschutzarbeiten an technischen Anlagen
049 Feuerlöschanlagen, Feuerlöschgeräte
050 Blitzschutz- / Erdungsanlagen, Überspannungsschutz
051 Kabelleitungstiefbauarbeiten
052 Mittelspannungsanlagen
053 Niederspannungsanlagen - Kabel/Leitungen, Verlegesysteme, Installationsgeräte
054 Niederspannungsanlagen - Verteilersysteme und Einbaugeräte
055 Ersatzstromversorgungsanlagen
057 Gebäudesystemtechnik
058 Leuchten und Lampen
059 Sicherheitsbeleuchtungsanlagen
060 Elektroakustische Anlagen, Sprechanlagen, Personenrufanlagen
061 Kommunikationsnetze
062 Kommunikationsanlagen
063 Gefahrenmeldeanlagen
064 Zutrittskontroll-, Zeiterfassungssysteme
069 Aufzüge
070 Gebäudeautomation
075 Raumlufttechnische Anlagen
078 Kälteanlagen für raumlufttechnische Anlagen
080 Straßen, Wege, Plätze
081 Betonerhaltungsarbeiten
082 Bekämpfender Holzschutz
083 Sanierungsarbeiten an schadstoffhaltigen Bauteilen
084 Abbruch- und Rückbauarbeiten
085 Rohrvortriebsarbeiten
087 Abfallentsorgung, Verwertung und Beseitigung
090 Baulogistik
091 Stundenlohnarbeiten
096 Bauarbeiten an Bahnübergängen
097 Bauarbeiten an Gleisen und Weichen
098 Witterungsschutzmaßnahmen

Die BKI-Gliederung des vorliegenden Fachbuchs orientiert sich am Standardleistungsbuch für das Bauwesen. Die Nummern der Leistungsbereiche werden jedoch beim Altbau mit 3xx gekennzeichnet.

Abkürzungsverzeichnis

Einheiten

m	Meter
m^2	Quadratmeter
m^3	Kubikmeter
cm	Zentimeter
cm^2	Quadratzentimeter
mm	Millimeter
µm	Mikrometer
kg	Kilogramm
t	Tonne
l	Liter
St	Stück
h	Stunde
min	Minute
s	Sekunde
d	Tag
Mt	Monat
Wo	Woche

Mengenangaben

A	Fläche
V	Volumen
D	Durchmesser
d	Dicke
h	Höhe
b	Breite
l	Länge
t	Tiefe
lw	lichte Weite
k	k-Wert
U	u-Wert
psch	Pauschal

Kombinierte Einheiten

mh	Meter pro Stunde
md	Meter pro Tag
mWo	Meter pro Woche
mMt	Meter pro Monate
ma	Meter pro Jahr
m^2d	Quadratmeter pro Tag
m^2Wo	Quadratmeter pro Woche
m^2Mt	Quadratmeter pro Monat
m^3d	Kubikmeter pro Tag
m^3Wo	Kubikmeter pro Woche
m^3Mt	Kubikmeter pro Monat
Sth	Stück pro Stunde
Std	Stück pro Tag
StWo	Stück pro Woche
StMt	Stück pro Monat
td	Tonne pro Tag
tMt	Tonne pro Monat
tWo	Tonne pro Monat

Rechenzeichen

<	kleiner
>	größer
<=	kleiner gleich
>=	größer gleich
-	bis

Abkürzungen

AN	Auftragnehmer	KVH	Konstruktionsvollholz
AG	Auftraggeber	LM	Leichtmetall
AP	Arbeitsplätze	LZR	Luftzwischenraum (Isolierglas)
APP	Appartement	MF	Mineralfaser
BB	BB-Schloss=Buntbartschloss	MG	Mörtelgruppe
BK	Bodenklasse	MW	Mauerwerk
BSH	Brettschichtholz	MW	Mineralwolle
DD	DD-Lack=Polyurethan-Lack	MW	Maulweite (Zargen)
DN	Durchmesser, Nennmaß (DN80)	NF	Normalformat
DF	Dünnformat	NF	Nutzfläche
DG	Dachgeschoss	NF	Nut und Feder
DK	Dreh-/Kipp(-flügel)	NH	Nadelholz
DHH	Doppelhaushälfte	OG	Obergeschoss
EG	Erdgeschoss	OK	Oberkante
ELW	Einliegerwohnung	OSB	Oriented Strand Board, Spanplatte
ETW	Etagenwohnung	PE	Polyethylen
EPS	expandierter Polystyrolschaum	PE-HD	Polyethylen, hohe Dichte
ESG	Einscheiben-Sicherheitsglas	PES	Polyester
F90-A	Feuerwiderstandsklasse 90min	PP	Polypropylen
GK	Gipskarton	PS	Polystyrol
GKB	Gipskarton-Bauplatten	PU	Polyurethan
GKF	Gipskarton-Feuerschutz	PVC	Polyvinylchlorid
GKI	Gipskarton - imprägniert	PZ	Profilzylinder
GKL	Güteklasse	RD	rauchdicht
Gl	Glieder (Heizkörper)	RRM	Rohbaurichtmaß
Hlz	Hochlochziegel	RS	Rauchschutz (Türen)
HDF	hochdichte Faserplatte	RW	Regenwasser
HT	Hochtemperatur-Abflussrohr	RWA	Rauch-Wärme-Abzug
i.L.	im Lichten	SML	Gusseisen-Abwasserrohr
i.M.	im Mittel	Stb	Stahlbeton
KG	Kellergeschoss	STP	Stellplatz
KG	Kunststoff Grundleitung	Stg	Steigung
KFZ	Kraftfahrzeug	TG	Tiefgarage
KITA	Kindertagesstätte	T30	Tür mit Feuerwiderstand 30min
KS	Kalksandstein	UK	Unterkante
KSL	Kalksandstein-Lochstein	UK	Unterkonstruktion
KSV	Kalksandstein-Vollstein	VK	Vorderkante
KSVm	Kalksandstein-Vormauerwerk	VSG	Verbund-Sicherheitsglas

Abkürzungen

V2A	Edelstahl
V4A	Edelstahl
WDVS	Wärmedämmverbundsystem
WE	Wohneinheit
WK	Einbruch-Widerstandsklasse
WLG	Wärmeleitgruppe
WLS	Wärmeleitstufe
WU	wasserundurchlässig (Beton)
ZTV	zusätzl. techn. Vorbemerkungen

A

Rohbau

300

Sicherheitseinrichtungen, Baustelleneinrichtungen

Sicherheitseinrichtungen, Baustelleneinrichtungen **Preise €**

Nr.	Kurztext / Stichworte Einheit / Kostengruppe		▶	▷	brutto ø netto ø	◁	◀
1	**Bauzaun, Höhe 2,00m** Bauzaun; Höhe 2,00m; aufstellen, vorhalten, abbauen						
	m	**€ brutto**	**5,3**	**11,9**	**14,7**	**22,2**	**31,7**
	KG 391	€ netto	4,4	10,0	12,3	18,7	26,6
2	**Bauzaun umsetzen** Bauzaun; Höhe 2,00m; umsetzen; inkl. Türen, Tore						
	m	**€ brutto**	**1,5**	**3,6**	**4,1**	**5,9**	**10,7**
	KG 391	€ netto	1,2	3,1	3,4	4,9	9,0
3	**Tür, Bauzaun** Bauzauntür; 2,10x1,20m; einbauen, vorhalten, abbauen						
	St	**€ brutto**	**40**	**64**	**77**	**114**	**162**
	KG 391	€ netto	33	54	65	96	136
4	**Baustraße** Baustraße/Bauweg; Breite bis 2,50m; provisorisch herstellen, vorhalten, abbauen						
	m²	**€ brutto**	**5,0**	**9,7**	**12,3**	**15,0**	**20,5**
	KG 391	€ netto	4,2	8,2	10,3	12,6	17,2
5	**Bauwasseranschluss, 3 Zapfstellen** Bauwasseranschluss; 3 Zapfstellen; herstellen, vorhalten, abbauen						
	St	**€ brutto**	**119**	**383**	**485**	**701**	**1.248**
	KG 391	€ netto	100	322	407	589	1.048
6	**Bauwasseranschluss heranführen** Bauwasserleitung; DN32; provisorisch herstellen, vorhalten, abbauen; öffentlicher Anschluss						
	m	**€ brutto**	**17**	**35**	**37**	**44**	**61**
	KG 391	€ netto	14	29	31	37	52
7	**Baustromanschluss** Baustromanschluss; Leitung bis 50m; herstellen, vorhalten, abbauen						
	St	**€ brutto**	**204**	**411**	**495**	**610**	**966**
	KG 391	€ netto	172	345	416	513	812
8	**Baustrom, Zuleitung** Baustromzuleitung; Leitung bis 50m; herstellen, vorhalten, abbauen						
	m	**€ brutto**	**5,0**	**8,3**	**8,9**	**10,5**	**14,2**
	KG 391	€ netto	4,2	7,0	7,4	8,8	12,0
9	**Baustromverteiler** Baustromverteiler; aufstellen, vorhalten, abbauen						
	St	**€ brutto**	**61**	**206**	**264**	**346**	**534**
	KG 391	€ netto	51	173	222	291	449

 © BKI Baukosteninformationszentrum

Sicherheitseinrichtungen, Baustelleneinrichtungen — Preise €

Nr.	Kurztext / Stichworte Einheit / Kostengruppe		▶	▷	brutto ø netto ø	◁	◀
10	**WC-Kabine** WC-Kabine; aufstellen, vorhalten, abbauen; wöchentliche Reinigung						
	St	**€ brutto**	**99**	**199**	**253**	**296**	**418**
	KG 391	€ netto	84	168	213	249	351
11	**Mobilkran** Mobilkran bereitstellen; aufbauen, unterhalten, abbauen; inkl. Bedienung						
	h	**€ brutto**	**89**	**141**	**159**	**165**	**220**
	KG 391	€ netto	75	119	134	138	185
12	**Baustellenaufzug, bis 800kg Nutzlast** Bauaufzug; bis 800kg, Förderhöhe bis 16,00m, Fahrkorb 2,00m²; aufstellen, vorhalten, abbauen						
	St	**€ brutto**	**804**	**1.482**	**1.946**	**2.361**	**3.079**
	KG 391	€ netto	675	1.245	1.635	1.984	2.587
13	**Bautreppe, Holz** Bautreppe; Holz						
	St	**€ brutto**	**179**	**441**	**582**	**895**	**1.522**
	KG 391	€ netto	150	371	489	752	1.279
14	**Seitenschutz, Treppe** Seitenschutz; Geländer; zweiteilig, aufbauen, vorhalten, abbauen; Treppenläufe						
	m	**€ brutto**	**7,0**	**13,8**	**18,1**	**24,2**	**36,1**
	KG 391	€ netto	5,9	11,6	15,2	20,3	30,4
15	**Bautür, Stahlblech** Bautür; Stahl; 1,26x2,26m; montieren, entfernen						
	St	**€ brutto**	**59**	**143**	**178**	**240**	**370**
	KG 391	€ netto	50	120	149	202	311
16	**Schutzabdeckung, Boden, Holzplatten** Schutzabdeckung; Holzplatten; vollflächig abdecken, abbauen; Boden						
	m²	**€ brutto**	**7,1**	**12,3**	**14,9**	**16,5**	**21,0**
	KG 397	€ netto	6,0	10,4	12,6	13,9	17,6
17	**Schutzwand, Folienbespannung** Staubschutzwand; Holzkonstruktion, Gitterfolie; Höhe 3,50m; herstellen, vorhalten, abbauen						
	m²	**€ brutto**	**17**	**24**	**27**	**32**	**42**
	KG 397	€ netto	14	20	22	27	35
18	**Schutzwand, Holz beplankt** Bauschutzwand, Holzbeplankung; Holzwerkstoffplatten; Höhe 3,00m; beidseitig beplankt, vorhalten, abbauen						
	m²	**€ brutto**	**14**	**41**	**54**	**81**	**115**
	KG 397	€ netto	12	34	45	68	97

Sicherheitseinrichtungen, Baustelleneinrichtungen — Preise €

Nr.	Kurztext / Stichworte Einheit / Kostengruppe		▶	▷	brutto ø netto ø	◁	◀
19	**Witterungsschutz, Fensteröffnung** Witterungsschutz; Holzkonstruktion, PE-Folie; Dicke 0,5mm; herstellen, vorhalten, abbauen						
	m^2	€ brutto	2,5	14,7	18,1	27,2	43,5
	KG 397	€ netto	2,1	12,3	15,2	22,8	36,5
20	**Schutzabdeckung, Bauplane** Schutzabdeckung; Plane; anbringen, entfernen; Bauteile, Gerüste, offene Dächer						
	m^2	€ brutto	2,3	5,4	6,0	9,2	14,1
	KG 397	€ netto	1,9	4,6	5,0	7,7	11,9
21	**Bauschuttcontainer; gemischter Bauschutt** Bauschuttcontainer; Mischgut; 7,00m³; aufstellen, vorhalten, abfahren						
	St	€ brutto	201	380	455	539	739
	KG 391	€ netto	169	319	382	453	621
22	**Bauschuttcontainer, Holzabfälle** Bauschuttcontainer; Holz; 7,00m³; aufstellen, vorhalten, abfahren						
	St	€ brutto	196	235	264	281	320
	KG 391	€ netto	164	197	222	236	269
23	**Bauschuttcontainer, sortierter Bauschutt** Bauschuttcontainer; sortierter Schutt; 7,00m³; aufstellen, vorhalten, abfahren						
	St	€ brutto	110	253	293	408	615
	KG 391	€ netto	93	213	246	343	517
24	**Deponiegebühr, gemischter Bauschutt** Deponiegebühr; gemischter Bauschutt/Sperrmüll; laden, abfahren, entsorgen						
	m^3	€ brutto	16	57	70	101	155
	KG 391	€ netto	13	48	59	85	130
25	**Bauschild, Grundplatte** Bauschild, Grundplatte; aufstellen, vorhalten, abbauen						
	St	€ brutto	979	1.880	2.229	2.810	4.494
	KG 391	€ netto	822	1.580	1.873	2.362	3.777
26	**Schuttabwurfschacht, ca. 60cm** Schuttabwurfschacht; Durchmesser 60cm; aufstellen, vorhalten, abbauen; Innen-/Außenbereich						
	m	€ brutto	2,7	19,5	24,6	30,0	48,5
	KG 391	€ netto	2,3	16,4	20,6	25,2	40,8

© BKI Baukosteninformationszentrum

Kosten: Stand 3.Quartal 2015, Bundesdurchschnitt

Sicherheitseinrichtungen, Baustelleneinrichtungen **Preise €**

Nr.	Kurztext / Stichworte Einheit / Kostengruppe		▶	▷	brutto ø netto ø	◁	◀
27	**Schuttabwurfschacht, bis 8,00m** Schuttabwurfschacht; Durchmesser 60cm, Höhe 4,00-8,00m; aufstellen, vorhalten, abbauen; Innen-/Außenbereich						
	St	**€ brutto**	**81**	**191**	**220**	**236**	**466**
	KG 391	€ netto	68	161	185	198	391

301
Gerüstarbeiten

Gerüstarbeiten **Preise €**

Nr.	Kurztext / Stichworte Einheit / Kostengruppe		▶	▷	brutto ø netto ø	◁	◀
1	**Fassadengerüst, LK 3, SW06** Arbeitsgerüst, LK 3; Breite 0,60m; aufbauen, vorhalten, abbauen; Fassade						
	m²	**€ brutto**	**4,8**	**6,0**	**6,5**	**7,1**	**8,5**
	KG 392	€ netto	4,1	5,0	5,5	6,0	7,2
2	**Fassadengerüst, LK 4, SW09** Arbeitsgerüst, LK 4; Breite 0,90m; aufbauen, gebrauchsüberlassen, abbauen; Fassade						
	m²	**€ brutto**	**6,1**	**7,7**	**8,2**	**9,8**	**12,7**
	KG 392	€ netto	5,1	6,5	6,9	8,2	10,7
3	**Fassadengerüst, LK 5, SW09** Arbeitsgerüst, LK 5; Breite 0,90m; aufbauen, gebrauchsüberlassen, abbauen; Fassade						
	m²	**€ brutto**	**6,8**	**12,0**	**12,1**	**15,7**	**20,9**
	KG 392	€ netto	5,8	10,1	10,2	13,2	17,5
4	**Fassadengerüst, Gebrauchsüberlassung** Gebrauchsüberlassung, Fassadengerüst; je Woche						
	m²Wo	**€ brutto**	**0,1**	**0,2**	**0,2**	**0,3**	**0,5**
	KG 392	€ netto	<0,1	0,2	0,2	0,3	0,4
5	**Gerüst umsetzen** Gerüst umsetzen, LK 3; Breite 0,60m; im Ganzen/in Abschnitten						
	m²	**€ brutto**	**3,6**	**5,5**	**6,4**	**8,2**	**13,5**
	KG 392	€ netto	3,1	4,6	5,4	6,9	11,3
6	**Standfläche herstellen** Standfläche; herstellen; Außenbereich						
	m	**€ brutto**	**3,6**	**6,8**	**8,5**	**10,9**	**14,4**
	KG 392	€ netto	3,0	5,7	7,1	9,2	12,1
7	**Standgerüst, innen** Standgerüst, LK 3; aufbauen, gebrauchsüberlassen, abbauen; Innenbereich						
	m²	**€ brutto**	**4,8**	**6,5**	**7,1**	**8,9**	**13,1**
	KG 392	€ netto	4,1	5,4	6,0	7,5	11,0
8	**Raumgerüst, Lastklasse 3** Raumgerüst, LK3; aufbauen, vorhalten, abbauen; Innenbereich						
	m³	**€ brutto**	**3,2**	**5,9**	**7,1**	**11,8**	**18,5**
	KG 392	€ netto	2,7	4,9	6,0	9,9	15,5
9	**Raumgerüst, Gebrauchsüberlassung** Gebrauchsüberlassung, Raumgerüst; je Woche						
	m³Wo	**€ brutto**	**0,1**	**0,1**	**0,2**	**0,2**	**0,3**
	KG 392	€ netto	<0,1	0,1	0,1	0,2	0,3

© BKI Baukosteninformationszentrum

Kosten: Stand 3.Quartal 2015, Bundesdurchschnitt

Gerüstarbeiten — Preise €

Nr.	Kurztext / Stichworte Einheit / Kostengruppe		▶	▷	brutto ø netto ø	◁	◀
10	**Fahrgerüst, Lastklasse 2-3** Fahrgerüst LK 2-3; Breite 0,60m, Höhe 5,00m; aufbauen, gebrauchsüberlassen, abbauen						
	St	**€ brutto**	**72**	**197**	**246**	**358**	**648**
	KG 392	€ netto	61	166	207	301	544
11	**Gerüstverbreiterung, bis 30cm** Gerüstverbreiterung; bis 30cm; inkl. Beläge, Seitenschutz, Absteifungen						
	m	**€ brutto**	**3,8**	**6,6**	**7,7**	**8,9**	**11,1**
	KG 392	€ netto	3,2	5,5	6,4	7,4	9,4
12	**Gerüstverbreiterung, bis 70cm** Gerüstverbreiterung; bis 0,70m; inkl. Beläge, Seitenschutz, Absteifungen						
	m	**€ brutto**	**7,2**	**9,2**	**10,2**	**10,8**	**12,4**
	KG 329	€ netto	6,0	7,7	8,6	9,1	10,5
13	**Gebrauchsüberlassung Gerüstverbreiterung** Gebrauchsüberlassung, Gerüstverbreiterung; je Woche						
	mWo	**€ brutto**	**0,1**	**0,1**	**0,2**	**0,2**	**0,4**
	KG 392	€ netto	<0,1	0,1	0,1	0,2	0,3
14	**Dachfanggerüst, Höhe 3,00m** Dachfanggerüst, Erweiterung; Fanglage, Schutzwand						
	m	**€ brutto**	**5,3**	**10,6**	**12,9**	**16,0**	**22,7**
	KG 392	€ netto	4,4	8,9	10,8	13,4	19,1
15	**Dachfanggerüst, Gebrauchsüberlassung** Gebrauchsüberlassung Fanggerüst; je Woche						
	mWo	**€ brutto**	**0,1**	**0,2**	**0,3**	**0,3**	**0,4**
	KG 392	€ netto	<0,1	0,2	0,2	0,3	0,4
16	**Überbrückung, Gerüst** Überbrückung, Gerüst; inkl. Belag, Seitenschutz						
	m	**€ brutto**	**11**	**20**	**24**	**30**	**45**
	KG 392	€ netto	8,9	16,9	20,3	25,2	37,4
17	**Überbrückung, Gebrauchsüberlassung** Gebrauchsüberlassung, Überbrückung; je Woche						
	mWo	**€ brutto**	**0,1**	**0,5**	**0,7**	**0,9**	**2,2**
	KG 392	€ netto	<0,1	0,4	0,6	0,7	1,8
18	**Baustellenaufzug, bis 500kg** Baustellenaufzug; bis 500kg; mit/ohne Personenbeförderung						
	St	**€ brutto**	**1.935**	**3.182**	**3.305**	**4.596**	**6.730**
	KG 391	€ netto	1.626	2.674	2.777	3.862	5.656
19	**Gerüstanker** Gerüstanker; ein- und ausbauen; WDVS						
	St	**€ brutto**	**11**	**20**	**22**	**25**	**37**
	KG 392	€ netto	9,6	16,4	18,5	20,6	31,3

Gerüstarbeiten						Preise €
Nr.	Kurztext / Stichworte			brutto ø		
	Einheit / Kostengruppe	▶	▷	netto ø	◁	◀
20	**Gerüstplane, Wetterschutzplane** Gerüstbespannung; Plane, wetterfest, gitterverstärkt; 500N/750N; vollflächig montieren, vorhalten, entfernen					
	m² **€ brutto**	**2,2**	**2,9**	**3,3**	**3,8**	**4,5**
	KG 392 € netto	1,8	2,4	2,8	3,2	3,8
21	**Gerüstbekleidung, Staubschutznetz/Schutzgewebe** Gerüstbespannung; Staubschutznetz/Schutzgewebe; vollflächig					
	m² **€ brutto**	**0,9**	**1,8**	**2,3**	**2,9**	**4,5**
	KG 392 € netto	0,7	1,5	1,9	2,5	3,8
22	**Auffangnetz** Schutznetz; Auffangnetz; Klasse A2; montieren, vorhalten, abbauen					
	m² **€ brutto**	**2,4**	**5,6**	**6,1**	**7,6**	**11,9**
	KG 392 € netto	2,1	4,7	5,1	6,4	10,0
23	**Auffangnetz, Gebrauchsüberlassung** Gebrauchsüberlassung, Auffangnetz; Schutznetz					
	m²Wo **€ brutto**	**<0,1**	**0,1**	**0,1**	**0,2**	**0,3**
	KG 392 € netto	<0,1	0,1	0,1	0,1	0,2
24	**Stundensatz Facharbeiter, Gerüstbau** Stundenlohnarbeiten, Vorarbeiter, Facharbeiter; Gerüstbau					
	h **€ brutto**	**34**	**47**	**52**	**54**	**65**
	€ netto	29	40	44	46	55
25	**Stundensatz Helfer, Gerüstbau** Stundenlohnarbeiten, Werker, Helfer; Gerüstbau					
	h **€ brutto**	**23**	**35**	**40**	**46**	**57**
	€ netto	19	29	34	39	48

 © BKI Baukosteninformationszentrum

Erdarbeiten — Preise €

Nr.	Kurztext / Stichworte Einheit / Kostengruppe		▶	▷	brutto ø netto ø	◁	◀
1	**Baugelände freimachen** Baugelände abräumen; Sträucher, Bäume, Beton; StD bis 15cm; Räumgut entsorgen						
	m²	**€ brutto**	**0,9**	**3,0**	**3,7**	**5,6**	**8,6**
	KG 214	€ netto	0,8	2,5	3,1	4,7	7,2
2	**Büsche, Kleingehölze roden** Büsche/Kleingehölze roden; Holzteile; häckseln, innerhalb des Baugeländes verteilen						
	m²	**€ brutto**	**2,6**	**5,0**	**6,5**	**7,4**	**9,2**
	KG 214	€ netto	2,2	4,2	5,5	6,2	7,7
3	**Aushub Schlitzgraben/Suchgraben** Aushub, Suchgraben; BK 2-5; Tiefe bis 1,75m, Abmessung 0,80x4,00m; seitlich lagern, wiederverfüllen; Handaushub						
	m³	**€ brutto**	**28**	**83**	**111**	**129**	**163**
	KG 311	€ netto	24	70	94	108	137
4	**Aufbruch, Schwarzdecken, entsorgen** Bituminöser Belag abbrechen; Tiefe bis 15cm, Breite 70-100cm; Bauschutt inkl. Unterbau entsorgen						
	m²	**€ brutto**	**2,9**	**9,1**	**11,1**	**14,0**	**18,6**
	KG 212	€ netto	2,5	7,6	9,3	11,7	15,6
5	**Gehwegplatten ausbauen, lagern** Gehwegplatten im Sandbett ausbauen; Betonwerkstein; reinigen, zur Wiederverwendung lagern						
	m²	**€ brutto**	**3,3**	**7,3**	**8,8**	**12,1**	**18,8**
	KG 212	€ netto	2,8	6,2	7,4	10,2	15,8
6	**Oberboden abtragen, BK 1, lagern, 30cm** Oberboden abtragen; BK 1; Dicke 30cm; fördern, in mieten lagern						
	m²	**€ brutto**	**0,8**	**2,0**	**2,2**	**2,8**	**4,5**
	KG 311	€ netto	0,7	1,7	1,9	2,3	3,7
7	**Fundamentaushub, lagern** Aushub Einzel- und Streifenfundament; BK 3-5; Tiefe 1,25m/bis 1,75m; fördern, für Wiedereinbau lagern; Förderweg bis 50m						
	m³	**€ brutto**	**27**	**37**	**42**	**47**	**55**
	KG 322	€ netto	23	31	36	39	46
8	**Rohrgrabenaushub, BK 3-5, bis 1,00m, lagern** Aushub Rohrgraben, Schacht; BK 3-5; Tiefe bis 1,00m; fördern, lagern; Förderweg bis 50m						
	m³	**€ brutto**	**16**	**27**	**31**	**34**	**41**
	KG 411	€ netto	13	23	26	29	35

 © BKI Baukosteninformationszentrum

Kosten: Stand 3.Quartal 2015, Bundesdurchschnitt

Erdarbeiten **Preise €**

Nr.	Kurztext / Stichworte Einheit / Kostengruppe		▶	▷	brutto ø netto ø	◁	◀
9	**Fundament-/Grabenaushub, Handaushub** Handaushub Rohrgraben, Fundamente; BK 3-5; Tiefe bis 1,25m; seitlich lagern; Förderweg bis 50m						
	m³	**€ brutto**	**56**	**80**	**99**	**108**	**136**
	KG 322	€ netto	47	67	83	91	114
10	**Bodenaustausch, Liefermaterial** Bodenaustausch, tragfähiger Boden; Aushub entsorgen, Neuboden Kiessand liefern, einbauen						
	m³	**€ brutto**	**29**	**44**	**48**	**57**	**80**
	KG 321	€ netto	24	37	40	48	67
11	**Tragschicht, Kies** Tragschicht, kapillarbrechend; einbauen, verdichten; unter Bodenplatte; Sollhöhe +/-2cm						
	m³	**€ brutto**	**40**	**53**	**57**	**76**	**102**
	KG 326	€ netto	34	45	48	64	86
12	**Planum, Baugrube** Planum der Baugrubensohle; Abweichung +/-2cm						
	m²	**€ brutto**	**0,3**	**1,0**	**1,3**	**1,8**	**2,7**
	KG 311	€ netto	0,3	0,8	1,1	1,5	2,3
13	**Planum, Wege/Fahrstraßen, verdichten** Planum Wege- und Fahrstraßen; Abweichung +/-2cm; verdichten						
	m²	**€ brutto**	**0,3**	**1,0**	**1,2**	**1,5**	**2,7**
	KG 520	€ netto	0,3	0,8	1,0	1,3	2,3
14	**Lastplattendruckversuch, Baugrube** Lastplattendruckversuch; inkl. Gerätestellung						
	St	**€ brutto**	**104**	**166**	**191**	**250**	**312**
	KG 319	€ netto	87	139	160	210	263
15	**Trennlage, Bodenplatte, Folie** Trennlage; PE-Folie; Dicke 0,4mm; zweilagig, überlappend; unter Bodenplatte						
	m²	**€ brutto**	**1,5**	**1,8**	**1,9**	**2,1**	**2,3**
	KG 329	€ netto	1,2	1,5	1,6	1,7	1,9
16	**Rohrgräben/Fundamente verfüllen, Lagermaterial** Rohrgraben/Arbeitsraum verfüllen; Lagermaterial; Höhen bis 1,00-1,25m; einbauen, verdichten; Förderweg bis 50m						
	m³	**€ brutto**	**12**	**26**	**27**	**29**	**50**
	KG 311	€ netto	10	22	22	24	42

Erdarbeiten **Preise €**

Nr.	Kurztext / Stichworte Einheit / Kostengruppe		▶	▷	brutto ø netto ø	◁	◀
17	**Rohrgräben/Fundamente verfüllen, Liefermaterial** Rohrgraben/Fundamente verfüllen; Material liefern; Höhen bis 1,00m und 1,25m; einbauen, verdichten; Förderweg bis 50m						
	m³	**€ brutto**	**26**	**33**	**36**	**43**	**54**
	KG 311	€ netto	22	28	30	36	45
18	**Arbeitsräume verfüllen, verdichten, Liefermaterial** Rohrgraben/Arbeitsraum verfüllen; Liefermaterial; Tiefen bis 1,00m/ von 1,00-2,00m; einbauen, verdichten						
	m³	**€ brutto**	**28**	**37**	**41**	**45**	**54**
	KG 311	€ netto	23	31	34	38	45
19	**Aushub lagernd, BK 2-5, entsorgen** Bodenmaterial; Lagermaterial, BK 2-5; laden, abfahren, entsorgen; inkl. Deponiegebühr						
	m³	**€ brutto**	**18**	**26**	**31**	**33**	**44**
	KG 311	€ netto	15	22	26	28	37
20	**Baugrube sichern, Folienabdeckung** Baugrubenwände sichern; Plane; abdecken, unterhalten, entsorgen						
	m²	**€ brutto**	**0,9**	**1,9**	**2,4**	**2,9**	**4,0**
	KG 312	€ netto	0,8	1,6	2,0	2,4	3,4
21	**Kabelschutzrohr** Kabelschutzrohr; DN40-DN120; verlegen im Erdreich/Beton						
	m	**€ brutto**	**2,5**	**6,8**	**8,9**	**12,8**	**19,3**
	KG 444	€ netto	2,1	5,7	7,5	10,8	16,2
22	**Zugdraht für Kabelschutzrohr** Zugdraht, Kabelschutzrohr						
	m	**€ brutto**	**0,1**	**0,7**	**0,8**	**1,1**	**1,8**
	KG 444	€ netto	0,1	0,6	0,7	0,9	1,5
23	**Warnband, Leitungsgräben** Warnband; Verbundfolie; Leitungsgraben						
	m	**€ brutto**	**0,4**	**0,9**	**1,2**	**2,4**	**3,7**
	KG 444	€ netto	0,3	0,8	1,0	2,0	3,1
24	**Stundensatz Facharbeiter, Erdbau** Stundenlohnarbeiten, Vorarbeiter, Facharbeiter; Erdbau						
	h	**€ brutto**	**46**	**49**	**51**	**53**	**57**
		€ netto	38	41	43	44	48
25	**Stundensatz Helfer, Erdbau** Stundenlohnarbeiten, Werker, Helfer; Erdbau						
	h	**€ brutto**	**26**	**37**	**44**	**46**	**50**
		€ netto	21	31	37	39	42

 © BKI Baukosteninformationszentrum

Entwässerungskanalarbeiten **Preise €**

Nr.	Kurztext / Stichworte Einheit / Kostengruppe		▶	▷	brutto ø netto ø	◁	◀
1	**Aushub, Suchgraben** Aushub Suchgraben; Abmessung 4,00x0,80m, Tiefe 1,75m; lagern, wiederverfüllen, verdichten						
	m	**€ brutto**	**16**	**24**	**30**	**37**	**46**
	KG 541	€ netto	13	20	25	31	39
2	**Asphalt schneiden** Asphalt schneiden; Dicke 150mm; streifenförmig						
	m	**€ brutto**	**4,9**	**8,9**	**11,0**	**12,6**	**18,3**
	KG 221	€ netto	4,1	7,5	9,2	10,6	15,3
3	**Aufbruch, Gehwegfläche** Aufbruch Asphaltbelag; Tiefe bis 15cm; laden, abfahren, entsorgen; inkl. Unterbau						
	m²	**€ brutto**	**13**	**22**	**27**	**34**	**43**
	KG 221	€ netto	11	19	23	28	36
4	**Aushub, Rohrgraben, BK 3-5, wiederverfüllen** Aushub Rohrgraben, Schächte; BK 3-5; Tiefe bis 1,00m; lagern, wiederverfüllen, verdichten						
	m³	**€ brutto**	**16**	**27**	**31**	**38**	**57**
	KG 541	€ netto	13	23	26	32	48
5	**Verbau, Rohrgräben** Verbau Rohrgraben; Tiefe bis 3,50m; herstellen, vorhalten, entfernen						
	m²	**€ brutto**	**3,6**	**11,5**	**13,0**	**22,9**	**41,7**
	KG 541	€ netto	3,0	9,7	10,9	19,2	35,0
6	**Handaushub, Rohrgraben, BK 3-5** Handaushub, Rohrgraben; BK 3-5; Tiefe bis 1,25m; Aushub, seitlich lagern						
	m³	**€ brutto**	**45**	**55**	**62**	**69**	**82**
	KG 541	€ netto	38	46	52	58	69
7	**Boden entsorgen, BK 3-5** Bodenmaterial; BK 3-5; laden, abfahren, entsorgen						
	m³	**€ brutto**	**14**	**31**	**38**	**47**	**61**
	KG 541	€ netto	11	26	32	40	52
8	**Rohrbettung, Sand 0/8mm** Rohrbettung; Sand 0/8; Höhe bis 0,30m; liefern, verfüllen, verdichten						
	m³	**€ brutto**	**21**	**35**	**40**	**45**	**57**
	KG 541	€ netto	18	30	33	38	48
9	**Rohrumfüllung, Kies 0/32mm** Rohrgraben verfüllen; Kies 0/32; Höhen 1,00-1,25m; liefern, einbauen, verdichten						
	m³	**€ brutto**	**24**	**34**	**36**	**45**	**67**
	KG 541	€ netto	20	28	30	38	56

 © BKI Baukosteninformationszentrum

Entwässerungskanalarbeiten **Preise €**

Nr.	Kurztext / Stichworte Einheit / Kostengruppe		▶	▷	brutto ø netto ø	◁	◀
10	**Grabenverfüllung, Liefermaterial** Rohrgraben verfüllen; Einbauhöhe 1,00-1,25m; liefern, einbauen, verdichten						
	m³	**€ brutto**	**22**	**33**	**41**	**43**	**52**
	KG 541	€ netto	19	28	34	36	44
11	**Anschluss, Abwasser, Kanalnetz** Anschluss Abwasserkanal an Kanal; DN150; Aushub lagern, wiederverfüllen, Belag herstellen						
	St	**€ brutto**	**114**	**294**	**350**	**471**	**764**
	KG 541	€ netto	96	247	294	396	642
12	**Abwasserleitung, Steinzeugrohre, DN100** Abwasserkanal; Steinzeug; DN100, Tiefe bis 4,00m; liefern, verlegen; inkl. Muffe						
	m	**€ brutto**	**19**	**25**	**28**	**39**	**53**
	KG 541	€ netto	16	21	24	33	45
13	**Abwasserleitung, Steinzeugrohre, DN150** Abwasserkanal; Steinzeug; DN150, Tiefe bis 4,00m; liefern, verlegen; inkl. Muffe						
	m	**€ brutto**	**25**	**39**	**41**	**48**	**63**
	KG 541	€ netto	21	33	35	40	53
14	**Abwasserleitung, Steinzeugrohre, DN200** Abwasserkanal; Steinzeug; DN200, Tiefe 4,00m; liefern, verlegen; inkl. Muffe						
	m	**€ brutto**	**38**	**51**	**60**	**70**	**83**
	KG 541	€ netto	32	43	50	59	69
15	**Formstück, Steinzeugrohr, DN100, Bogen** Formstück, Bogen; Steinzeug; DN100, 45°; inkl. Muffe						
	St	**€ brutto**	**20**	**23**	**25**	**27**	**32**
	KG 541	€ netto	17	20	21	23	27
16	**Formstück, Steinzeugrohr, DN150, Bogen** Formstück, Bogen; Steinzeug; DN150, 45°; inkl. Muffe						
	St	**€ brutto**	**28**	**35**	**39**	**48**	**64**
	KG 541	€ netto	24	30	33	40	54
17	**Formstück, Steinzeugrohr, DN200, Bogen** Formstück, Bogen; Steinzeug; DN200, 45°; inkl. Muffe						
	St	**€ brutto**	**61**	**73**	**74**	**77**	**90**
	KG 541	€ netto	51	61	62	65	76
18	**Formstück, Steinzeugrohr, DN100, Abzweige** Formstück, Abzweig; Steinzeug; DN100; inkl. Muffe						
	St	**€ brutto**	**25**	**35**	**40**	**43**	**53**
	KG 541	€ netto	21	29	33	36	44

Entwässerungskanalarbeiten **Preise €**

Nr.	Kurztext / Stichworte Einheit / Kostengruppe		▶	▷	brutto ø netto ø	◁	◀
19	**Formstück, Steinzeugrohr, DN150, Abzweige** Formstück, Abzweig; Steinzeug; DN150; inkl. Muffe						
	St	**€ brutto**	**26**	**44**	**52**	**60**	**79**
	KG 541	€ netto	22	37	44	51	67
20	**Formstück, Steinzeugrohr, DN200, Abzweige** Formstück, Abzweig; Steinzeug; DN200; inkl. Muffe						
	St	**€ brutto**	**64**	**71**	**73**	**80**	**89**
	KG 541	€ netto	54	60	61	67	75
21	**Übergangsstück, Steinzeug, bis 125/150** Formstück, Übergangsstück; Steinzeug; DN100-DN125/DN125-DN150; inkl. Muffe						
	St	**€ brutto**	**21**	**30**	**34**	**40**	**50**
	KG 541	€ netto	17	25	29	34	42
22	**Übergangsstück, Steinzeug, DN150/200** Formstück, Übergangsstück; Steinzeug; DN150 nach DN200; inkl. Muffe						
	St	**€ brutto**	**37**	**55**	**57**	**63**	**74**
	KG 541	€ netto	31	46	48	53	62
23	**Abwasserkanal, Steinzeug, DN100/125, inkl. Bettung** Abwasserkanal; Steinzeug; DN100/DN125, Längen 1,00-1,50m, Tiefen über 1,00-1,25m, Bettung 15cm; liefern, verlegen; inkl. Muffe						
	m	**€ brutto**	**19**	**29**	**39**	**45**	**53**
	KG 541	€ netto	16	24	33	38	45
24	**Abwasserkanal, PVC-U, DN100/125, inkl. Bettung** Abwasserkanal; PVC-U; DN100/DN125, Tiefen 1,00-1,25m, Bettung 15cm; liefern, verlegen; inkl. Muffe						
	m	**€ brutto**	**14**	**20**	**22**	**26**	**38**
	KG 541	€ netto	12	17	19	22	32
25	**Abwasserkanal, Steinzeug, DN150/200, inkl. Bettung** Abwasserkanal; Steinzeug; DN150/DN200, Längen 1,00-1,50m, Tiefen über 1,00-1,25m, Bettung 15cm; liefern, verlegen; inkl. Muffe						
	m	**€ brutto**	**46**	**54**	**59**	**65**	**76**
	KG 541	€ netto	39	45	49	54	64
26	**Abwasserkanal, PVC-U, DN150/200, inkl. Bettung** Abwasserkanal; PVC-U; DN150/DN200, Tiefen über 1,00-1,25m, Bettung 15cm; liefern, verlegen; inkl. Muffe						
	m	**€ brutto**	**18**	**26**	**31**	**44**	**76**
	KG 541	€ netto	15	22	26	37	64

 © BKI Baukosteninformationszentrum

Kosten: Stand 3.Quartal 2015, Bundesdurchschnitt

Entwässerungskanalarbeiten **Preise €**

Nr.	Kurztext / Stichworte Einheit / Kostengruppe		▶	▷	brutto ø netto ø	◁	◀
27	**Abwasserleitung, PVC-U, DN100** Abwasserkanal; PVC-U; DN100, Tiefe bis 2,00m; liefern, verlegen; inkl. Muffe						
	m	**€ brutto**	**10**	**17**	**19**	**22**	**34**
	KG 541	€ netto	8,6	14,4	16,2	18,7	28,8
28	**Abwasserleitung, PVC-U, DN125** Abwasserkanal; PVC-U; DN125, Tiefe bis 2,00m; liefern, verlegen; inkl. Muffe						
	m	**€ brutto**	**11**	**18**	**21**	**27**	**38**
	KG 541	€ netto	9,1	15,0	17,9	22,4	32,1
29	**Abwasserleitung, PVC-U, DN150** Abwasserkanal; PVC-U; DN150, Tiefe bis 2,00m; liefern, verlegen; inkl. Muffe						
	m	**€ brutto**	**12**	**21**	**25**	**31**	**44**
	KG 541	€ netto	10	18	21	26	37
30	**Abwasserleitung, PVC-U, DN200** Abwasserkanal; PVC-U; DN200, Tiefe bis 2,00m; liefern, verlegen; inkl. Muffe						
	m	**€ brutto**	**18**	**30**	**36**	**45**	**63**
	KG 541	€ netto	15	25	30	38	53
31	**Formstück, PVC-U, DN100** Formstück, Bogen/Übergangsstücke/Abzweige; PVC-U; DN100; inkl. Muffe						
	St	**€ brutto**	**3,4**	**9,8**	**12,2**	**17,4**	**30,6**
	KG 541	€ netto	2,9	8,2	10,3	14,6	25,7
32	**Formstück, PVC-U, DN150** Formstück, Bogen/Übergangstück/Abzweig; PVC-U; DN150; inkl. Muffe						
	St	**€ brutto**	**6,1**	**14,2**	**16,6**	**23,3**	**38,2**
	KG 541	€ netto	5,2	11,9	13,9	19,6	32,1
33	**Formstück, PVC-U, DN100, Bogen** Formstück, Bogen; PVC-U; DN100, 45°; inkl. Muffe						
	St	**€ brutto**	**4,2**	**7,7**	**8,8**	**14,3**	**22,8**
	KG 541	€ netto	3,5	6,5	7,4	12,0	19,2
34	**Formstück, PVC-U, DN125, Bogen** Formstück, Bogen; PVC-U; DN125, 45°; inkl. Muffe						
	St	**€ brutto**	**5,3**	**10,1**	**12,4**	**19,3**	**33,5**
	KG 541	€ netto	4,5	8,5	10,5	16,2	28,1

Entwässerungskanalarbeiten **Preise €**

Nr.	Kurztext / Stichworte Einheit / Kostengruppe		▶	▷	brutto ø netto ø	◁	◀
35	**Formstück, PVC-U, DN150, Bogen** Formstück, Bogen; PVC-U; DN150, 45°; inkl. Muffe						
	St	**€ brutto**	**6,5**	**10,9**	**12,8**	**23,1**	**44,4**
	KG 541	€ netto	5,5	9,2	10,8	19,5	37,3
36	**Formstück, PVC-U, DN200, Bogen** Formstück, Bogen; PVC-U; DN200, 45°; inkl. Muffe						
	m	**€ brutto**	**8,7**	**25,3**	**30,3**	**50,2**	**88,8**
	KG 541	€ netto	7,3	21,3	25,4	42,2	74,6
37	**Übergang, PVC-U auf Steinzeug/Beton** Formstück, Übergangsstück; PVC-U auf Steinzeug/Beton						
	St	**€ brutto**	**5,7**	**25,0**	**33,0**	**43,5**	**67,5**
	KG 541	€ netto	4,8	21,0	27,7	36,6	56,7
38	**Übergang, PE/PVC/Steinzeug auf Guss** Formstück, Übergangsstück; PE-/PVC-Rohr/Steinzeug auf Gusseisen; DN100-DN100						
	St	**€ brutto**	**11**	**22**	**29**	**35**	**48**
	KG 541	€ netto	9,4	18,6	24,3	29,7	40,4
39	**Abwasserleitung, SML-Rohre, DN100** Abwasserkanal; Guss; DN100, Länge 6,00m, Tiefe bis 1,75m; liefern, verlegen; inkl. Gummimanschette, Spannhülse						
	m	**€ brutto**	**35**	**48**	**52**	**56**	**80**
	KG 541	€ netto	29	41	44	47	67
40	**Abwasserleitung, SML-Rohre, DN125** Abwasserkanal; Guss; DN125, Länge 6,00m, Tiefe bis 1,75m; liefern, verlegen; inkl. Gummimanschette, Spannhülse						
	m	**€ brutto**	**61**	**74**	**77**	**88**	**106**
	KG 541	€ netto	52	62	65	74	89
41	**Abwasserleitung, SML-Rohre, DN150** Abwasserkanal; Guss; DN150, Länge 6,00m, Tiefe bis 1,75m; liefern, verlegen; inkl. Gummimanschette und Spannhülse						
	m	**€ brutto**	**80**	**97**	**107**	**133**	**167**
	KG 541	€ netto	67	82	90	112	140
42	**Formstück, SML, Bogen** Formstück, Bogen; Gusseisen; 45°						
	St	**€ brutto**	**14**	**19**	**21**	**22**	**45**
	KG 541	€ netto	11	16	18	18	38
43	**Formstück, SML, Abzweig** Formstück, Abzweig; Gusseisen						
	St	**€ brutto**	**17**	**24**	**25**	**36**	**52**
	KG 541	€ netto	14	20	21	30	44

 © **BKI** Baukosteninformationszentrum

Kosten: Stand 3.Quartal 2015, Bundesdurchschnitt

Entwässerungskanalarbeiten **Preise €**

Nr.	Kurztext / Stichworte Einheit / Kostengruppe		▶	▷	brutto ø netto ø	◁	◀
44	**Abwasserleitung, PP-Rohre, DN100/DN125** Abwasserkanal; PP bzw. KG 2000; DN100/DN125, Tiefe 2,00m; liefern, verlegen; inkl. Muffe						
	m	**€ brutto**	**14**	**17**	**19**	**20**	**24**
	KG 541	€ netto	12	15	16	17	20
45	**Abwasserleitung, PE-HD-Rohre, DN125/DN150** Abwasserkanal; PE-HD; DN125/DN150, Tiefe 2,00m; liefern, verlegen; Inkl. Muffe						
	m	**€ brutto**	**12**	**15**	**18**	**22**	**29**
	KG 541	€ netto	9,7	12,8	14,7	18,5	24,7
46	**Abwasserleitung, PE-HD-Rohre, DN150/DN200** Abwasserkanal; PE-HD; DN150/DN200, Tiefe bis 2,00m; liefern, verlegen; inkl. Muffe						
	m	**€ brutto**	**15**	**22**	**24**	**28**	**34**
	KG 541	€ netto	13	18	21	24	29
47	**Dichtheitsprüfung, Grundleitung** Dichtheitsprüfung; bis DN200/über DN200; inkl. notwendiger Gerätschaften						
	m	**€ brutto**	**1,5**	**5,3**	**7,0**	**16,6**	**32,1**
	KG 541	€ netto	1,3	4,5	5,8	14,0	27,0
48	**Straßenablauf, Polymerbeton** Straßenablauf; Polymerbeton; 50x15cm; inkl. Abdeckrost, Schlamm-eimer						
	St	**€ brutto**	**179**	**245**	**270**	**297**	**368**
	KG 541	€ netto	151	206	227	250	310
49	**Rohrdurchführung, Faserzementrohr** Rohrdurchführung; Faserzementrohr; DN100-DN150, Länge über 200-300mm, Wand 25-30cm; Betonwand/Decke						
	St	**€ brutto**	**143**	**298**	**370**	**478**	**788**
	KG 411	€ netto	120	251	311	402	662
50	**Dichtsatz, Rohrdurchführung** Dichtsatz, Rohrdurchführung; elastomerer Dichtring						
	St	**€ brutto**	**148**	**273**	**289**	**420**	**590**
	KG 411	€ netto	125	230	243	353	496
51	**Bodenablauf, Gusseisen** Bodenablauf, Kl. K3; Gusseisen; DN100, 171x171mm, Höhe 300mm; inkl. Geruchsverschluss						
	St	**€ brutto**	**128**	**186**	**206**	**283**	**455**
	KG 411	€ netto	107	156	173	238	382

Entwässerungskanalarbeiten **Preise €**

Nr.	Kurztext / Stichworte Einheit / Kostengruppe		▶	▷	brutto ø netto ø	◁	◀
52	**Reinigungsrohr, Putzstück, DN100** Formstück, Reinigungsöffnung; Gusseisen; DN100; verlegen, eindichten; Kontrollschacht						
	St	**€ brutto**	**59**	**91**	**104**	**166**	**266**
	KG 541	€ netto	49	77	87	140	224
53	**Absperreinrichtung, Kanal, Gusseisen** Absperreinrichtung für Abwasserkanal; Gusseisen; DN100						
	St	**€ brutto**	**292**	**610**	**764**	**775**	**1.490**
	KG 541	€ netto	246	513	642	651	1.252
54	**Rückstaudoppelverschluss, bis DN125, PVC-U** Rückstaudoppelverschluss; PVC-U; DN125; automatisch/ Handbetätigung; fäkalienfreies Abwasser						
	St	**€ brutto**	**85**	**206**	**252**	**339**	**487**
	KG 541	€ netto	72	174	212	285	409
55	**Rückstaudoppelverschluss, DN150, PVC** Rückstaudoppelverschluss; PVC-U; DN150; automatisch/Handbetätigung; fäkalienfreies Abwasser						
	St	**€ brutto**	**185**	**693**	**793**	**857**	**1.696**
	KG 541	€ netto	156	582	666	720	1.425
56	**Erdaushub, Schacht, 2,50m** Aushub Schacht; BK 3-5; DN1.000, Höhe 2,50cm; lagern, wiederverfüllen, verdichten; überschüssiges Material entsorgen						
	m^3	**€ brutto**	**24**	**36**	**42**	**54**	**75**
	KG 541	€ netto	21	30	35	45	63
57	**Schachtsohle, Kontrollschacht, Beton** Schachtsohle für Kontrollschacht; WU-Beton; DN1.000; inkl. Sohlgerinne						
	St	**€ brutto**	**318**	**469**	**480**	**578**	**718**
	KG 541	€ netto	267	394	403	485	603
58	**Schachtringe, Kontrollschacht, 25cm** Schachtring für Kontrollschacht; Betonfertigteil; DN1.000, Höhe 25cm; inkl. Steigeisen						
	St	**€ brutto**	**64**	**91**	**106**	**117**	**140**
	KG 541	€ netto	54	76	89	98	118
59	**Schachtringe, Kontrollschacht, 50cm** Schachtring für Kontrollschacht; Beton; DN1.000, Höhe 50cm; inkl. Steigeisen						
	St	**€ brutto**	**89**	**122**	**136**	**161**	**223**
	KG 541	€ netto	75	103	115	135	187

 © BKI Baukosteninformationszentrum

Kosten: Stand 3.Quartal 2015, Bundesdurchschnitt

Entwässerungskanalarbeiten **Preise €**

Nr.	Kurztext / Stichworte Einheit / Kostengruppe		▶	▷	brutto ø netto ø	◁	◀
60	**Konus, Kontrollschacht** Schachtkonus; Betonfertigteil; DN1.000/625 Dicke 120mm; inkl. Steigeisen						
	St	**€ brutto**	**96**	**123**	**136**	**145**	**197**
	KG 541	€ netto	80	104	114	122	165
61	**Anschluss, Schacht, Steinzeug-/PVC-Kanal** Anschluss Abwasserkanal an Betonschacht; Steinzeugrohr/PVC-Rohr; DN100-DN200; herstellen						
	St	**€ brutto**	**108**	**209**	**224**	**265**	**469**
	KG 541	€ netto	91	176	188	223	394
62	**Schachtdeckel** Schachtabdeckung; Gussbeton mit Lüftungsöffnungen; in MG II versetzen						
	St	**€ brutto**	**103**	**182**	**208**	**279**	**448**
	KG 541	€ netto	86	153	175	235	376
63	**Schachtdeckel, Klasse C250** Schachtabdeckung, Klasse C250; Gussbeton; DN600; in MG III versetzen; mit Lüftungsöffnungen						
	St	**€ brutto**	**165**	**256**	**290**	**330**	**556**
	KG 541	€ netto	139	215	244	277	467
64	**Schachtdeckel, Klasse D400** Schachtabdeckung, Klasse D400; Gussbeton; DN600; in MG III versetzen; mit Lüftungsöffnungen						
	St	**€ brutto**	**203**	**284**	**317**	**355**	**446**
	KG 541	€ netto	170	238	266	298	375
65	**Schachtabdeckung anpassen** Schachtabdeckung; Höhe bis 0,50m; höhenmäßig anpassen						
	St	**€ brutto**	**55**	**134**	**150**	**206**	**316**
	KG 541	€ netto	46	113	126	173	266
66	**Kontrollschacht komplett, 3,00m** Kontrollschacht; Betonfertigteil, C20/25; DN1000, Höhe 3,00m; Sohle mit Gerinne						
	St	**€ brutto**	**585**	**1.031**	**1.196**	**1.502**	**2.138**
	KG 541	€ netto	492	866	1.005	1.263	1.797
67	**Entwässerungsrinne, Beton, DN100** Entwässerungsrinne; Stahl-/Kunstharzbeton; Stegrost, SW 8-18mm; in C12/15 setzen						
	m	**€ brutto**	**69**	**118**	**143**	**187**	**261**
	KG 541	€ netto	58	99	120	157	219

Entwässerungskanalarbeiten | **Preise €**

Nr.	Kurztext / Stichworte		brutto ø			
	Einheit / Kostengruppe	▶	▷	netto ø	◁	◀
68	**Entwässerungsrinne, Klasse A15/B125, Beton, DN100** Entwässerungsrinne; Beton, A15/B125; DN100, Stegrost, SW über 8-18mm; in C12/15 versetzen					
	m	**€ brutto**	**32**	**95**	**119**	**156**	**231**
	KG 541	€ netto	27	80	100	131	194
69	**Entwässerungsrinne, Klasse C250, Beton** Entwässerungsrinne, Klasse C250; Stahl-/Kunstharzbeton; Stegrost, SW über 8-18mm; in C12/15 setzen					
	m	**€ brutto**	**55**	**112**	**133**	**165**	**230**
	KG 541	€ netto	46	94	112	139	193
70	**Entwässerungsrinne, Klasse D400, Beton** Entwässerungsrinne, Klasse D400; Stahl-/Kunstharzbeton; Stegrost SW über 8-18mm; in C12/15 setzen					
	m	**€ brutto**	**105**	**194**	**218**	**320**	**571**
	KG 541	€ netto	88	163	183	269	480
71	**Entwässerungsrinne, Abdeckung Guss, D400** Entwässerungsrinne, Abdeckung, Klasse D400; Stahlguss; Stegrost					
	m	**€ brutto**	**54**	**72**	**79**	**90**	**112**
	KG 541	€ netto	45	60	66	76	94
72	**Kanalreinigung, Hochdruckspülgerät** Abwasserkanal reinigen; Hochdruckspülgerät; inkl. Gerätschaften					
	m	**€ brutto**	**1,2**	**4,5**	**5,3**	**10,4**	**20,0**
	KG 541	€ netto	1,0	3,8	4,5	8,8	16,8
73	**Kanalprüfung, Kamera** Abwasserkanal prüfen; Grundleitung; DN200; mit Kamera					
	m	**€ brutto**	**1,6**	**3,7**	**4,6**	**5,9**	**7,9**
	KG 541	€ netto	1,3	3,1	3,9	5,0	6,6
74	**Stundensatz Facharbeiter, Kanalarbeiten** Stundenlohnarbeiten, Vorarbeiter, Facharbeiter; Kanalarbeiten					
	h	**€ brutto**	**49**	**52**	**53**	**56**	**60**
		€ netto	42	44	45	47	50
75	**Stundensatz Helfer, Kanalarbeiten** Stundenlohnarbeiten, Werker, Helfer; Kanalarbeiten					
	h	**€ brutto**	**43**	**45**	**47**	**48**	**50**
		€ netto	36	38	39	40	42

 © BKI Baukosteninformationszentrum

Drän- und Versickerarbeiten — Preise €

Nr.	Kurztext / Stichworte Einheit / Kostengruppe		▶	▷	brutto ø netto ø	◁	◀
1	**Handaushub Drängraben 0,40/0,50** Handaushub, Dränagegraben; BK 3/4/5; Tiefe bis 0,40m, Breite bis 0,50m; lagern, wieder verfüllen						
	m³	**€ brutto**	**48**	**55**	**59**	**61**	**68**
	KG 327	€ netto	40	46	50	51	57
2	**Dränleitung, PVC-U, DN100** Dränleitung; PVC-U-Vollsickerrohr; DN100; Vliesummantelt; inkl. Muffe						
	m	**€ brutto**	**–**	**7,1**	**9,6**	**11**	**–**
	KG 327	€ netto	–	6,0	8,1	9,5	–
3	**Dränleitung, PVC-U, DN125** Dränleitung; PVC-U-Vollsickerrohr; DN125; Vliesummantelt; inkl. Muffe						
	m	**€ brutto**	**–**	**7,2**	**9,9**	**13**	**–**
	KG 327	€ netto	–	6,0	8,4	11	–
4	**Dränleitung, PVC-U, DN150** Dränleitung; PVC-U-Vollsickerrohr; DN150; Vliesummantelt; inkl. Muffe						
	m	**€ brutto**	**–**	**9,8**	**13**	**16**	**–**
	KG 327	€ netto	–	8,2	11	13	–
5	**Formstück, Dränleitung, Bogen, Abknickung** Formstück Dränleitung, Bogen/Übergang/Abzweig; PVC-U; inkl. Muffe						
	St	**€ brutto**	**7,6**	**15,8**	**18,7**	**21,7**	**27,0**
	KG 327	€ netto	6,4	13,2	15,8	18,3	22,7
6	**Anschluss, Dränleitung/Schacht** Anschluss Dränleitung an Sickerschacht; PVC-U-Rohr, Betonschacht; DN100-150, Schacht DN1500						
	St	**€ brutto**	**102**	**188**	**222**	**281**	**412**
	KG 327	€ netto	86	158	186	236	346
7	**Spülrohr PP, DN300** Spülrohr Dränleitung; PP-Rohr, PP-Abdeckung; DN300, Nutzhöhe 0,80m; inkl. Blindstopfen, Sandfang						
	St	**€ brutto**	**148**	**181**	**182**	**191**	**219**
	KG 327	€ netto	125	152	153	161	184
8	**Schachtaufsetzrohr, PP, DN315** Schachtaufsetzrohr, Kontrollschacht; PP; DN315						
	St	**€ brutto**	**41**	**69**	**79**	**96**	**155**
	KG 327	€ netto	35	58	66	80	131

© BKI Baukosteninformationszentrum

Kosten: Stand 3.Quartal 2015, Bundesdurchschnitt

Drän- und Versickerarbeiten **Preise €**

Nr.	Kurztext / Stichworte Einheit / Kostengruppe		▶	▷	brutto ø netto ø	◁	◀
9	**Sickerpackung, Kiessand, Leitungen** Sickerpackung; Kiessand; DN100/DN150; einbauen, verdichten; zwischen Fundamente						
	m³	**€ brutto**	**31**	**45**	**53**	**59**	**73**
	KG 327	€ netto	26	38	44	50	61
10	**Sickerpackung, Kies, Leitungen** Sickerpackung; Kies 8/16; DN100/DN150; einbauen, verdichten; zwischen Fundamente						
	m³	**€ brutto**	**27**	**41**	**46**	**51**	**67**
	KG 327	€ netto	23	35	39	43	57
11	**Filterschicht, Geotextil, Leitungen** Filterschicht; Geotextil; Leitungen						
	m	**€ brutto**	**–**	**3,6**	**4,7**	**5,4**	**–**
	KG 327	€ netto	–	3,0	3,9	4,5	–
12	**Filter-/Dränageschicht, Vlies/Noppenbahn, Wand** Schutz- und Dränageschicht; Noppenbahn mit Vlies und Gleitfolie; einbauen; Außenwand						
	m²	**€ brutto**	**7,4**	**11,2**	**12,8**	**17,8**	**24,1**
	KG 335	€ netto	6,3	9,4	10,7	14,9	20,3
13	**Sickerschicht, PS-Platten, Wand** Schutz- und Dränageschicht; Vlies, Polystyrol-Platten; Dicke 50/65mm; punktförmig kleben; Außenwand						
	m²	**€ brutto**	**12**	**13**	**13**	**13**	**14**
	KG 335	€ netto	9,7	10,6	11,0	11,1	11,8

Mauerarbeiten						Preise €
Nr.	**Kurztext** / Stichworte			**brutto ø**		
	Einheit / Kostengruppe	►	▷	netto ø	◁	◄
1	**Fundamentmauerwerk abbrechen, entsorgen** Fundamentmauerwerk abbrechen; Mauerziegel; Bauschutt entsorgen					
	m^3 **€ brutto**	–	**186**	**292**	**350**	–
	KG 394 € netto	–	156	245	294	–
2	**Streifenfundamente abbrechen, entsorgen** Streifenfundament abbrechen; Mauerwerk vermörtelt; Bauschutt entsorgen					
	m **€ brutto**	–	**35**	**52**	**62**	–
	KG 394 € netto	–	30	43	52	–
3	**Kellerboden abbrechen, Ziegel** Kellerboden abbrechen; Ziegelsteine; Bauschutt entsorgen					
	m^2 **€ brutto**	–	**15**	**22**	**27**	–
	KG 394 € netto	–	13	19	22	–
4	**Verblendmauerwerk, abbrechen** Verblendmauerwerk abbrechen; Mauerwerkssteine; Bauschutt entsorgen					
	m^2 **€ brutto**	–	**31**	**46**	**55**	–
	KG 394 € netto	–	26	38	46	–
5	**Außenmauerwerk abbrechen, Ziegel 36,5cm** Außenwand abbrechen; Ziegelmauerwerk; Dicke 36,5cm; beidseitig verputzt; Bauschutt entsorgen					
	m^3 **€ brutto**	**99**	**107**	**140**	**168**	**186**
	KG 394 € netto	84	90	118	141	157
6	**Ziegelpflaster abbrechen, Außenbereich** Ziegelpflaster abbrechen; außen; Bauschutt entsorgen					
	m^2 **€ brutto**	–	**12**	**17**	**21**	–
	KG 394 € netto	–	9,9	15	17	–
7	**Innenwand abbrechen, Gipswandbauplatte, 10cm** Innenwand abbrechen; Gipswandbauplatte; Dicke 10cm; Bauschutt entsorgen					
	m^2 **€ brutto**	–	**22**	**33**	**39**	–
	KG 394 € netto	–	19	28	33	–
8	**Innenmauerwerk abbrechen, Porenbeton, 17,5cm** Innenwand abbrechen; Porenbeton; Dicke bis 17,5cm; Bauschutt entsorgen					
	m^2 **€ brutto**	**14**	**25**	**36**	**44**	**54**
	KG 394 € netto	12	21	31	37	45

© BKI Baukosteninformationszentrum

Kosten: Stand 3.Quartal 2015, Bundesdurchschnitt

Mauerarbeiten — Preise €

Nr.	Kurztext / Stichworte Einheit / Kostengruppe		►	▷	brutto ø netto ø	◁	◄
9	**Innenmauerwerk abbrechen, 11,5cm** Innenwand abbrechen; Mauerwerk, beidseitig verputzt; Dicke 11,5cm; Bauschutt entsorgen						
	m²	**€ brutto**	**16**	**20**	**29**	**34**	**44**
	KG 394	€ netto	13	16	24	29	37
10	**Innenmauerwerk abbrechen, 24cm** Innenwand abbrechen; Mauerwerk, beidseitig verputzt; Dicke bis 24cm; inkl. Sicherungsmaßnahmen; Bauschutt entsorgen						
	m²	**€ brutto**	**17**	**26**	**39**	**47**	**54**
	KG 394	€ netto	14	22	33	39	45
11	**Fachwerksausfachung abbrechen, Mauerwerk** Fachwerksausfachung abbrechen; Mauerwerk; Balken reinigen; Bauschutt entsorgen						
	m²	**€ brutto**	**17**	**26**	**36**	**43**	**52**
	KG 394	€ netto	14	22	30	36	43
12	**Deckengewölbe abbrechen, Steine** Deckengewölbe abbrechen; Steine; Dicke bis 25cm; inkl. Sicherungsmaßnahmen; verwendungsfähige Steine reinigen, lagern, Bauschutt entsorgen						
	m²	**€ brutto**	**–**	**64**	**94**	**112**	**–**
	KG 394	€ netto	–	54	79	95	–
13	**Sandfüllung ausbauen, Gewölbedecke** Sandfüllung ausbauen; Dicke i. M. 8cm; Bauschutt entsorgen						
	m²	**€ brutto**	**6,3**	**8,9**	**13,1**	**15,8**	**19,0**
	KG 394	€ netto	5,3	7,5	11,0	13,2	16,0
14	**Decke abbrechen, Kappendecke** Kappendecke abbrechen; Dicke bis 25cm; inkl. Sicherungsmaßnahmen; Bauschutt entsorgen						
	m²	**€ brutto**	**45**	**50**	**74**	**89**	**146**
	KG 394	€ netto	37	42	62	75	123
15	**Decke abbrechen, Ziegelhohlkörper** Decke abbrechen; Ziegelhohlkörper, Aufbeton; Dicke 21cm; inkl. Sicherungsmaßnahmen; Bauschutt entsorgen						
	m²	**€ brutto**	**–**	**29**	**43**	**51**	**–**
	KG 394	€ netto	–	24	36	43	–
16	**Decke abbrechen, Stb-Hohldielen** Decke abbrechen; Stb-Hohldielen, Aufbeton; Dicke 15cm; inkl. Sicherungsmaßnahmen; Bauschutt entsorgen						
	m²	**€ brutto**	**–**	**31**	**46**	**55**	**–**
	KG 394	€ netto	–	26	39	46	–

Mauerarbeiten **Preise €**

Nr.	Kurztext / Stichworte Einheit / Kostengruppe	►	▷	brutto ø netto ø	◁	◄
17	**Ziegelboden reinigen, Besen** Bodenfläche reinigen; Ziegelsteine; mit Stahlbesen abkehren; Bauschutt entsorgen					
	m2 € brutto	**–**	**7,1**	**10**	**13**	**–**
	KG 395 € netto	–	6,0	8,8	11	–
18	**Ziegelfassade reinigen, Wasser** Ziegelfassade reinigen; Wasser ohne Zusätze; Öffnungen vor der Reinigung schließen					
	m2 € brutto	**1,0**	**2,6**	**4,8**	**5,7**	**7,9**
	KG 395 € netto	0,9	2,2	4,0	4,8	6,6
19	**Klinkerfassade reinigen, absäuern** Klinkerfassade reinigen; absäuern, nachwaschen					
	m2 € brutto	**–**	**5,8**	**8,5**	**10**	**–**
	KG 395 € netto	–	4,8	7,1	8,7	–
20	**Klinkermauerwerk reinigen, Dampfstrahlen** Klinkermauerwerk reinigen; Dampfstrahlen; Reinigungs- und Restmaterial entsorgen					
	m2 € brutto	**5,0**	**8,1**	**11,9**	**14,5**	**16,2**
	KG 395 € netto	4,2	6,8	10,0	12,2	13,6
21	**Verblendmauerwerk reinigen, Rotationsverfahren** Verblendmauerwerk reinigen; Wirbelrotationsverfahren; Reinigungs- und Restmaterial entsorgen					
	m2 € brutto	**4,3**	**4,9**	**7,2**	**8,3**	**8,6**
	KG 395 € netto	3,6	4,1	6,1	7,0	7,2
22	**Verblendmauerwerk imprägnieren** Verblendmauerwerk imprägnieren; Sprühverfahren					
	m2 € brutto	**3,3**	**4,6**	**7,0**	**8,4**	**10,2**
	KG 395 € netto	2,8	3,9	5,9	7,1	8,6
23	**Verblendmauerwerk hydrophobieren** Verblendmauerwerk mit Verfugung; hydrophobieren					
	m2 € brutto	**3,8**	**6,7**	**9,9**	**11,9**	**17,3**
	KG 395 € netto	3,2	5,6	8,3	10,0	14,5
24	**Mauerwerk hydrophobieren, außen** Mauerwerk mit Verfugung; hydrophobieren; außen					
	m2 € brutto	**6,4**	**9,0**	**13,2**	**15,8**	**18,2**
	KG 395 € netto	5,4	7,5	11,1	13,3	15,3
25	**Mauerwerk vorbehandeln, Steinverfestiger** Mauerwerk vorbehandeln; Steinverfestiger, ohne hydrophobierende Zusätze					
	m2 € brutto	**6,6**	**9,3**	**14,0**	**16,8**	**18,4**
	KG 395 € netto	5,6	7,8	11,8	14,1	15,5

© BKI Baukosteninformationszentrum

Mauerarbeiten							**Preise €**
Nr.	**Kurztext** / Stichworte **Einheit** / Kostengruppe		▶	▷	**brutto ø** netto ø	◁	◀
26	**Algenbeseitigung, Mauerwerk** Schimmel- und Algenbeseitigung Mauerwerk; chemisch behandeln, abbürsten; inkl. nachreinigen						
	m²	**€ brutto**	**–**	**6,9**	**10**	**12**	**–**
	KG 395	€ netto	–	5,8	8,6	10	–
27	**Graffiti-Schutz, Mauerwerk** Anti-Graffiti-Schutz; Mauerwerk; in mehreren Arbeitsgängen aufbringen						
	m²	**€ brutto**	**14**	**17**	**25**	**31**	**39**
	KG 395	€ netto	12	14	21	26	33
28	**Kellerfußboden, Rollschicht überarbeiten** Kellerfußboden ausbauen; Ziegelstein als Rollschicht; reinigen, lagern, wieder einbauen; inkl. Unebenheiten ausgleichen, verfugen						
	m²	**€ brutto**	**–**	**18**	**26**	**32**	**–**
	KG 395	€ netto	–	15	22	27	–
29	**Kellerfußboden, Klinkerbelag überarbeiten** Kellerfußboden ausbauen; Klinker; reinigen, lagern, wieder einbauen; inkl. Unebenheiten ausgleichen, verfugen						
	m²	**€ brutto**	**–**	**16**	**24**	**29**	**–**
	KG 395	€ netto	–	14	20	24	–
30	**Mauerwerksfugen erneuern, außen** Mauerwerksfugen erneuern, Teilbereiche; auskratzen, mit Fugenmörtel verfugen; außen; Bauschutt entsorgen						
	m²	**€ brutto**	**16**	**18**	**29**	**36**	**47**
	KG 395	€ netto	14	16	24	30	39
31	**Außenmauerwerk ausbessern, bis 25cm** Mauerwerk ausbessern; Ziegel; Dicke bis 25cm; einzelne Steine austauschen, inkl. Vorspritzen mit Zementmörtel; außen						
	m²	**€ brutto**	**–**	**51**	**78**	**97**	**–**
	KG 395	€ netto	–	43	65	82	–
32	**Außenmauerwerk ausbessern, bis 50cm** Mauerwerk ausbessern; Ziegel; Dicke bis 50cm; einzelne Steine austauschen, inkl. Vorspritzen mit Zementmörtel; außen						
	m²	**€ brutto**	**–**	**96**	**145**	**182**	**–**
	KG 395	€ netto	–	81	122	153	–
33	**Außenmauerwerk, Fehlstellen reparieren** Ziegelmauerwerk reparieren; Trasskalkmörtel; Ausbruchtiefe bis 30cm, MZ 12-2,0; vermauern, verfugen						
	m²	**€ brutto**	**–**	**104**	**157**	**198**	**–**
	KG 395	€ netto	–	87	132	166	–

Mauerarbeiten						Preise €
Nr.	**Kurztext** / Stichworte			**brutto ø**		
	Einheit / Kostengruppe	►	▷	netto ø	◁	◄
34	**Schlitz herstellen, Mauerwerk, bxt=5x3cm**					
	Schlitz nachträglich herstellen; Mauerwerk, verputzt; bis MZ 12N/mm², Breite bis 5cm, Tiefe bis 3cm; Bauschutt entsorgen					
	m **€ brutto**	**3,8**	**5,1**	**7,5**	**9,0**	**9,9**
	KG 394 € netto	3,2	4,3	6,3	7,5	8,4
35	**Schlitz herstellen, Mauerwerk, bxt=10x5cm**					
	Schlitz nachträglich herstellen; Mauerwerk, verputzt; bis MZ 12N/mm², Breite bis 10cm, Tiefe bis 5cm; Bauschutt entsorgen					
	m **€ brutto**	**4,7**	**7,3**	**10,1**	**12,1**	**12,5**
	KG 394 € netto	3,9	6,1	8,5	10,1	10,5
36	**Schlitz herstellen, Mauerwerk, bxt=30x10cm**					
	Schlitz nachträglich herstellen; Mauerwerk, verputzt; bis MZ 12N/mm², Breite bis 30cm, Tiefe bis 10cm; Bauschutt entsorgen					
	m **€ brutto**	**9,6**	**15,3**	**22,4**	**26,9**	**32,1**
	KG 394 € netto	8,0	12,8	18,9	22,6	27,0
37	**Schlitz herstellen, Mauerwerk, bxt=30x15cm**					
	Schlitz nachträglich herstellen; Mauerwerk, verputzt; bis MZ 12N/mm², Breite bis 30cm, Tiefe bis 15cm; Bauschutt entsorgen					
	m **€ brutto**	**10**	**24**	**33**	**40**	**44**
	KG 394 € netto	8,8	20,3	28,1	33,8	37,1
38	**Schlitz schließen, verputzen, bxt=5x3cm**					
	Schlitz, schließen; Mauerwerk verputzt; Breite bis 5cm, Tiefe bis 3cm; Anschluss verputzen; Bauschutt entsorgen					
	m **€ brutto**	**3,3**	**4,0**	**5,9**	**7,1**	**9,8**
	KG 395 € netto	2,7	3,4	4,9	5,9	8,2
39	**Schlitz schließen, verputzen, bxt=10x5cm**					
	Schlitz, schließen; Mauerwerk verputzt; Breite bis 10cm, Tiefe bis 5cm; Anschluss verputzen; Bauschutt entsorgen					
	m **€ brutto**	**5,0**	**6,5**	**9,6**	**11,5**	**15,7**
	KG 395 € netto	4,2	5,5	8,0	9,6	13,2
40	**Schlitz schließen, verputzen, bxt=30x10cm**					
	Schlitz, schließen; Mauerwerk verputzt; Breite bis 30cm, Tiefe bis 10cm; Anschluss verputzen; Bauschutt entsorgen					
	m **€ brutto**	**9,6**	**11,6**	**17,1**	**20,5**	**28,5**
	KG 395 € netto	8,0	9,7	14,3	17,2	23,9
41	**Schlitz schließen, WD, verputzen, bxt=10x5cm**					
	Schlitz, schließen; Mauerwerk verputzt mit Dämmung; Breite bis 10cm, Tiefe bis 5cm; Anschluss verputzen; Bauschutt entsorgen					
	m **€ brutto**	**5,5**	**8,5**	**12,5**	**15,0**	**19,5**
	KG 395 € netto	4,6	7,2	10,5	12,6	16,4

 © BKI Baukosteninformationszentrum

Kosten: Stand 3.Quartal 2015, Bundesdurchschnitt

Mauerarbeiten — Preise €

Nr.	Kurztext / Stichworte Einheit / Kostengruppe		▶	▷	brutto ø netto ø	◁	◀
42	**Schlitz schließen, WD, verputzen, bxt=30x15cm** Schlitz, schließen; Mauerwerk verputzt mit Dämmung; Breite bis 30cm, Tiefe bis 15cm; Anschluss verputzen; Bauschutt entsorgen						
	m	**€ brutto**	**19**	**21**	**29**	**35**	**44**
	KG 395	€ netto	16	18	25	29	37
43	**Putzträger, Schlitz, Metall verzinkt** Putzträger; Rippenstreckmetall, verzinkt; über Schlitz						
	m²	**€ brutto**	**21**	**21**	**29**	**35**	**45**
	KG 395	€ netto	18	18	25	30	38
44	**Sturzauflager stemmen, bis 15cm** Sturzauflager stemmen; Auflagerfläche abgleichen; Länge bis 240mm, Höhe bis 220mm, Dicke bis 15cm; inkl. Abstütz- und Sicherungsmaßnahmen; Bauschutt entsorgen						
	St	**€ brutto**	**–**	**27**	**37**	**46**	**–**
	KG 395	€ netto	–	23	31	39	–
45	**Sturzauflager stemmen, bis 30cm** Sturzauflager stemmen; Auflagerfläche abgleichen; Länge bis 240mm, Höhe bis 220mm, Dicke bis 30cm; inkl. Abstütz- und Sicherungsmaßnahmen; Bauschutt entsorgen						
	St	**€ brutto**	**–**	**40**	**56**	**69**	**–**
	KG 395	€ netto	–	34	47	58	–
46	**Fensteröffnung ausbrechen, bis 40cm** Fensteröffnung ausbrechen; Ziegelmauerwerk; bis 1,00m², Dicke bis 40cm; inkl. Abstütz- und Sicherungsmaßnahmen; Bauschutt entsorgen						
	m²	**€ brutto**	**–**	**74**	**96**	**115**	**–**
	KG 394	€ netto	–	63	80	96	–
47	**Fensteröffnung ausbrechen, bis 60cm** Fensteröffnung ausbrechen; Ziegelmauerwerk; bis 1,50m², Dicke bis 60cm; inkl. Abstütz- und Sicherungsmaßnahmen; Bauschutt entsorgen						
	m²	**€ brutto**	**–**	**109**	**140**	**172**	**–**
	KG 394	€ netto	–	92	118	145	–
48	**Türöffnung ausbrechen, Mauerwerk bis 15cm** Türöffnung ausbrechen; Ziegelmauerwerk, beidseitig verputzt; bis 2,50m², Dicke bis 15cm; inkl. Abstütz- und Sicherungsmaßnahmen; Bauschutt entsorgen						
	m²	**€ brutto**	**32**	**44**	**61**	**73**	**107**
	KG 394	€ netto	27	37	51	61	90

Mauerarbeiten **Preise €**

Nr.	Kurztext / Stichworte Einheit / Kostengruppe		▶	▷	brutto ø netto ø	◁	◀
49	**Türöffnung ausbrechen, Mauerwerk bis 30cm** Türöffnung ausbrechen; Ziegelmauerwerk, verputzt; bis 2,50m², Dicke bis 30cm; inkl. Abstütz- und Sicherungsmaßnahmen; Bauschutt entsorgen						
	m²	**€ brutto**	**47**	**69**	**102**	**122**	**148**
	KG 394	€ netto	39	58	86	103	125
50	**Türöffnung ausbrechen, Mauerwerk bis 60cm** Türöffnung ausbrechen; Ziegelmauerwerk, beidseitig verputzt; bis 2,50m², Dicke bis 60cm; inkl. Abstütz- und Sicherungsmaßnahmen; Bauschutt entsorgen						
	m²	**€ brutto**	**102**	**97**	**142**	**171**	**206**
	KG 394	€ netto	86	81	119	143	173
51	**Fensteröffnung schließen, AW bis 30cm** Fensteröffnung schließen; Mauerziegeln; bis 1,00m², Dicke bis 30cm; inkl. verzahnen mit Mauerwerk						
	m²	**€ brutto**	**60**	**72**	**106**	**127**	**151**
	KG 395	€ netto	51	61	89	107	127
52	**Fensteröffnung schließen, AW bis 60cm** Fensteröffnung schließen; Mauerziegeln; bis 1,00m², Dicke bis 60cm; inkl. verzahnen mit Mauerwerk						
	m²	**€ brutto**	**101**	**112**	**155**	**185**	**227**
	KG 395	€ netto	85	94	130	156	191
53	**Türöffnung schließen, IW bis 15cm** Türöffnung schließen; Hochlochziegel; bis 1,00x2,10m, Dicke bis 15cm; innen; inkl. verzahnen mit Mauerwerk						
	m²	**€ brutto**	**48**	**47**	**69**	**83**	**91**
	KG 395	€ netto	40	39	58	69	76
54	**Türöffnung schließen, IW bis 30cm** Türöffnung schließen; Hochlochziegel; bis 1,00x2,10m, Dicke bis 30cm; innen; inkl. verzahnen mit Mauerwerk						
	m²	**€ brutto**	**64**	**68**	**101**	**121**	**140**
	KG 395	€ netto	54	57	84	101	118
55	**Wanddurchbruch, bis 100cm², 20cm** Wanddurchbruch nachträglich herstellen; Mz bis 12N/mm²; bis 100cm², Dicke bis 20cm; vorhandenen Putz schneiden; Bauschutt entsorgen						
	St	**€ brutto**	**9,6**	**11,6**	**17,0**	**20,4**	**28,2**
	KG 394	€ netto	8,0	9,7	14,3	17,1	23,7

 © BKI Baukosteninformationszentrum

Kosten: Stand 3.Quartal 2015, Bundesdurchschnitt

Mauerarbeiten — Preise €

Nr.	Kurztext / Stichworte Einheit / Kostengruppe		▶	▷	brutto ø netto ø	◁	◀
56	**Wanddurchbruch, bis 500cm², 20cm** Wanddurchbruch nachträglich herstellen; Mz bis 12N/mm²; 100-500cm², Dicke bis 20cm; vorhandenen Putz schneiden; Bauschutt entsorgen						
	St	**€ brutto**	**15**	**17**	**26**	**31**	**33**
	KG 394	€ netto	12	15	22	26	27
57	**Wanddurchbruch, bis 1.000cm², 20cm** Wanddurchbruch nachträglich herstellen; Mz bis 12N/mm²; 500-1.000cm², Dicke bis 20cm; vorhandenen Putz schneiden; Bauschutt entsorgen						
	St	**€ brutto**	**16**	**24**	**35**	**42**	**49**
	KG 394	€ netto	14	20	29	35	41
58	**Wanddurchbruch, bis 2.500cm², 20cm** Wanddurchbruch nachträglich herstellen; Mz bis 12N/mm²; 1.000-2.500cm², Dicke bis 20cm; vorhandenen Putz schneiden; Bauschutt entsorgen						
	St	**€ brutto**	**23**	**32**	**47**	**56**	**72**
	KG 394	€ netto	19	27	39	47	61
59	**Wanddurchbruch, bis 100cm², 40cm** Wanddurchbruch nachträglich herstellen; Mz bis 12N/mm²; bis 100cm², Dicke bis 40cm; vorhandenen Putz schneiden; Bauschutt entsorgen						
	St	**€ brutto**	**18**	**18**	**27**	**32**	**64**
	KG 394	€ netto	15	15	22	27	54
60	**Wanddurchbruch, bis 500cm², 40cm** Wanddurchbruch nachträglich herstellen; Mz bis 12N/mm²; 100-500cm², Dicke bis 40cm; vorhandenen Putz schneiden; Bauschutt entsorgen						
	St	**€ brutto**	**24**	**25**	**36**	**44**	**77**
	KG 394	€ netto	20	21	31	37	65
61	**Wanddurchbruch, bis 1.000cm², 40cm** Wanddurchbruch nachträglich herstellen; Mz bis 12N/mm²; 500-1.000cm², Dicke bis 40cm; vorhandenen Putz schneiden; Bauschutt entsorgen						
	St	**€ brutto**	**26**	**36**	**53**	**63**	**101**
	KG 394	€ netto	22	30	44	53	85

Mauerarbeiten						**Preise €**
Nr.	**Kurztext** / Stichworte			**brutto ø**		
	Einheit / Kostengruppe	►	▷	netto ø	◁	◄
62	**Wanddurchbruch, bis 2.500cm², 40cm** Wanddurchbruch nachträglich herstellen; Mz bis 12N/mm²; 1.000-2.500cm², Dicke bis 40cm; vorhandenen Putz schneiden; Bauschutt entsorgen					
	St **€ brutto**	**48**	**49**	**72**	**87**	**109**
	KG 394 € netto	40	41	61	73	92
63	**Wanddurchbruch schließen, bis 100cm², 20cm** Wanddurchbruch schließen; Mörtel, Steinmaterial; bis 100cm², Dicke bis 20cm; bündig abgleichen; Bauschutt entsorgen					
	St **€ brutto**	**11**	**14**	**20**	**25**	**30**
	KG 395 € netto	9,2	11,7	17,2	20,6	25,4
64	**Wanddurchbruch schließen, bis 500cm², 20cm** Wanddurchbruch schließen; Mörtel, Steinmaterial; 100-500cm², Dicke bis 20cm; bündig abgleichen; Bauschutt entsorgen					
	St **€ brutto**	**17**	**19**	**28**	**34**	**41**
	KG 395 € netto	15	16	24	28	34
65	**Wanddurchbruch schließen, bis 1.000cm², 20cm** Wanddurchbruch schließen; Mörtel, Steinmaterial; 500-1.000cm², Dicke bis 20cm; bündig abgleichen; Bauschutt entsorgen					
	St **€ brutto**	**26**	**30**	**45**	**54**	**72**
	KG 395 € netto	22	26	38	45	61
66	**Wanddurchbruch schließen, bis 2.500cm², 20cm** Wanddurchbruch schließen; Mörtel, Steinmaterial; 1.000-2.500cm², Dicke bis 20cm; bündig abgleichen; Bauschutt entsorgen					
	St **€ brutto**	**35**	**39**	**57**	**69**	**81**
	KG 395 € netto	29	33	48	58	68
67	**Wanddurchbruch schließen, bis 100cm², 40cm** Wanddurchbruch schließen; Mörtel, Steinmaterial; 100cm², Dicke bis 40cm; bündig abgleichen; Bauschutt entsorgen					
	St **€ brutto**	**17**	**22**	**32**	**38**	**49**
	KG 395 € netto	15	18	27	32	41
68	**Wanddurchbruch schließen, bis 500cm², 40cm** Wanddurchbruch schließen; Mörtel, Steinmaterial; 100-500cm², Dicke bis 40cm; bündig abgleichen; Bauschutt entsorgen					
	St **€ brutto**	**26**	**32**	**47**	**56**	**66**
	KG 395 € netto	22	27	39	47	56
69	**Wanddurchbruch schließen, bis 1.000cm², 40cm** Wanddurchbruch schließen; Mörtel, Steinmaterial; Größe 500-1.000cm², Dicke bis 40cm; bündig abgleichen; Bauschutt entsorgen					
	St **€ brutto**	**36**	**41**	**61**	**73**	**92**
	KG 395 € netto	30	35	51	61	77

 © BKI Baukosteninformationszentrum

Kosten: Stand 3.Quartal 2015, Bundesdurchschnitt

Mauerarbeiten — Preise €

Nr.	Kurztext / Stichworte Einheit / Kostengruppe		▶	▷	brutto ø netto ø	◁	◀
70	**Wanddurchbruch schließen, bis 2.500cm², 40cm** Wanddurchbruch schließen; Mörtel, Steinmaterial; 1.000-2.500cm², Dicke bis 40cm; bündig abgleichen; Bauschutt entsorgen						
	St	**€ brutto**	**44**	**48**	**71**	**85**	**102**
	KG 395	€ netto	37	41	60	72	86
71	**Deckendurchbruch, bis 100cm², 20cm** Deckendurchbruch nachträglich herstellen; Ziegelhohlkörper; bis 100cm², Dicke bis 20cm; inkl. Deckenabstützung; nichttragender Bereich; Bauschutt entsorgen						
	St	**€ brutto**	**18**	**21**	**31**	**37**	**48**
	KG 394	€ netto	15	17	26	31	40
72	**Deckendurchbruch, bis 500cm², 20cm** Deckendurchbruch nachträglich herstellen; Ziegelhohlkörper; 100-500cm², Dicke bis 20cm; inkl. Deckenabstützung; nichttragender Bereich; Bauschutt entsorgen						
	St	**€ brutto**	**22**	**24**	**35**	**43**	**55**
	KG 394	€ netto	19	20	30	36	46
73	**Deckendurchbruch, bis 1.000cm², 20cm** Deckendurchbruch nachträglich herstellen; Ziegelhohlkörper; 500-1.000cm², Dicke bis 20cm; inkl. Deckenabstützung; nicht-tragender Bereich; Bauschutt entsorgen						
	St	**€ brutto**	**29**	**33**	**48**	**58**	**64**
	KG 394	€ netto	25	27	40	48	54
74	**Deckendurchbruch, bis 500cm², 30cm** Deckendurchbruch nachträglich herstellen; Ziegelhohlkörper; 100-500cm², Dicke bis 30cm; inkl. Deckenabstützung; nichttragender Bereich; Bauschutt entsorgen						
	St	**€ brutto**	**27**	**30**	**44**	**53**	**59**
	KG 394	€ netto	23	25	37	44	49
75	**Deckendurchbruch schließen, bis 100cm², 20cm** Deckendurchbruch schließen; Ziegeldecke; bis 100cm², Dicke bis 20cm; mit Mörtel und Schalung						
	St	**€ brutto**	**–**	**16**	**23**	**28**	**–**
	KG 395	€ netto	–	13	19	23	–
76	**Deckendurchbruch schließen, bis 500cm², 20cm** Deckendurchbruch schließen; Ziegeldecke; 100-500cm², Dicke bis 20cm; mit Mörtel und Schalung						
	St	**€ brutto**	**–**	**27**	**40**	**48**	**–**
	KG 395	€ netto	–	23	34	40	–

Mauerarbeiten						Preise €
Nr.	**Kurztext** / Stichworte			brutto ø		
	Einheit / Kostengruppe	►	▷	netto ø	◁	◄
77	**Deckendurchbruch schließen, bis 1.000cm², 20cm** Deckendurchbruch schließen; Ziegeldecke; 500-1.000cm², Dicke bis 20cm; mit Mörtel und Schalung					
	St **€ brutto**	**–**	**41**	**61**	**73**	**–**
	KG 395 € netto	–	35	51	61	–
78	**Deckendurchbruch schließen, bis 500cm², 30cm** Deckendurchbruch schließen; Ziegeldecke; 100-500cm², Dicke bis 30cm; mit Mörtel und Schalung					
	St **€ brutto**	**34**	**39**	**57**	**69**	**81**
	KG 395 € netto	29	33	48	58	68
79	**Baustelleneinrichtung, Bohren/Sägen** Baustelleneinrichtung; Bohrer, Sägen; einrichten, vorhalten, abbauen					
	psch **€ brutto**	**–**	**82**	**120**	**144**	**–**
	KG 399 € netto	–	69	101	121	–
80	**Bohreinrichtung umsetzen** Bohreinrichtung umsetzen; geschossweise					
	psch **€ brutto**	**–**	**37**	**54**	**64**	**–**
	KG 399 € netto	–	31	45	54	–
81	**Mauerwerk schneiden, Wand, Mz bis 36cm** Mauerwerksschnitt herstellen; Ziegelwand; Tiefe bis 36cm; einseitig; Bauschutt entsorgen					
	m **€ brutto**	**23**	**30**	**44**	**53**	**69**
	KG 394 € netto	19	25	37	45	58
82	**Mauerwerk schneiden, Wand, KS bis 17,5cm** Mauerwerksschnitt herstellen; Kalksandstein; Tiefe bis 17,5cm; zweiseitig; Bauschutt entsorgen					
	m **€ brutto**	**–**	**21**	**31**	**37**	**–**
	KG 394 € netto	–	17	26	31	–
83	**Mauerwerk schneiden, Wand, KS bis 24cm** Mauerwerksschnitt herstellen; Kalksandstein; Tiefe bis 24cm; zweiseitig; Bauschutt entsorgen					
	m **€ brutto**	**–**	**37**	**55**	**66**	**–**
	KG 394 € netto	–	32	46	56	–
84	**Kernbohrung, Mauerwerk, 10-50mm** Kernbohrung; Ziegelwand; Durchmesser 10-50mm; Diamantbohrkronen; Bauschutt entsorgen					
	m **€ brutto**	**69**	**74**	**109**	**131**	**155**
	KG 394 € netto	58	62	92	110	130

© BKI Baukosteninformationszentrum

Kosten: Stand 3.Quartal 2015, Bundesdurchschnitt

Mauerarbeiten — Preise €

Nr.	Kurztext / Stichworte Einheit / Kostengruppe		►	▷	brutto ø netto ø	◁	◄
85	**Kernbohrung, Mauerwerk, 55-80mm** Kernbohrung; Ziegelwand; Durchmesser 55-80mm; Diamantbohrkronen; Bauschutt entsorgen						
	m	**€ brutto**	**72**	**96**	**141**	**169**	**191**
	KG 394	€ netto	61	81	118	142	161
86	**Kernbohrung, Mauerwerk, 85-110mm** Kernbohrung; Ziegelwand; Durchmesser 85-110mm; Diamantbohrkronen; Bauschutt entsorgen						
	m	**€ brutto**	**101**	**104**	**152**	**183**	**209**
	KG 394	€ netto	85	87	128	154	175
87	**Kernbohrung, Mauerwerk, 115-130mm** Kernbohrung; Ziegelwand; Durchmesser 115-130mm; Diamantbohrkronen; Bauschutt entsorgen						
	m	**€ brutto**	**115**	**128**	**181**	**209**	**236**
	KG 394	€ netto	97	108	152	175	198
88	**Kernbohrung, Mauerwerk, 130-150mm** Kernbohrung; Ziegelwand; Durchmesser 130-150mm; Diamantbohrkronen; Bauschutt entsorgen						
	m	**€ brutto**	**125**	**134**	**191**	**229**	**247**
	KG 394	€ netto	105	113	160	192	207
89	**Kernbohrung, Mauerwerk, 150-200mm** Kernbohrung; Ziegelwand; Durchmesser 150-200mm; Diamantbohrkronen; Bauschutt entsorgen						
	m	**€ brutto**	**–**	**166**	**233**	**279**	**–**
	KG 394	€ netto	–	140	196	235	–
90	**Innenwand, Hlz 11,50cm, nichttragend** Mauerwerk, nichttragend; Hochlochziegel; Dicke 11,50cm; innen; für Putzauftrag						
	m²	**€ brutto**	**42**	**52**	**56**	**61**	**72**
	KG 342	€ netto	36	44	47	51	61
91	**Innenwand, KS 11,50cm, nichttragend** Mauerwerk, nichttragend; Kalksandstein; Dicke 11,50cm; innen; für Putzauftrag						
	m²	**€ brutto**	**48**	**56**	**60**	**75**	**105**
	KG 342	€ netto	40	47	50	63	88
92	**Innenwand, KS 17,50cm, tragend** Mauerwerk, tragend; Kalksandstein; Dicke 17,50cm; innen; für Putzauftrag						
	m²	**€ brutto**	**54**	**62**	**66**	**77**	**93**
	KG 341	€ netto	46	52	55	65	78

Mauerarbeiten | **Preise €**

Nr.	Kurztext / Stichworte Einheit / Kostengruppe		▶	▷	brutto ø netto ø	◁	◀
93	**Innenwand, KS 24cm, tragend** Mauerwerk, tragend; Kalksandstein; Dicke 24cm; innen; für Putzauftrag						
	m²	**€ brutto**	**58**	**72**	**76**	**85**	**109**
	KG 341	€ netto	49	60	64	71	92
94	**Innenwand, PP 11,5cm, nichttragend** Mauerwerk; Porenbetonstein; 11,5cm; nichttragend, Dünnbettmörtel; innen; für Dünnputzauftrag						
	m²	**€ brutto**	**39**	**45**	**49**	**49**	**55**
	KG 342	€ netto	33	38	41	42	46
95	**Innenwand, PP 24cm, tragend** Mauerwerk; Porenbeton-Planelement; Dicke 24cm; tragend, Dünnbettmörtel; innen; für Dünnputzauftrag						
	m²	**€ brutto**	**60**	**67**	**71**	**73**	**80**
	KG 341	€ netto	50	57	60	61	67
96	**Ausmauerung, Fachwerk 11,5cm** Ausmauerung; Hlz inkl. Maueranker; 240x115x113mm; NM III; Gebälkanschluss zwischen Sparren						
	m²	**€ brutto**	**57**	**79**	**92**	**112**	**152**
	KG 342	€ netto	48	67	77	94	127
97	**Außenwand, Hlz 36,5cm, tragend** Mauerwerk; Leichthochlochziegel 8/0,8; Dicke 36,50cm; NF-System, tragend; außen; Putzauftrag mit Dünnbettmörtel						
	m²	**€ brutto**	**99**	**118**	**126**	**143**	**168**
	KG 331	€ netto	83	99	106	120	141
98	**Öffnung überdecken, Ziegelsturz** Sturz, Fertigteil; Ziegel; Dicke 115mm, Höhe 113mm; Öffnung überdecken						
	m	**€ brutto**	**17**	**25**	**27**	**35**	**50**
	KG 342	€ netto	14	21	23	29	42
99	**Öffnung überdecken; KS-Sturz, 17,5cm** Sturz; Kalksandstein; Dicke 17,5cm; Öffnung überdecken						
	m	**€ brutto**	**18**	**32**	**36**	**48**	**65**
	KG 341	€ netto	15	27	31	40	55
100	**Öffnung überdecken, Betonsturz, 24cm** Sturz, Fertigteil; Stahlbeton; Dicke 240-300mm, Höhe 238mm; rau, verputzen/glatter Sichtbeton						
	m	**€ brutto**	**15**	**46**	**52**	**64**	**87**
	KG 341	€ netto	13	39	44	54	73

© BKI Baukosteninformationszentrum

Kosten: Stand 3.Quartal 2015, Bundesdurchschnitt

Mauerarbeiten **Preise €**

Nr.	Kurztext / Stichworte Einheit / Kostengruppe		▶	▷	brutto ø netto ø	◁	◀
101	**Stundensatz Facharbeiter, Mauerarbeiten** Stundenlohnarbeiten, Vorarbeiter, Facharbeiter; Mauerarbeiten						
	h	**€ brutto**	**45**	**50**	**52**	**54**	**61**
		€ netto	38	42	44	46	51
102	**Stundensatz Werker / Helfer, Mauerarbeiten** Stundenlohnarbeiten Werker, Helfer; Mauerarbeiten						
	h	**€ brutto**	**44**	**48**	**51**	**52**	**55**
		€ netto	37	41	43	44	46

Betonarbeiten — Preise €

Nr.	Kurztext / Stichworte Einheit / Kostengruppe		▶	▷	brutto ø netto ø	◁	◀
1	**Fundament abbrechen, Stahlbeton** Fundament abbrechen; Stahlbeton; teilweise Handarbeit, inkl. Abstütz- und Sicherungsmaßnahmen; in Gebäuden; Bauschutt entsorgen						
	m³	**€ brutto**	**69**	**89**	**139**	**167**	**195**
	KG 394	€ netto	58	74	117	140	164
2	**Bodenplatte abbrechen, Beton** Bodenplatte abbrechen; Beton, unbewehrt; Bauschutt entsorgen						
	m³	**€ brutto**	**79**	**93**	**145**	**174**	**215**
	KG 394	€ netto	66	78	122	146	180
3	**Bodenplatte abbrechen, Stahlbeton** Bodenplatte abbrechen; Stahlbeton; Bauschutt entsorgen						
	m³	**€ brutto**	**103**	**134**	**197**	**237**	**264**
	KG 394	€ netto	87	113	166	199	222
4	**Außentreppenstufen abbrechen, Beton** Außentreppenstufen abbrechen; Beton, inkl. Unterbau; Breite bis 2,00m; Bauschutt entsorgen						
	St	**€ brutto**	**105**	**127**	**172**	**192**	**211**
	KG 594	€ netto	88	107	144	162	178
5	**Kelleraußenwände abbrechen, Beton** Kelleraußenwand abbrechen; Beton, unbewehrt; inkl. Abstütz- und Sicherungsmaßnahmen; Bauschutt entsorgen						
	m³	**€ brutto**	**136**	**165**	**223**	**249**	**274**
	KG 394	€ netto	114	138	187	209	230
6	**Kelleraußenwände abbrechen, Stahlbeton** Kelleraußenwand abbrechen; Stahlbeton; inkl. Abstütz- und Sicherungsmaßnahmen; Bauschutt entsorgen						
	m³	**€ brutto**	**149**	**180**	**243**	**272**	**299**
	KG 394	€ netto	125	151	204	228	251
7	**Balkon abbrechen, Stahlbeton, bis 3,00x1,50m** Balkon abbrechen; Stahlbetonplatte, Stahlbetonbrüstung; Betonplatte 3,00x1,50m; inkl. Abstütz- und Sicherungsmaßnahmen; Bauschutt entsorgen						
	St	**€ brutto**	**251**	**304**	**411**	**460**	**505**
	KG 394	€ netto	211	255	345	386	424
8	**Außenwände abbrechen, Stahlbeton** Außenwand abbrechen; Stahlbeton; verschiedene Dicken; inkl. Abstütz- und Sicherungsmaßnahmen; Bauschutt entsorgen						
	m³	**€ brutto**	**145**	**175**	**237**	**265**	**291**
	KG 394	€ netto	122	147	199	223	245

 © BKI Baukosteninformationszentrum

Kosten: Stand 3.Quartal 2015, Bundesdurchschnitt

Betonarbeiten						**Preise €**
Nr.	**Kurztext** / Stichworte **Einheit** / Kostengruppe		▶	▷	**brutto ø** netto ø	◁	◀

Nr.	Kurztext / Einheit		▶	▷	ø	◁	◀
9	**Innenwände abbrechen, Stb. bis 15cm** Innenwand abbrechen; Stahlbeton; Dicke bis 15cm; nichttragend, inkl. Abstütz- und Sicherungsmaßnahmen; Bauschutt entsorgen						
	m³	**€ brutto**	**133**	**160**	**217**	**243**	**266**
	KG 394	€ netto	111	135	182	204	224
10	**Innenwände abbrechen, Stb. bis 25cm** Innenwand abbrechen; Stahlbeton; Dicke bis 25cm; tragend, inkl. Abstütz- und Sicherungsmaßnahmen; Bauschutt entsorgen						
	m³	**€ brutto**	**147**	**178**	**240**	**269**	**296**
	KG 394	€ netto	124	149	202	226	248
11	**Türöffnung ausbrechen, Stb, 1,00x2,10m** Türöffnung ausbrechen; Stahlbeton; Größe 1,00x2,10m, Dicke bis 40cm; inkl. Abstütz- und Sicherungsmaßnahmen; Bauschutt entsorgen						
	St	**€ brutto**	**117**	**142**	**192**	**215**	**236**
	KG 394	€ netto	99	119	161	180	198
12	**Stahlbetonstützen abbrechen** Stahlbetonstützen abbrechen; inkl. Abstütz- und Sicherungsmaßnahmen; Bauschutt entsorgen						
	m³	**€ brutto**	**194**	**235**	**318**	**356**	**391**
	KG 394	€ netto	163	197	267	299	328
13	**Geschossdecke abbrechen, Stahlbeton 25cm** Geschossdecke abbrechen; Stahlbeton; Dicke bis 25cm; inkl. Abstütz- und Sicherungsmaßnahmen; Bauschutt entsorgen						
	m³	**€ brutto**	**144**	**179**	**241**	**278**	**314**
	KG 394	€ netto	121	150	203	233	264
14	**Geschossdecke abbrechen, Hohldielen 25cm** Geschossdecke abbrechen; Stahlbeton-Hohldielen; Dicke bis 25cm; inkl. Abstütz- und Sicherungsmaßnahmen; Bauschutt entsorgen						
	m²	**€ brutto**	**27**	**34**	**46**	**51**	**62**
	KG 394	€ netto	23	28	38	43	52
15	**Stürze/Unterzüge abbrechen, Stahlbeton** Stürze, Unterzüge abbrechen; Stahlbeton; inkl. Abstütz- und Sicherungsmaßnahmen; Bauschutt entsorgen						
	St	**€ brutto**	**199**	**240**	**325**	**364**	**400**
	KG 394	€ netto	167	202	273	306	336
16	**Stahlbetontreppe abbrechen** Stahlbetontreppe abbrechen, eingeschossig; Stufen 14St, Stg. 27/18cm, Breite bis 1,50m; inkl. Abstütz- und Sicherungsmaßnahmen; Bauschutt entsorgen						
	St	**€ brutto**	**393**	**475**	**643**	**720**	**778**
	KG 394	€ netto	331	399	540	605	653

Betonarbeiten **Preise €**

Nr.	Kurztext / Stichworte Einheit / Kostengruppe		▶	▷	brutto ø netto ø	◁	◀
17	**Wandschlitze, Beton, 10x5cm** Wandschlitz herstellen; Beton, unbewehrt; Größe bis 10x5cm; nach Leitungsverlegung wieder schließen; Bauschutt entsorgen						
	m	**€ brutto**	**20**	**25**	**33**	**37**	**41**
	KG 395	€ netto	17	21	28	31	35
18	**Wanddurchbrüche, Stahlbeton 20x20cm, 24cm** Wanddurchbruch herstellen; Stahlbeton; Größe 20x20cm, Dicke bis 24cm; nach Leitungsverlegung wieder schließen; Bauschutt entsorgen						
	St	**€ brutto**	**48**	**58**	**78**	**88**	**96**
	KG 395	€ netto	40	49	66	74	81
19	**Deckendurchbruch, Stb, herstellen 30x10, 20cm** Deckendurchbruch nachträglich herstellen; Stahlbeton; Größe 30x10cm, Dicke bis 20cm; inkl. Abstütz- und Sicherungsmaßnahmen; Bauschutt entsorgen						
	St	**€ brutto**	**30**	**37**	**49**	**55**	**62**
	KG 395	€ netto	25	31	42	46	52
20	**Deckendurchbruch, Stb, herstellen 20x20, 20cm** Deckendurchbruch nachträglich herstellen; Stahlbeton; Größe bis 20x20cm, Dicke bis 20cm; inkl. Abstütz- und Sicherungsmaßnahmen; Bauschutt entsorgen						
	St	**€ brutto**	**31**	**38**	**51**	**57**	**64**
	KG 395	€ netto	26	32	43	48	54
21	**Deckendurchbruch, Stb, herstellen 50x20, 20cm** Deckendurchbruch nachträglich herstellen; Stahlbeton; Größe 50x20cm, Dicke bis 20cm; inkl. Abstütz- und Sicherungsmaßnahmen; Bauschutt entsorgen						
	St	**€ brutto**	**47**	**57**	**77**	**87**	**97**
	KG 395	€ netto	40	48	65	73	81
22	**Deckendurchbruch, Stb, schließen 30x10, 20cm** Deckendurchbruch schließen; Stahlbeton; Größe 30x10cm, Dicke bis 20cm; mit Beton schließen, Ränder angleichen; inkl. Schalung						
	St	**€ brutto**	**12**	**15**	**20**	**23**	**26**
	KG 395	€ netto	10	12	17	19	22
23	**Deckendurchbruch, Stb, schließen 20x20, 20cm** Deckendurchbruch schließen; Stahlbeton; Größe 20x20cm, Dicke bis 20cm; mit Beton schließen, Ränder angleichen; inkl. Schalung						
	St	**€ brutto**	**13**	**16**	**21**	**24**	**28**
	KG 395	€ netto	11	13	18	20	23

 © BKI Baukosteninformationszentrum

Kosten: Stand 3.Quartal 2015, Bundesdurchschnitt

Betonarbeiten **Preise €**

Nr.	Kurztext / Stichworte Einheit / Kostengruppe		▶	▷	brutto ø netto ø	◁	◀
24	**Deckendurchbruch, Stb, schließen 50x20, 20cm** Deckendurchbruch schließen; Stahlbeton; Größe 50x20cm, Dicke bis 20cm; mit Beton schließen, Ränder angleichen; inkl. Schalung						
	St	**€ brutto**	**24**	**29**	**40**	**45**	**52**
	KG 395	€ netto	20	25	33	37	43
25	**Deckendurchbruch, Stb, schließen 50/50, 24cm** Deckendurchbruch schließen; Stahlbeton; Größe 50x50cm, Dicke bis 24cm; mit Beton schließen, Ränder angleichen; inkl. Schalung						
	St	**€ brutto**	**39**	**47**	**64**	**72**	**81**
	KG 395	€ netto	33	40	54	60	68
26	**Kernbohrung, Stb, Durchmesser 10-50mm** Kernbohrung; Stahlbetonbauteile; Durchmesser 10-50mm; Bauschutt entsorgen						
	m	**€ brutto**	**76**	**92**	**124**	**139**	**152**
	KG 399	€ netto	64	77	104	116	128
27	**Kernbohrung, Stb, Durchmesser 55-80mm** Kernbohrung; Stahlbetonbauteile; Durchmesser 55-80mm; Bauschutt entsorgen						
	m	**€ brutto**	**96**	**116**	**157**	**176**	**193**
	KG 399	€ netto	81	98	132	148	162
28	**Kernbohrung, Stb, Durchmesser 115-130mm** Kernbohrung; Stahlbetonbauteile; Durchmesser 115-130mm; Bauschutt entsorgen						
	m	**€ brutto**	**107**	**130**	**175**	**196**	**216**
	KG 399	€ netto	90	109	147	165	181
29	**Kernbohrung, Stb, Durchmesser 140-160mm** Kernbohrung; Stahlbetonbauteile; Durchmesser 140-160mm; Bauschutt entsorgen						
	m	**€ brutto**	**127**	**154**	**208**	**233**	**256**
	KG 399	€ netto	107	129	175	196	215
30	**Kernbohrung, Stb, Durchmesser 170-180mm** Kernbohrung; Stahlbetonbauteile; Durchmesser 170-180mm; Bauschutt entsorgen						
	m	**€ brutto**	**139**	**168**	**227**	**254**	**279**
	KG 399	€ netto	117	141	191	214	235
31	**Kernbohrung, Stb, Durchmesser 200-220mm** Kernbohrung; Stahlbetonbauteile; Durchmesser 200-220mm; Bauschutt entsorgen						
	m	**€ brutto**	**159**	**192**	**260**	**291**	**320**
	KG 399	€ netto	134	162	218	245	269

Betonarbeiten						Preise €
Nr.	Kurztext / Stichworte			brutto ø		
	Einheit / Kostengruppe	▶	▷	netto ø	◁	◀
32	**Kernbohrung, Stb, Durchmesser 230-250mm** Kernbohrung; Stahlbetonbauteile; Durchmesser 230-250mm; Bauschutt entsorgen					
	m **€ brutto**	**178**	**215**	**291**	**325**	**357**
	KG 399 € netto	149	181	244	273	300
33	**Kernbohrung, Stb, Durchmesser 280-300mm** Kernbohrung; Stahlbetonbauteile; Durchmesser 280-300mm; Bauschutt entsorgen					
	m **€ brutto**	**202**	**244**	**330**	**370**	**406**
	KG 399 € netto	170	205	277	311	341
34	**Kernbohrung, schräg, Mehrpreis** Kernbohrung Mehrpreis; schräg/senkrecht					
	St **€ brutto**	**11**	**14**	**18**	**21**	**23**
	KG 399 € netto	9,5	11,5	15,5	17,4	19,4
35	**Kernbohrung, Stahlschnitte, 16-28mm** Kernbohrung, Stahlschnitt; Durchmesser 16-28mm; Mehrpreis					
	St **€ brutto**	**2,3**	**2,7**	**3,7**	**4,1**	**5,0**
	KG 399 € netto	1,9	2,3	3,1	3,5	4,2
36	**Kernbohrung, Stahlschnitte** Kernbohrung, Stahlschnitt; Mehrpreis					
	cm^2 **€ brutto**	**2,8**	**3,3**	**4,5**	**5,1**	**6,1**
	KG 399 € netto	2,3	2,8	3,8	4,3	5,1
37	**Betonschneidearbeiten, bis 43cm** Betonschneidearbeiten; Stahlbeton; Tiefe bis 43cm; einseitig					
	m **€ brutto**	**82**	**99**	**133**	**149**	**164**
	KG 399 € netto	69	83	112	125	138
38	**Betonschneidearbeiten, bis 90cm** Betonschneidearbeiten; Stahlbeton; Tiefe bis 90cm; einseitig					
	m **€ brutto**	**171**	**207**	**280**	**313**	**344**
	KG 399 € netto	144	174	235	263	289
39	**Baustelleneinrichtung Bohr-/Sägearbeiten** Baustelleneinrichtung; Bohrer, Sägen; einrichten, vorhalten, abbauen					
	psch **€ brutto**	**157**	**189**	**256**	**287**	**345**
	KG 399 € netto	132	159	215	241	290
40	**Bohreinrichtung geschossweise umsetzen** Bohreinrichtung umsetzen; geschossweise					
	psch **€ brutto**	**40**	**48**	**65**	**73**	**88**
	KG 399 € netto	34	41	55	61	74

 © BKI Baukosteninformationszentrum

Kosten: Stand 3.Quartal 2015, Bundesdurchschnitt

Betonarbeiten							**Preise €**
Nr.	**Kurztext** / Stichworte **Einheit** / Kostengruppe		▶	▷	**brutto ø** netto ø	◁	◀
41	**Bohreinrichtung gebäudeweise umsetzen** Bohreinrichtung umsetzen; anderes Gebäude						
	psch	**€ brutto**	**55**	**67**	**90**	**101**	**126**
	KG 399	€ netto	46	56	76	85	106
42	**Unterzug C20/25, Stb, 20x40cm** Unterzug nachträglich einbauen; Stahlbeton, C20/25; bis 20x40cm; auf vorhandenen Auflager; Innenbereich						
	m	**€ brutto**	**17**	**20**	**28**	**31**	**36**
	KG 395	€ netto	14	17	23	26	30
43	**Überzug C20/25, Stb, 24x40cm** Überzug nachträglich einbauen; Stahlbeton, C20/25; bis 24x40cm; auf vorhandenen Auflager; Innenbereich						
	m	**€ brutto**	**19**	**24**	**32**	**36**	**41**
	KG 395	€ netto	16	20	27	30	35
44	**Kniestock C20/25, Stb, 24x35cm** Kniestock nachträglich herstellen; Stahlbeton, C20/25; bis 24x35; als Auflager für Dachstuhl; Innenbereich; inkl. Verankerung, Oberseite abschrägen						
	m	**€ brutto**	**21**	**26**	**35**	**39**	**45**
	KG 395	€ netto	18	22	29	33	38
45	**Ringanker C20/25, Stb, 24x24cm** Ringanker nachträglich einbauen; Stahlbeton, C20/25; bis 24x24cm						
	m	**€ brutto**	**22**	**27**	**36**	**40**	**47**
	KG 395	€ netto	18	22	30	34	39
46	**Deckendämmung, Mehrschichtplatte, MW 50** Deckendämmung nachträglich; Holzwolle-Leichtbauplatten, dreischichtig, WLG 085; Dicke 50mm; auf Unterseite anbringen, befestigen; Stahlbetondecke						
	m²	**€ brutto**	**33**	**37**	**51**	**57**	**62**
	KG 353	€ netto	28	31	42	48	52
47	**Deckendämmung, Mehrschichtplatte, MW 100** Deckendämmung nachträglich; Holzwolle-Leichtbauplatten, dreischichtig, WLG 085; Dicke 100mm; auf Unterseite anbringen, befestigen; Stahlbetondecke						
	m²	**€ brutto**	**40**	**46**	**62**	**69**	**76**
	KG 353	€ netto	34	38	52	58	64
48	**Deckendämmung, PS 60, geklebt** Deckendämmung nachträglich; Polystyrol-Hartschaumplatten, extrudiert, WLG 035; Dicke 60mm; auf Unterseite kleben; Stahlbetondecke						
	m²	**€ brutto**	**17**	**19**	**26**	**29**	**34**
	KG 353	€ netto	14	16	22	25	29

Betonarbeiten **Preise €**

Nr.	Kurztext / Stichworte Einheit / Kostengruppe		▶	▷	brutto ø netto ø	◁	◀
49	**Deckendämmung, PS 100, geklebt** Deckendämmung nachträglich; Polystyrol-Hartschaumplatten, extrudiert, WLG 035; Dicke 100mm; auf Unterseite kleben; Stahlbetondecke						
	m²	**€ brutto**	**19**	**22**	**30**	**33**	**38**
	KG 353	€ netto	16	18	25	28	32
50	**Deckendämmung, PS 140, geklebt** Deckendämmung nachträglich; Polystyrol-Hartschaumplatten, extrudiert, WLG035; Dicke 140mm; auf Unterseite kleben; Stahlbetondecke						
	m²	**€ brutto**	**21**	**24**	**32**	**36**	**42**
	KG 353	€ netto	18	20	27	30	35
51	**Deckendämmung, PS 180, geklebt** Deckendämmung nachträglich; Polystyrol-Hartschaumplatten, extrudiert, WLG 035; Dicke 180mm; auf Unterseite kleben; Stahlbetondecke						
	m²	**€ brutto**	**24**	**27**	**36**	**41**	**47**
	KG 353	€ netto	20	23	30	34	40
52	**Deckendämmung, PS 200, geklebt** Deckendämmung nachträglich; Polystyrol-Hartschaumplatten, extrudiert, WLG 035; Dicke 200mm; auf Unterseite kleben; Stahlbetondecke						
	m²	**€ brutto**	**25**	**29**	**39**	**43**	**50**
	KG 353	€ netto	21	24	32	36	42
53	**Deckendämmung, GF+PIR 50** Deckendämmung nachträglich; Mehrschichtplatten Polyurethan, WLS 024, GF-Platten; Dicke 50mm; auf Unterseite kleben, GK-Platten punktuell befestigen; Stahlbetondecke						
	m²	**€ brutto**	**40**	**45**	**61**	**68**	**75**
	KG 353	€ netto	33	38	51	57	63
54	**Deckendämmung, GF+PIR 70** Deckendämmung nachträglich; Mehrschichtplatten Polyurethan, WLS 024, GF-Platten; Dicke 70mm; auf Unterseite kleben, GK-Platten punktuell befestigen; Stahlbetondecke						
	m²	**€ brutto**	**45**	**51**	**69**	**77**	**85**
	KG 353	€ netto	38	43	58	65	71
55	**Deckendämmung, GF+PIR 90** Deckendämmung nachträglich; Mehrschichtplatten Polyurethan, WLS 024, GF-Platten; Dicke 90mm; auf Unterseite kleben, GK-Platten punktuell befestigen; Stahlbetondecke						
	m²	**€ brutto**	**52**	**59**	**79**	**89**	**98**
	KG 353	€ netto	44	49	67	75	82

 © BKI Baukosteninformationszentrum

Kosten: Stand 3.Quartal 2015, Bundesdurchschnitt

Betonarbeiten **Preise €**

Nr.	Kurztext / Stichworte Einheit / Kostengruppe		►	▷	brutto ø netto ø	◁	◄
56	**Deckendämmung, PIR 60, Vlies** Deckendämmung nachträglich; Polyurethanplatten, Vliesoberfläche, WLS 027, GF-Platten; Dicke 60mm; auf Unterseite kleben, GK-Platten punktuell befestigen; Stahlbetondecke						
	m²	**€ brutto**	**26**	**29**	**39**	**44**	**51**
	KG 353	€ netto	22	25	33	37	43
57	**Deckendämmung, PIR 100, Vlies** Deckendämmung nachträglich; Polyurethanplatten, Vliesoberfläche, WLS 027, GF-Platten; Dicke 100mm; auf Unterseite kleben, GK-Platten punktuell befestigen; Stahlbetondecke						
	m²	**€ brutto**	**32**	**36**	**49**	**55**	**64**
	KG 353	€ netto	27	30	41	46	53
58	**Wanddämmung, Mineralplatten 10mm** Wanddämmung; Mineralplatten, WLG 045; Dicke 10mm, Dichte 115kg/m³; mit Leichtmörtel kleben; Betonwand, innen						
	m²	**€ brutto**	**20**	**22**	**30**	**34**	**40**
	KG 336	€ netto	17	19	26	29	33
59	**Wanddämmung, Mineralplatten 30mm** Wanddämmung; Mineralplatten, WLG 045; Dicke 30mm, Dichte 115kg/m³; mit Leichtmörtel kleben; Betonwand, innen						
	m²	**€ brutto**	**25**	**29**	**39**	**43**	**50**
	KG 336	€ netto	21	24	33	37	42
60	**Wanddämmung, Mineralplatten 50mm** Wanddämmung; Mineraldämmplatten, WLG 045; Mineralplatten, Dichte 115kg/m³; mit Leichtmörtel kleben; Betonwand, innen						
	m²	**€ brutto**	**27**	**31**	**42**	**47**	**54**
	KG 336	€ netto	23	26	35	39	46
61	**Wanddämmung, Mineralplatten 80mm** Wanddämmung; Mineralplatten, WLG 045; Dicke 80mm, Dichte 115kg/m³; mit Leichtmörtel kleben; Betonwand, innen						
	m²	**€ brutto**	**31**	**35**	**48**	**54**	**62**
	KG 336	€ netto	26	30	40	45	52
62	**Wanddämmung, Mineralplatten 100mm** Wanddämmung; Mineralplatten, WLG 045; Dicke 100mm, Dichte 115kg/m³; mit Leichtmörtel kleben; Betonwand, innen						
	m²	**€ brutto**	**34**	**39**	**52**	**59**	**68**
	KG 336	€ netto	29	32	44	49	57

Betonarbeiten							Preise €
Nr.	Kurztext / Stichworte Einheit / Kostengruppe		▶	▷	brutto ø netto ø	◁	◀
63	**Leibungen, Mineralplatten** Leibungen dämmen; Mineralfaserplatten; Dicke 20mm, Tiefe bis 250mm; Fenster, Türen						
	m	€ brutto	**13**	**15**	**21**	**23**	**29**
	KG 336	€ netto	11	13	18	20	24
64	**Wanddämmung, GK-Bekleidung, MW 80** Wanddämmung; GK-Bekleidung, Mineralwolle, WLS 032, Dampfsperre; GK 12,5mm, MW Dicke 80mm; Metallprofile						
	m²	€ brutto	**26**	**30**	**40**	**45**	**53**
	KG 336	€ netto	22	25	34	38	44
65	**Wanddämmung, GK-Bekleidung, MW 100** Wanddämmung; GK-Bekleidung, Mineralwolle, WLS 032, Dampfsperre; GK 12,5mm, MW Dicke 100mm; Metallprofile						
	m²	€ brutto	**28**	**32**	**44**	**49**	**57**
	KG 336	€ netto	24	27	37	41	48
66	**Wanddämmung, WD-Putzsystem, 50mm** Wärmedämmputzsystem; Spritzputz, Dämmputz WLG 070, Kratzputz; Gesamtdicke 50mm; Spritzputz voll deckend, abgezogen; Innenflächen Außenwand, Beton						
	m²	€ brutto	**35**	**39**	**53**	**60**	**68**
	KG 336	€ netto	29	33	45	50	57
67	**Wanddämmung, WD-Putzsystem, 75mm** Wärmedämmputzsystem; Spritzputz, Dämmputz WLG 070, Kratzputz; Gesamtdicke 75mm; Spritzputz voll deckend, abgezogen; Innenflächen Außenwand, Beton						
	m²	€ brutto	**40**	**46**	**62**	**69**	**79**
	KG 336	€ netto	34	38	52	58	66
68	**Leibungen, WD-Putz 50mm** Wärmedämmputzsystem; Unterputz, Kratzputz; Gesamtdicke 50mm, Tiefe bis 250mm; Leibungen, innen						
	m	€ brutto	**14**	**15**	**21**	**23**	**27**
	KG 336	€ netto	11	13	17	20	23
69	**Leibungen, WD-Putz 75mm** Wärmedämmputzsystem; Unterputz, Kratzputz; Gesamtdicke 75mm, Tiefe bis 250mm; Leibungen, innen						
	m	€ brutto	**18**	**20**	**28**	**31**	**36**
	KG 336	€ netto	15	17	23	26	30

 © BKI Baukosteninformationszentrum

Kosten: Stand 3.Quartal 2015, Bundesdurchschnitt

Betonarbeiten **Preise €**

Nr.	Kurztext / Stichworte Einheit / Kostengruppe		▶	▷	brutto ø netto ø	◁	◀
70	**Dachbodendämmung, MW 035, 100mm** Dachbodendämmung nachträglich; Mineralwolle-Dämmplatten, WLG 035, A1; Dicke 100mm; Betondecke						
	m2	€ brutto	**10**	**12**	**16**	**18**	**21**
	KG 363	€ netto	8,6	9,8	13,2	14,8	17,8
71	**Dachbodendämmung, MW 035, 200mm** Dachbodendämmung nachträglich; Mineralwolle-Dämmplatten, WLG 035, A1; Dicke 200mm; zweilagig, versetzt verlegen; Betondecke						
	m2	€ brutto	**19**	**21**	**29**	**32**	**37**
	KG 363	€ netto	16	18	24	27	31
72	**Dachbodendämmung, MW 035, 100mm, kaschiert** Dachbodendämmung nachträglich; Mineralwolle, kaschierte Oberfläche aus fadenverstärktem Glasvlies, WLG 035, A1; Dicke 100mm; als Unterlage begehbarer Platten; Betondecke						
	m2	€ brutto	**21**	**23**	**31**	**35**	**41**
	KG 363	€ netto	17	20	26	30	34
73	**Dachbodendämmung, MW 035, 200mm, kaschiert** Dachbodendämmung nachträglich; Mineralwolle, kaschierte Oberfläche aus fadenverstärktem Glasvlies, WLG 035, A1; Dicke 200mm; als Unterlage begehbarer Platten; Betondecke						
	m2	€ brutto	**40**	**45**	**61**	**69**	**75**
	KG 363	€ netto	34	38	51	58	63
74	**Dachbodendämmung, WF 045, 80mm** Dachbodendämmung nachträglich; Holzweichfaserelement, WLG 045, B2; Dicke 80mm; Betondecke						
	m2	€ brutto	**21**	**23**	**31**	**35**	**41**
	KG 363	€ netto	17	20	26	30	34
75	**Dachbodendämmung, EPS 040, 180mm** Dachbodendämmung nachträglich; Polystyrol-Hartschaum, expandiert, WLG 040, B1; Dicke 180mm; Betondecke						
	m2	€ brutto	**16**	**18**	**25**	**28**	**32**
	KG 363	€ netto	14	15	21	23	27
76	**Dachbodendämmung, PUR 024, 80mm, kaschiert** Dachbodendämmung nachträglich; Polyurethan-Hartschaum, Aluminiumkaschiert, WLS 024, B2; Dicke 80mm; einlagig, NF-System; Betondecke						
	m2	€ brutto	**31**	**35**	**48**	**53**	**62**
	KG 363	€ netto	26	30	40	45	52

Betonarbeiten							Preise €
Nr.	Kurztext / Stichworte Einheit / Kostengruppe		▶	▷	brutto ø netto ø	◁	◀
77	**Dachbodendämmung, MW 040, 180mm, Spanplatte** Dachbodendämmung nachträglich; begehbare Verbundelemente aus Mineralwolle mit Spanplattenoberfläche, WLG 040, A2; Dämmdicke 180mm, Elementdicke 200mm; einlagig, Stöße verleimen; Beton-/Ziegelelementdecke						
	m²	€ brutto	43	48	65	73	85
	KG 363	€ netto	36	40	55	61	71
78	**Dachbodendämmung, EPS 040, 80mm, Spanplatte** Dachbodendämmung nachträglich; Verbundelemente Polystyrol-Hartschaum, expandiert, mit Spanplatte, WLG 040; Elementdicke 100mm; NF-System; Beton-/Ziegelelementdecke						
	m²	€ brutto	31	35	47	53	62
	KG 363	€ netto	26	29	40	45	52
79	**Dachbodendämmung, EPS 035, 100mm, Spanplatte** Dachbodendämmung nachträglich; Verbundelemente Polystyrol-Hartschaum, expandiert, mit Spanplatte, WLG 035, B1; Elementdicke 119mm; einlagig, NF-System; Betondecke						
	m²	€ brutto	33	37	50	56	65
	KG 363	€ netto	27	31	42	47	54
80	**Dachbodendämmung, EPS 032, 200mm, Spanplatte** Dachbodendämmung nachträglich; Verbundelemente Polystyrol-Hartschaum, expandiert, mit Spanplatte, WLS 032, B1; Elementdicke 219mm; NF-System; Betondecke						
	m²	€ brutto	41	46	62	70	76
	KG 363	€ netto	34	39	52	58	64
81	**Dachbodendämmung, EPS 032, 240mm, Spanplatte** Dachbodendämmung nachträglich; Verbundelemente Polystyrol-Hartschaum, expandiert, mit Spanplatte, WLS 032, B1; Elementdicke 261mm; NF-System; Betondecke						
	m²	€ brutto	44	50	68	76	83
	KG 363	€ netto	37	42	57	64	70
82	**Dachbodendämmung, EPS 032, 260mm, Spanplatte** Dachbodendämmung nachträglich einbauen; Verbundelemente Polystyrol-Hartschaum, expandiert, mit Spanplatte, WLS 032, B1; Elementdicke 278mm; NF-System; Betondecke						
	m²	€ brutto	47	53	71	80	88
	KG 363	€ netto	39	44	60	67	74

 © BKI Baukosteninformationszentrum

Kosten: Stand 3.Quartal 2015, Bundesdurchschnitt

Betonarbeiten **Preise €**

Nr.	Kurztext / Stichworte Einheit / Kostengruppe		►	▷	brutto ø netto ø	◁	◄
83	**Dachbodendämmung, PUR 024, 80mm, Spanplatte** Dachbodendämmung nachträglich; Verbundelemente Polyurethan-Hartschaum, mit Spanplatte und integrierter Dampfsperre, WLS 024, B1; Elementdicke 136mm; einlagig, NF-System; Betondecke						
	m²	**€ brutto**	**45**	**51**	**69**	**77**	**85**
	KG 363	€ netto	38	43	58	65	71
84	**Dachbodendämmung, EPS 032,160mm, OSB-Platte** Dachbodendämmung nachträglich; Verbundelemente Polyurethan-Hartschaum, mit OSB-Platte, WLS 032, B1; Elementdecke 175mm; NF-System; Betondecke						
	m²	**€ brutto**	**35**	**40**	**54**	**61**	**69**
	KG 363	€ netto	30	34	46	51	58
85	**Dachbodendämmung, WF 045, 100mm, OSB-Platte** Dachbodendämmung nachträglich; Verbundelemente Holzweichfaser mit OSB-Platte, WLG 040, B2; Elementdicke 115mm; Betondecke						
	m²	**€ brutto**	**33**	**38**	**51**	**57**	**65**
	KG 363	€ netto	28	32	43	48	55
86	**Balkonflächen untersuchen** Balkonfläche prüfen; Hohl-, Schadstellen; durch Abklopfen						
	m²	**€ brutto**	**1,9**	**2,3**	**3,2**	**3,6**	**4,1**
	KG 395	€ netto	1,6	2,0	2,7	3,0	3,5
87	**Fugendichtmasse entfernen** Fugendichtmasse entfernen; inkl. Hinterfüllmaterial; Breite bis 35mm; reinigen; Bauschutt entsorgen						
	m	**€ brutto**	**5,9**	**7,2**	**9,7**	**10,9**	**12,6**
	KG 395	€ netto	5,0	6,0	8,1	9,1	10,6
88	**Fugenbänder, komprimiert, entfernen** Fugendichtmasse entfernen; inkl. Hinterfüllmaterial; Breite bis 20mm; reinigen; Bauschutt entsorgen						
	m	**€ brutto**	**2,9**	**3,5**	**4,7**	**5,3**	**6,1**
	KG 395	€ netto	2,4	2,9	4,0	4,4	5,1
89	**Betonflächen reinigen** Betonfläche reinigen; groben Schmutz; für Verfugung; Bauschutt entsorgen						
	m²	**€ brutto**	**0,5**	**0,6**	**0,8**	**0,9**	**1,1**
	KG 395	€ netto	0,4	0,5	0,7	0,7	0,9
90	**Fugenflanken säubern** Fugenflanken säubern; vorheriger Füllmasse mit Trennschleifer, Lösungsmittel bearbeiten; Bauschutt entsorgen						
	m	**€ brutto**	**1,9**	**2,3**	**3,1**	**3,4**	**4,1**
	KG 395	€ netto	1,6	1,9	2,6	2,9	3,5

Betonarbeiten						Preise €
Nr.	Kurztext / Stichworte Einheit / Kostengruppe	▶	▷	brutto ø netto ø	◁	◀
91	**Fugen aufschneiden** Fugenquerschnitt aufschneiden; Breite 10mm; abdichten mit Dichtmasse					
	m € brutto	**7,5**	**9,1**	**12,3**	**13,8**	**16,6**
	KG 395 € netto	6,3	7,6	10,3	11,6	13,9
92	**Fugen, Kanten als Fase** Fugenausbildung; Schenkellänge mind. 10mm; Kante mit beidseitiger Fase					
	m € brutto	**2,5**	**3,0**	**4,1**	**4,6**	**5,5**
	KG 395 € netto	2,1	2,5	3,4	3,8	4,6
93	**Fugenflanken spachteln** Fugenflanken spachteln; Zementmörtel, kunststoffmodifiziert; Tiefe bis 12cm; säubern, beidseitig, glätten					
	m € brutto	**6,7**	**8,0**	**10,9**	**12,2**	**14,7**
	KG 395 € netto	5,6	6,8	9,1	10,2	12,3
94	**Fugenrand spachteln** Fugenrand spachteln; Zementmörtel, kunststoffmodifiziert; Breite bis 10cm; beidseitig, glätten					
	m € brutto	**3,6**	**4,3**	**5,8**	**6,5**	**7,8**
	KG 395 € netto	3,0	3,6	4,9	5,5	6,6
95	**Fugenflanken, Korrosionsschutz** Fugenflanken beschichten; Tiefe 20-30mm; zum Korrosionsschutz					
	m € brutto	**1,0**	**1,2**	**1,7**	**1,9**	**2,2**
	KG 395 € netto	0,9	1,0	1,4	1,6	1,9
96	**Fugen, elast. Abdichtung, verkleinern** Fugen, verkleinern; Reparaturmörtel; inkl. Schalung					
	m € brutto	**5,2**	**6,3**	**8,6**	**9,6**	**11,6**
	KG 395 € netto	4,4	5,3	7,2	8,1	9,7
97	**Fugen, verkleinern** Fugen verkleinern, Teilflächen; Reparaturmörtel					
	m € brutto	**15**	**18**	**24**	**27**	**33**
	KG 395 € netto	13	15	20	23	28
98	**Fugenflanken vorbereiten** Fugenflanken reinigen; von Anstrichen, Versiegelungen, Imprägnierungen; inkl. Untergrund auf Festigkeit prüfen					
	m € brutto	**1,6**	**1,9**	**2,6**	**2,9**	**3,5**
	KG 395 € netto	1,4	1,6	2,2	2,5	3,0
99	**Fugenflanken vorstreichen** Fugenflanken voranstreichen; für Fugenabdichtung					
	m € brutto	**1,6**	**1,9**	**2,6**	**2,9**	**3,5**
	KG 395 € netto	1,4	1,6	2,2	2,5	3,0

 © BKI Baukosteninformationszentrum

Kosten: Stand 3.Quartal 2015, Bundesdurchschnitt

Betonarbeiten **Preise €**

Nr.	Kurztext / Stichworte Einheit / Kostengruppe		▶	▷	brutto ø netto ø	◁	◀
100	**Fugen hinterfüllen** Fugen hinterfüllen; Schaumstoff; Breite bis 35mm						
	m	**€ brutto**	**2,2**	**2,6**	**3,6**	**4,0**	**4,8**
	KG 395	€ netto	1,8	2,2	3,0	3,4	4,1
101	**Fugen, Folie einlegen** Fugenhaftung verhindern; Polyethylenfolie; einlegen						
	m	**€ brutto**	**0,8**	**1,0**	**1,3**	**1,5**	**1,8**
	KG 395	€ netto	0,7	0,8	1,1	1,2	1,5
102	**Fugenabdichtung, elastisch PUR, 20x10, 1K** Fugenabdichtung elastisch; PUR, einkomponentig; 20x10mm; inkl. glätten						
	m	**€ brutto**	**6,0**	**7,3**	**9,8**	**11,0**	**13,2**
	KG 395	€ netto	5,0	6,1	8,2	9,2	11,1
103	**Fugenabdichtung, elastisch PUR, 20x10, 2K** Fugenabdichtung elastisch; PUR, zweikomponentig; 20x10mm; inkl. glätten						
	m	**€ brutto**	**6,8**	**8,2**	**11,1**	**12,4**	**14,9**
	KG 395	€ netto	5,7	6,9	9,3	10,4	12,6
104	**Fugenabdichtung, elastisch PUR, 35x15, 2K** Fugenabdichtung elastisch; PUR, zweikomponentig; 35x15mm; inkl. glätten						
	m	**€ brutto**	**9,7**	**11,7**	**15,8**	**17,7**	**21,4**
	KG 395	€ netto	8,1	9,8	13,3	14,9	18,0
105	**Fugenabdichtung, Komprimierband, 20mm** Fugenabdichtung; Komprimierband; Breite bis 20mm; zwischen Betonbauteilen						
	m	**€ brutto**	**12**	**15**	**20**	**23**	**27**
	KG 395	€ netto	10	13	17	19	23
106	**Fugenabdichtung abdecken, Alu, 30x50mm** Fugenabdeckung; Aluminiumhohlprofil, eloxiert; Fugenbreite 30mm, Abdeckung 50mm; inkl. Unterkonstruktion mit Haltern						
	m	**€ brutto**	**19**	**22**	**30**	**34**	**39**
	KG 395	€ netto	16	19	25	28	33
107	**Fugenabdichtung abdecken, Alu, 40x70mm** Fugenabdeckung; Aluminiumhohlprofil, eloxiert; Fugenbreite 40mm, Abdeckung 70mm; inkl. Unterkonstruktion mit Haltern						
	m	**€ brutto**	**21**	**25**	**34**	**38**	**44**
	KG 395	€ netto	17	21	28	32	37

Betonarbeiten | **Preise €**

Nr.	**Kurztext** / Stichworte **Einheit** / Kostengruppe		▶	▷	**brutto ø** netto ø	◁	◀
108	**Unterfangung, Fundament** Unterfangung, Fundament, Ortbeton; Stahlbeton C16/20, XC2/XF1; Dicke bis 0,50m; Höhe bis 1,50m; inkl. Schalung						
	m³	**€ brutto**	**256**	**475**	**547**	**783**	**1.105**
	KG 393	€ netto	215	399	460	658	928
109	**Schalung, Fundament, verloren** Schalung, Fundament; raue Schalung; verloren						
	m²	**€ brutto**	**33**	**42**	**45**	**46**	**70**
	KG 322	€ netto	27	35	38	39	59
110	**Schalung, Fundament, rau** Schalung, Fundament; raue Schalung						
	m²	**€ brutto**	**16**	**35**	**42**	**49**	**67**
	KG 322	€ netto	13	30	35	42	56
111	**Fundament, Ortbeton, bewehrt** Fundament, Ortbeton; Stahlbeton C25/30, XC2/XF1; Tiefe bis 1,00m						
	m³	**€ brutto**	**117**	**174**	**193**	**273**	**420**
	KG 322	€ netto	99	146	162	230	353
112	**Fundament, Ortbeton, unbewehrt** Fundament, Ortbeton; Beton C8/10, X0; unbewehrt						
	m³	**€ brutto**	**126**	**170**	**179**	**224**	**307**
	KG 322	€ netto	106	143	150	188	258
113	**Fundament, Ortbeton, unbewehrt, Schalung** Fundament, Ortbeton; Beton C25/30, XC2/XF1; unbewehrt; inkl. raue Schalung						
	m³	**€ brutto**	**169**	**257**	**290**	**335**	**463**
	KG 322	€ netto	142	216	243	282	389
114	**Trennlage, PE-Folie** Trennlage; PE-Folie; Dicke 0,2mm; Stoßüberlappung 15cm						
	m²	**€ brutto**	**1,2**	**2,1**	**2,5**	**3,4**	**5,1**
	KG 326	€ netto	1,0	1,8	2,1	2,9	4,3
115	**Bodenplatte, Stahlbeton C25/30, bis 35cm** Bodenplatte, Ortbeton; Stahlbeton C25/30, XD1/XF1; Dicke 14/...../35cm						
	m³	**€ brutto**	**138**	**199**	**226**	**322**	**454**
	KG 324	€ netto	116	168	190	271	382
116	**Wand, Stahlbeton C25/30, 30cm, Schalung** Wand, Ortbeton; Stahlbeton C25/30, XC3/XF1; Dicke 30cm, Höhe bis 3,00m; nicht sichtbar; inkl. Schalung						
	m²	**€ brutto**	**135**	**142**	**145**	**147**	**155**
	KG 331	€ netto	113	119	121	124	130

 © BKI Baukosteninformationszentrum

Kosten: Stand 3.Quartal 2015, Bundesdurchschnitt

Betonarbeiten						**Preise €**
Nr.	**Kurztext** / Stichworte			**brutto ø**		
	Einheit / Kostengruppe	▶	▷	netto ø	◁	◀
117	**Decken, Beton C25/30, bis 24cm, Schalung**					
	Decke, Ortbeton; Stahlbeton C25/30, XC1; Dicke 18-24cm; inkl. Schalung					
	m² € brutto	**70**	**86**	**87**	**93**	**105**
	KG 351 € netto	59	72	73	79	89
118	**Betonstahlmatten, B500**					
	Betonstahlmatten; 500A/B500B; inkl. Schneiden und Abstandssicherung					
	kg € brutto	**1,2**	**1,6**	**1,9**	**2,1**	**2,7**
	KG 351 € netto	1,0	1,3	1,6	1,8	2,2
119	**Betonstabstahl, B500B**					
	Betonstabstahl; B500B; inkl. erf. Nebenarbeiten					
	kg € brutto	**1,4**	**1,8**	**2,0**	**2,5**	**3,1**
	KG 351 € netto	1,2	1,5	1,7	2,1	2,6
120	**Kleineisenteile, Baustahl S235JR**					
	Kleineisenteile; Baustahl, S235JR; bis 30kg					
	kg € brutto	**1,2**	**5,1**	**7,0**	**9,0**	**13,8**
	KG 351 € netto	1,0	4,3	5,8	7,6	11,6
121	**Stundensatz Facharbeiter, Betonbau**					
	Stundenlohnarbeiten, Vorarbeiter, Facharbeiter; Betonbau					
	h € brutto	**41**	**49**	**53**	**55**	**61**
	€ netto	34	42	45	46	51

Natur-, Betonwerksteinarbeiten — Preise €

Nr.	Kurztext / Stichworte Einheit / Kostengruppe		►	▷	brutto ø netto ø	◁	◄
1	**Natursteinbelag abbrechen, Mörtelbett**						
	Plattenbelag, abbrechen; Naturwerkstein; Dicke 6cm; im Mörtelbett; Bauschutt entsorgen						
	m²	**€ brutto**	**9,1**	**11,0**	**16,2**	**19,4**	**32,4**
	KG 394	€ netto	7,6	9,2	13,6	16,3	27,2
2	**Natursteinbelag abbrechen, Unterbeton**						
	Plattenbelag, abbrechen; Naturwerkstein; Dicke 15cm; im Mörtelbett; Bauschutt entsorgen						
	m²	**€ brutto**	**–**	**29**	**32**	**38**	**–**
	KG 394	€ netto	–	24	27	32	–
3	**Natursteinbelag aufnehmen/lagern**						
	Plattenbelag aufnehmen; Naturwerkstein; reinigen, zur Wiederverwendung; lagern						
	m²	**€ brutto**	**–**	**19**	**28**	**33**	**–**
	KG 395	€ netto	–	16	23	28	–
4	**Naturstein-Treppenbelag abbrechen**						
	Plattenbelag, abbrechen; Naturwerkstein; Dicke 6cm, Breite bis 1,30m; im Mörtelbett; Treppe; Bauschutt entsorgen						
	m	**€ brutto**	**–**	**19**	**27**	**33**	**–**
	KG 394	€ netto	–	16	23	28	–
5	**Trittstufe abbrechen, Naturstein**						
	Trittstufe abbrechen; Naturwerkstein; Tiefe bis 30cm, Breite bis 1,30m; Auflagerfläche reinigen; Bauschutt entsorgen						
	St	**€ brutto**	**–**	**48**	**67**	**81**	**–**
	KG 394	€ netto	–	40	57	68	–
6	**Sockelleiste ausbauen/lagern, Naturstein**						
	Sockelleisten ausbauen; Naturwerkstein; Mörtelreste entfernen, reinigen, zur Wiederverwendung; lagern						
	m	**€ brutto**	**–**	**4,7**	**6,9**	**8,3**	**–**
	KG 394	€ netto	–	4,0	5,8	7,0	–
7	**Sockelleiste abbrechen, Naturstein**						
	Sockelleisten entfernen; Naturwerkstein; Bauschutt entsorgen						
	m	**€ brutto**	**–**	**4,5**	**6,6**	**7,9**	**–**
	KG 394	€ netto	–	3,8	5,5	6,7	–
8	**Natursteinbekleidung abbrechen**						
	Fassadenbekleidung abbrechen; Natursteinplatten; Dicke bis 50mm; Bauschutt entsorgen						
	m²	**€ brutto**	**–**	**27**	**40**	**48**	**–**
	KG 394	€ netto	–	23	34	40	–

© BKI Baukosteninformationszentrum

Natur-, Betonwerksteinarbeiten							**Preise €**
Nr.	**Kurztext** / Stichworte				**brutto ø**		
	Einheit / Kostengruppe		▶	▷	netto ø	◁	◀
9	**Fensterbank abbrechen, Naturstein außen**						
	Fensterbank abbrechen, außen; Naturwerkstein; Dicke 3cm, Breite bis 30cm; Auflagerfläche neu vorbereiten; Bauschutt entsorgen						
	m	**€ brutto**	**–**	**9,1**	**13**	**15**	**–**
	KG 394	€ netto	–	7,6	11	12	–
10	**Fensterbank abbrechen, Naturstein, innen**						
	Fensterbank abbrechen, innen; Naturwerkstein; Auflagerfläche neu vorbereiten; Bauschutt entsorgen						
	St	**€ brutto**	**10**	**12**	**18**	**21**	**29**
	KG 394	€ netto	8,7	10,4	15,2	18,0	24,1
11	**Natursteinblockstufen, ausbauen/lagern**						
	Blockstufe ausbauen; Naturstein; Mörtelreste entfernen, reinigen, zur Wiederverwendung; Treppe; lagern						
	St	**€ brutto**	**–**	**35**	**51**	**61**	**–**
	KG 394	€ netto	–	29	43	51	–
12	**Betonwerksteinplatten abbrechen**						
	Plattenbelag ausbauen; Betonwerkstein; bis 50x50x5cm; in Sand/-Splittbett; Bauschutt entsorgen						
	m²	**€ brutto**	**–**	**9,2**	**14**	**16**	**–**
	KG 394	€ netto	–	7,7	11	14	–
13	**Betonwerksteinplatten aufnehmen, lagern**						
	Plattenbelag aufnehmen; Betonwerkstein; 40x40x5cm; in Sandbett, zur Wiederverwendung reinigen; lagern						
	m²	**€ brutto**	**–**	**12**	**17**	**20**	**–**
	KG 394	€ netto	–	9,8	14	17	–
14	**Treppenbelag abbrechen, Betonwerkstein**						
	Treppenbelag im Mörtelbett abbrechen; Betonwerkstein; Dicke bis 8cm, Stg. 17,5x28cm; Untergrund reinigen; Bauschutt entsorgen						
	m	**€ brutto**	**–**	**23**	**33**	**40**	**–**
	KG 394	€ netto	–	19	28	34	–
15	**Podestbelag abbrechen, Betonwerkstein**						
	Podestplatte im Mörtelbett abbrechen; Betonwerkstein; Dicke 5cm; Untergrund reinigen; Bauschutt entsorgen						
	m²	**€ brutto**	**–**	**15**	**22**	**26**	**–**
	KG 394	€ netto	–	13	18	22	–
16	**Betonwerksteinbelag abbrechen**						
	Bodenplatten mit Mörtelbett abbrechen; Betonwerkstein; Dicke bis 12cm; inkl. Estrich, Untergrund reinigen; Bauschutt entsorgen						
	m²	**€ brutto**	**–**	**15**	**22**	**26**	**–**
	KG 394	€ netto	–	13	18	22	–

Natur-, Betonwerksteinarbeiten						Preise €
Nr.	**Kurztext** / Stichworte			**brutto ø**		
	Einheit / Kostengruppe	►	▷	netto ø	◁	◄
17	**Sockelbekleidung abbrechen, Betonwerkstein**					
	Sockelbekleidung im Mörtelbett abbrechen; Betonwerkstein; Dicke bis 6cm; Untergrund reinigen; Bauschutt entsorgen					
	m² € brutto	**–**	**4,3**	**6,3**	**7,5**	**–**
	KG 394 € netto	–	3,6	5,3	6,3	–
18	**Terrassenbelag aufnehmen, Betonwerkstein**					
	Terrassenbelag aufnehmen; Betonwerkstein; 40x40cm/40x80cm, Dicke 5cm; in Splittbett, reinigen; lagern					
	m² € brutto	**–**	**11**	**16**	**19**	**–**
	KG 394 € netto	–	8,9	13	16	–
19	**Fensterbank abbrechen, Betonwerkstein, innen**					
	Fensterbank abbrechen, innen; Betonwerkstein; Bauschutt entsorgen					
	m € brutto	**–**	**9,1**	**13**	**15**	**–**
	KG 394 € netto	–	7,7	11	13	–
20	**Gehwegplatten abbrechen, Betonwerkstein**					
	Gehwegplatten ausbauen; Betonwerkstein; inkl. Unterbau; Bauschutt entsorgen					
	m² € brutto	**–**	**6,6**	**9,7**	**12**	**–**
	KG 394 € netto	–	5,6	8,2	9,8	–
21	**Natursteinbelag reinigen**					
	Plattenbelag reinigen; Naturstein; Wachs- und Schmutzschichten entfernen					
	m² € brutto	**–**	**10**	**11**	**13**	**–**
	KG 395 € netto	–	8,4	8,9	11	–
22	**Natursteinflächen ausbessern**					
	Natursteinfläche ausbessern; Sandstein; mit Restaurationsgrund unterlegen					
	m² € brutto	**–**	**16**	**24**	**29**	**–**
	KG 395 € netto	–	14	20	24	–
23	**Natursteinoberflächen schleifen**					
	Natursteinfläche nacharbeiten; ausgebesserte Stelle schleifen und angleichen					
	m² € brutto	**–**	**38**	**55**	**66**	**–**
	KG 395 € netto	–	32	46	56	–
24	**Natursteinflächen festigen**					
	Natursteinflächen festigen; Kieselsäureester					
	m² € brutto	**–**	**8,2**	**12**	**14**	**–**
	KG 395 € netto	–	6,9	10	12	–

© BKI Baukosteninformationszentrum

Kosten: Stand 3.Quartal 2015, Bundesdurchschnitt

Natur-, Betonwerksteinarbeiten **Preise €**

Nr.	Kurztext / Stichworte Einheit / Kostengruppe		▶	▷	brutto ø netto ø	◁	◀
25	**Sandsteinoberfläche scharrieren** Natursteinoberfläche bearbeiten; Sandstein; scharrieren, an Bestandsfläche anpassen						
	m²	**€ brutto**	**–**	**52**	**96**	**115**	**–**
	KG 395	€ netto	–	44	80	96	–
26	**Betonwerkstein schleifen** Betonwerkstein glätten; schleifen						
	m²	**€ brutto**	**–**	**16**	**24**	**29**	**–**
	KG 395	€ netto	–	14	20	24	–
27	**Außenbelag, Betonwerksteinplatten** Plattenbelag; Betonwerkstein; 30x30cm; in Splittbett verlegen, Fuge gefüllt; außen						
	m²	**€ brutto**	**27**	**59**	**69**	**78**	**100**
	KG 520	€ netto	23	50	58	66	84
28	**Mauerabdeckung, Natursteinplatten** Mauerabdeckung; Naturstein; 995x280mm, Dicke 30mm; im Zementmörtel verlegen; außen; inkl. Verfugung, Toleranzausgleich						
	m	**€ brutto**	**75**	**90**	**105**	**107**	**123**
	KG 533	€ netto	63	76	88	90	103
29	**Fensterbank, Betonwerkstein, innen** Fensterbank; Betonwerkstein, geschliffen/poliert; Breite 250mm, Dicke 50mm; im Mörtelbett verlegen; innen; inkl. Toleranzausgleich						
	m	**€ brutto**	**27**	**46**	**51**	**61**	**85**
	KG 334	€ netto	23	38	43	51	71
30	**Treppenbelag, Tritt-/Setzstufe** Tritt- und Setzstufe; Naturstein; 100x29x17,5cm; im Zementmörtel verlegen; innen; inkl. Verfugung, Toleranzausgleich						
	m	**€ brutto**	**98**	**127**	**131**	**159**	**211**
	KG 352	€ netto	82	107	110	133	177
31	**Sockel, Natursteinplatten** Sockelplatte; Naturstein; 400x150mm, Dicke 10-15mm; im Dünnbettmörtel verlegen; innen; inkl. Verfugung						
	m	**€ brutto**	**11**	**23**	**28**	**43**	**75**
	KG 352	€ netto	9,5	19,6	23,2	36,0	63,0
32	**Innenbelag, Naturstein** Plattenbelag; Naturstein; 400x150mm, Dicke 15-20mm; im Mörtelbett verlegen; innen; inkl. Verfugung						
	m²	**€ brutto**	**111**	**179**	**200**	**257**	**384**
	KG 352	€ netto	93	150	168	216	322

Natur-, Betonwerksteinarbeiten **Preise €**

Nr.	Kurztext / Stichworte Einheit / Kostengruppe		▶	▷	brutto ø netto ø	◁	◀
33	**Innenbelag, Betonwerkstein** Plattenbelag; Betonwerkstein; im Mörtelbett verlegen; innen; inkl. Verfugung						
	m²	**€ brutto**	**65**	**94**	**101**	**126**	**174**
	KG 352	€ netto	55	79	85	106	146
34	**Ausklinkung, Plattenbelag** Ausklinkung; Plattenbelag; Boden-/ Wandbelag						
	St	**€ brutto**	**1,5**	**8,1**	**11,8**	**14,0**	**19,6**
	KG 352	€ netto	1,2	6,8	9,9	11,8	16,5
35	**Schrägschnitte, Plattenbelag** Schrägschnitt; Natursteinplatten; Boden-/ Wandbelag						
	m	**€ brutto**	**7,1**	**14,5**	**20,0**	**32,6**	**47,2**
	KG 352	€ netto	6,0	12,2	16,8	27,4	39,7
36	**Fries, Plattenbelag** Fries; Natursteinplatten; Breite 280, Länge 500m, Dicke 20mm; im Dünnbettmörtel verlegen; innen; inkl. Verfugung						
	m	**€ brutto**	**17**	**46**	**62**	**70**	**93**
	KG 352	€ netto	14	38	52	59	78
37	**Trenn-/Anschlagschiene, Messing** Trenn-/Anschlagschiene; Messing matt/glänzend; 40x40x4mm; innen; inkl. Toleranzausgleich						
	m	**€ brutto**	**8,0**	**26,8**	**30,9**	**35,0**	**46,5**
	KG 352	€ netto	6,7	22,5	26,0	29,4	39,1
38	**Fugenabdichtung, elastisch, Silikon** Fuge elastisch; Silikon; Fugenhohlraum verfüllen, glätten; inkl. Flankenvorbehandlung						
	m	**€ brutto**	**3,7**	**6,5**	**7,5**	**9,2**	**13,6**
	KG 352	€ netto	3,1	5,5	6,3	7,7	11,4
39	**Trittschalldämmung, Randstreifen, MW** Trittschalldämmung; Mineralwolle, A1, PE-Folie 0,4mm; Höhe 150mm; einlagig, dicht gestoßen; inkl. Randdämmstreifen						
	m²	**€ brutto**	**2,6**	**6,7**	**8,5**	**10,6**	**14,2**
	KG 352	€ netto	2,2	5,6	7,1	8,9	12,0
40	**Erstreinigung, Bodenbelag** Bodenbelag, Erstreinigung und -pflege; Natursteinbelag						
	m²	**€ brutto**	**2,8**	**8,3**	**11,1**	**13,6**	**22,6**
	KG 352	€ netto	2,4	7,0	9,3	11,5	19,0

 © BKI Baukosteninformationszentrum

Kosten: Stand 3.Quartal 2015, Bundesdurchschnitt

Natur-, Betonwerksteinarbeiten **Preise €**

Nr.	Kurztext / Stichworte Einheit / Kostengruppe		▶	▷	brutto ø netto ø	◁	◀
41	**Stundensatz Facharbeiter, Natursteinarbeiten** Stundenlohnarbeiten, Vorarbeiter, Facharbeiter; Natur-, Betonwerksteinarbeiten						
	h	**€ brutto**	**52**	**55**	**57**	**58**	**65**
		€ netto	43	46	48	49	55
42	**Stundensatz Helfer, Natursteinarbeiten** Stundenlohnarbeiten, Werker, Helfer; Natur-, Betonwerksteinarbeiten						
	h	**€ brutto**	**34**	**38**	**43**	**46**	**51**
		€ netto	28	32	36	39	42

Zimmer- und Holzbauarbeiten — Preise €

Nr.	Kurztext / Stichworte Einheit / Kostengruppe		▶	▷	brutto ø netto ø	◁	◀
1	**Schutzabdeckung, armierte Baufolie** Schutzabdeckung; Folie, armiert; an Gerüst/Konstruktionen sturmsicher anbringen						
	m²	**€ brutto**	**4,3**	**5,1**	**5,5**	**7,0**	**8,6**
	KG 397	€ netto	3,6	4,2	4,6	5,9	7,2
2	**Wandbekleidung entfernen, Holz** Wandbekleidung entfernen; Holz; Bauschutt entsorgen; inkl. Befestigung						
	m²	**€ brutto**	**5,9**	**6,4**	**9,4**	**11,4**	**18,9**
	KG 394	€ netto	4,9	5,4	7,9	9,6	15,9
3	**Deckenbekleidung entfernen, Holz** Deckenbekleidung entfernen; Holz; Bauschutt entsorgen; inkl. Unterkonstruktion						
	m²	**€ brutto**	**10**	**12**	**18**	**23**	**45**
	KG 394	€ netto	8,5	10,1	14,9	19,3	38,1
4	**Außenwandbekleidung entfernen, Holz** Wandbekleidung entfernen; Holz; Bauschutt entsorgen; außen; inkl. Unterkonstruktion						
	m²	**€ brutto**	**–**	**11**	**16**	**21**	**–**
	KG 394	€ netto	–	9,0	13	17	–
5	**Wanddämmung entfernen, MW** Wanddämmung entfernen; Mineralwolle; außen; Bauschutt entsorgen						
	m²	**€ brutto**	**4,0**	**5,5**	**8,1**	**9,7**	**11,5**
	KG 394	€ netto	3,4	4,6	6,8	8,1	9,7
6	**Zwischensparrendämmung entfernen, MW** Zwischensparrendämmung entfernen; Mineralwolle; Dicke bis 100mm; Bauschutt entsorgen						
	m²	**€ brutto**	**3,9**	**5,6**	**8,3**	**10,0**	**13,7**
	KG 394	€ netto	3,3	4,7	7,0	8,4	11,5
7	**Lattentrennwand demontieren** Lattentrennwand demontieren; Holz; Keller/Speicher; Bauschutt entsorgen						
	m²	**€ brutto**	**5,9**	**8,6**	**12,6**	**15,1**	**22,9**
	KG 394	€ netto	4,9	7,2	10,6	12,7	19,3
8	**Dachflächenfenster entfernen** Dachflächenfenster entfernen; Größe bis 2,00m²; Bauschutt entsorgen						
	St	**€ brutto**	**30**	**48**	**70**	**84**	**99**
	KG 394	€ netto	25	40	59	71	84

 © BKI Baukosteninformationszentrum

Zimmer- und Holzbauarbeiten **Preise €**

Nr.	Kurztext / Stichworte Einheit / Kostengruppe		▶	▷	brutto ø netto ø	◁	◀
9	**Holzständerwand abbauen** Holzständerwand abbauen; ohne Beplankung; Bauschutt entsorgen						
	m²	**€ brutto**	**–**	**13**	**19**	**23**	**–**
	KG 394	€ netto	–	11	16	19	–
10	**Holztreppe abbauen** Holztreppe abbauen; Höhe bis 3,00m, Breite bis 1,20m; inkl. Geländer und Handlauf; Bauschutt entsorgen						
	St	**€ brutto**	**102**	**114**	**167**	**201**	**329**
	KG 394	€ netto	86	96	141	169	276
11	**Bodeneinschubtreppe ausbauen** Bodeneinschubtreppe ausbauen; inkl. Deckenklappe und Zarge; Bauschutt entsorgen						
	St	**€ brutto**	**–**	**37**	**54**	**68**	**–**
	KG 394	€ netto	–	31	46	57	–
12	**Holztrittstufe entfernen** Holztrittstufe entfernen; Bauschutt entsorgen						
	m²	**€ brutto**	**–**	**13**	**18**	**23**	**–**
	KG 394	€ netto	–	11	15	19	–
13	**Holzleiter abbauen** Holzleiter abbauen; Dachraum; Bauschutt entsorgen						
	St	**€ brutto**	**–**	**7,0**	**10**	**12**	**–**
	KG 394	€ netto	–	5,9	8,7	10	–
14	**Holzhandlauf entfernen** Holzhandlauf entfernen; inkl. Halterung und Befestigung; Bauschutt entsorgen						
	m	**€ brutto**	**–**	**6,0**	**8,9**	**11**	**–**
	KG 394	€ netto	–	5,1	7,5	9,3	–
15	**Holzfußboden entfernen, Bodenbretter** Fußbodenbretter entfernen; Holz; inkl. Sockelleiste; Bauschutt entsorgen						
	m²	**€ brutto**	**5,8**	**6,5**	**9,5**	**11,4**	**20,0**
	KG 394	€ netto	4,8	5,4	8,0	9,6	16,8
16	**Holzfußboden entfernen, Bretter/Lagerhölzer** Fußbodenbretter auf Lagerhölzern entfernen; Holz; inkl. Sockelleiste; Bauschutt entsorgen						
	m²	**€ brutto**	**7,1**	**7,7**	**11,3**	**13,6**	**22,9**
	KG 394	€ netto	6,0	6,5	9,5	11,4	19,3
17	**Fußbodenbretter aufnehmen/lagern** Fußbodenbretter aufnehmen, lagern; inkl. entnageln und reinigen						
	m²	**€ brutto**	**8,0**	**9,0**	**13,3**	**15,9**	**22,6**
	KG 394	€ netto	6,7	7,6	11,2	13,4	19,0

Zimmer- und Holzbauarbeiten **Preise €**

Nr.	Kurztext / Stichworte Einheit / Kostengruppe	▶	▷	brutto ø netto ø	◁	◀
18	**Spanplattenboden ausbauen** Spanplattenboden ausbauen; Dicke bis 25mm; inkl. Untergrund reinigen; Bauschutt entsorgen					
	m² € brutto	**9,4**	**12,0**	**17,7**	**21,2**	**29,6**
	KG 394 € netto	7,9	10,1	14,9	17,8	24,8
19	**Schüttung entfernen, Lagerhölzer** Schüttung entfernen; Höhe bis 7cm; zwischen Lagerhölzern; Bauschutt entsorgen					
	m² € brutto	**–**	**6,9**	**10**	**12**	**–**
	KG 394 € netto	–	5,8	8,5	10	–
20	**Schüttung entfernen, Holzbalkendecke** Schüttung entfernen; Höhe bis 15cm; aus Holzbalkendecke; Bauschutt entsorgen					
	m² € brutto	**7,7**	**12,3**	**18,1**	**21,8**	**27,1**
	KG 394 € netto	6,5	10,4	15,2	18,3	22,8
21	**Fehlboden entfernen** Fehlboden entfernen; Bauschutt entsorgen					
	m² € brutto	**–**	**8,1**	**12**	**14**	**21**
	KG 394 € netto	–	6,8	10	12	18
22	**Deckenbalken ausbauen** Deckenbalken ausbauen; Eiche/Nadelholz/.....; inkl. Abstützmaßnahmen; Bauschutt entsorgen					
	m € brutto	**5,5**	**7,0**	**10,3**	**12,4**	**18,2**
	KG 394 € netto	4,6	5,9	8,7	10,4	15,3
23	**Unterzug ausbauen, Holz** Unterzug ausbauen; Eiche/Nadelholz/.....; inkl. Abstützmaßnahmen; Bauschutt entsorgen					
	m € brutto	**–**	**7,8**	**11**	**14**	**–**
	KG 394 € netto	–	6,5	9,6	12	–
24	**Holzbalkendecke ausbauen** Holzbalkendecke ausbauen; Eiche/Nadelholz/.....; komplett; inkl. Sicherungsmaßnahmen; Bauschutt entsorgen					
	m² € brutto	**29**	**46**	**67**	**81**	**88**
	KG 394 € netto	25	38	56	68	74
25	**Dachstuhlhölzer ausbauen** Dachstuhlhölzer ausbauen; Eiche/Nadelholz/.....; inkl. Sicherungsmaßnahmen; Bauschutt entsorgen					
	m € brutto	**6,6**	**9,8**	**14,4**	**17,2**	**22,9**
	KG 394 € netto	5,6	8,2	12,1	14,5	19,3

 © BKI Baukosteninformationszentrum

Kosten: Stand 3.Quartal 2015, Bundesdurchschnitt

Zimmer- und Holzbauarbeiten							**Preise €**
Nr.	**Kurztext** / Stichworte **Einheit** / Kostengruppe		▶	▷	**brutto ø** netto ø	◁	◀
26	**Dachlattung entfernen** Dachlattung entfernen; Weite 320-340mm; Bauschutt entsorgen						
	m²	**€ brutto**	**2,2**	**3,2**	**4,7**	**5,6**	**7,5**
	KG 394	€ netto	1,9	2,7	3,9	4,7	6,3
27	**Dachschalung/Dachpappe entfernen** Dachschalung und Dachpappe entfernen; Bauschutt entsorgen						
	m²	**€ brutto**	**4,5**	**7,0**	**10,3**	**12,4**	**19,8**
	KG 394	€ netto	3,8	5,9	8,7	10,4	16,6
28	**Giebelgesims entfernen** Giebelgesims entfernen; inkl. Ortgangbrett und Blechabdeckung; Bauschutt entsorgen						
	m	**€ brutto**	**–**	**4,5**	**6,6**	**7,9**	**–**
	KG 394	€ netto	–	3,8	5,5	6,7	–
29	**Sparren aufdoppeln** Sparren aufdoppeln; mit Latte/Bohle; Querschnitt bis 5x14cm						
	m	**€ brutto**	**3,8**	**5,8**	**8,5**	**10,2**	**15,8**
	KG 395	€ netto	3,2	4,8	7,1	8,5	13,3
30	**Zwischensparrendämmung, MW 035, 100mm** Zwischensparrendämmung DZ; Mineralwolle WLG 035, A1; Dicke 100mm; einlagig, nachträglich von außen einbauen; zwischen Sparren und Konstruktion						
	m²	**€ brutto**	**11**	**12**	**18**	**22**	**24**
	KG 363	€ netto	9,0	10,3	15,2	18,2	20,3
31	**Zwischensparrendämmung, MW 035, 120mm** Zwischensparrendämmung DZ; Mineralwolle WLG 035, A1; Dicke 120mm; einlagig, nachträglich von außen einbauen; zwischen Sparren und Konstruktion						
	m²	**€ brutto**	**12**	**14**	**21**	**25**	**28**
	KG 363	€ netto	10	12	17	21	23
32	**Zwischensparrendämmung, MW 035, 140mm** Zwischensparrendämmung DZ; Mineralwolle WLG 035, A1; Dicke 140mm; einlagig, nachträglich von außen einbauen; zwischen Sparren und Konstruktion						
	m²	**€ brutto**	**14**	**16**	**23**	**28**	**31**
	KG 363	€ netto	11	13	19	23	26
33	**Zwischensparrendämmung, MW 032, 100mm** Zwischensparrendämmung DZ; Mineralwolle WLS 032, A1; Dicke 100mm; einlagig, nachträglich von außen einbauen; zwischen Sparren und Konstruktion						
	m²	**€ brutto**	**12**	**14**	**21**	**25**	**28**
	KG 363	€ netto	10	12	17	21	23

Zimmer- und Holzbauarbeiten — Preise €

Nr.	Kurztext / Stichworte Einheit / Kostengruppe		▶	▷	brutto ø netto ø	◁	◀
34	**Zwischensparrendämmung, MW 032, 120mm** Zwischensparrendämmung DZ; Mineralwolle WLS 032, A1; Dicke 120mm; einlagig, nachträglich von außen einbauen; zwischen Sparren und Konstruktion						
	m²	**€ brutto**	**14**	**16**	**24**	**28**	**32**
	KG 363	€ netto	12	13	20	24	27
35	**Zwischensparrendämmung, MW 032, 140mm** Zwischensparrendämmung DZ; Mineralwolle WLS 032, A1; Dicke 140mm; einlagig, nachträglich von außen einbauen; zwischen Sparren und Konstruktion						
	m²	**€ brutto**	**16**	**18**	**27**	**32**	**36**
	KG 363	€ netto	13	15	23	27	30
36	**Einblasdämmung, Zellulose, bis 140mm** Einblasdämmung; Zellulosefasern, WLG 040, E; Dicke bis 140mm; zwischen Sparren und Konstruktion						
	m²	**€ brutto**	**10**	**12**	**13**	**14**	**16**
	KG 363	€ netto	8,5	9,9	10,7	11,5	13,3
37	**Einblasdämmung, Zellulose, bis 200mm** Einblasdämmung; Zellulosefasern, WLG 040, E; Dicke bis 200mm; zwischen Sparren und Konstruktion						
	m²	**€ brutto**	**14**	**17**	**18**	**19**	**21**
	KG 363	€ netto	12	14	15	16	18
38	**Einblasdämmung, Zellulose, bis 240mm** Einblasdämmung; Zellulosefasern, WLG 040, E; Dicke bis 240mm; zwischen Sparren und Konstruktion						
	m²	**€ brutto**	**21**	**24**	**25**	**26**	**30**
	KG 363	€ netto	18	20	21	22	25
39	**MW-Dämmung, Spitzboden, 160mm** Wärmedämmung einbauen; Mineralwolle WLG 035, A1; Dicke 160mm; nicht begehbar; Spitzboden						
	m²	**€ brutto**	**–**	**11**	**15**	**18**	**–**
	KG 363	€ netto	–	9,1	13	15	–
40	**MW-Dämmung, Holzbalkendecke, 120mm** Wärmedämmung einbauen; Mineralwolle WLG 035; Dicke 120mm; einbauen; zwischen Holzbalkendecke						
	m²	**€ brutto**	**–**	**13**	**19**	**22**	**–**
	KG 363	€ netto	–	11	16	19	–

 © BKI Baukosteninformationszentrum

Kosten: Stand 3.Quartal 2015, Bundesdurchschnitt

Zimmer- und Holzbauarbeiten							Preise €
Nr.	**Kurztext** / Stichworte				**brutto ø**		
	Einheit / Kostengruppe		▶	▷	netto ø	◁	◀
41	**MW/Spanplatte, Holzdecke, 240mm** Wärmedämmung/Spanplatte, DAD-dk, einbauen; Mineralwolle WLG 035, A1, Spanplatte verleimt; Dicke MW 240mm, Spanplatte 21mm; Holzbalkendecke						
	m²	**€ brutto**	**–**	**63**	**87**	**104**	**–**
	KG 363	€ netto	–	53	73	87	–
42	**Bauschnittholz C24, Nadelholz** Bauschnittholz; Nadelholz C24, S10TS, GKL 2, 6x12cm, Länge bis 8,00m; gehobelt, geschliffen						
	m³	**€ brutto**	**323**	**427**	**461**	**583**	**847**
	KG 361	€ netto	271	359	387	490	712
43	**Konstruktionsvollholz S10TS, gehobelt** Konstruktionsvollholz; Nadelholz C24, S10TS; Breite 6-10cm, Höhe 6-30cm, Länge bis 6,00m; herzfrei, gehobelt, gefast						
	m³	**€ brutto**	**440**	**558**	**614**	**698**	**828**
	KG 361	€ netto	370	469	516	586	696
44	**Brettschichtholz, GL24h, Nadelholz, gehobelt** Brettschichtholz; Nadelholz GL 24h; Breite 6-20cm, Höhe 16-20cm, Länge bis 12,00m; Sichtqualität, gehobelt						
	m³	**€ brutto**	**741**	**855**	**901**	**942**	**1.094**
	KG 361	€ netto	623	718	757	792	919
45	**Abbinden/Aufstellen, Bauschnittholz, Dach** Abbinden und Aufstellen; Bauschnittholz; 6x12/10x18/20x30cm, Länge 8,00m; sichtbar/nicht sichtbar; Dachkonstruktion						
	m	**€ brutto**	**5,5**	**8,6**	**10,9**	**13,0**	**16,4**
	KG 361	€ netto	4,7	7,2	9,2	10,9	13,8
46	**Abbinden/Aufstellen, Konstruktionsvollholz, Decken** Abbinden und Aufstellen; Konstruktionsvollholz; 6x12/10x18/14x24cm, Länge bis 8,00m; sichtbar/nicht sichtbar; Deckenkonstruktion						
	m	**€ brutto**	**6,5**	**10,5**	**12,0**	**15,2**	**22,7**
	KG 361	€ netto	5,5	8,8	10,0	12,8	19,1
47	**Abbund, Kehl-/Gratsparren** Abbinden und Aufstellen; Bauschnittholz; 10x20-16x36cm, Länge bis 6,00m; sichtbar/nicht sichtbar; Bereich Kehl- und Gratbalken						
	m	**€ brutto**	**3,9**	**9,3**	**11,3**	**15,7**	**24,3**
	KG 361	€ netto	3,3	7,9	9,5	13,2	20,4
48	**Hobeln, Bauschnittholz** Bauschnittholz hobeln; allseitig						
	m	**€ brutto**	**1,5**	**3,3**	**3,9**	**5,4**	**9,3**
	KG 361	€ netto	1,3	2,8	3,3	4,6	7,8

Zimmer- und Holzbauarbeiten **Preise €**

Nr.	Kurztext / Stichworte Einheit / Kostengruppe		▶	▷	brutto ø netto ø	◁	◀
49	**Schrägschnitte, Bauschnittholz** Bauschnittholz, Schrägschnitt						
	m	**€ brutto**	**3,0**	**6,2**	**7,7**	**9,8**	**14,2**
	KG 361	€ netto	2,5	5,2	6,4	8,2	11,9
50	**Holzschutz, Flächen, farblos** Holzschutz, chemisch; farblos; streichen; Prüfprädikat Iv, P, W						
	m²	**€ brutto**	**0,5**	**3,3**	**4,7**	**7,1**	**12,2**
	KG 361	€ netto	0,4	2,8	4,0	5,9	10,2
51	**Schalung, Nadelholz, gefast, gehobelt** Schalung, Dach; Nadelholz, S10; Breite 138mm; NF-Schalung, einseitig gehobelt; genagelt						
	m²	**€ brutto**	**18**	**25**	**28**	**38**	**61**
	KG 361	€ netto	15	21	23	32	51
52	**Schalung, Rauspund, genagelt** Schalung, Dach; Nadelholz; Dicke 20-27mm; Rauspundschalung, genagelt						
	m²	**€ brutto**	**13**	**19**	**21**	**27**	**41**
	KG 363	€ netto	11	16	18	23	34
53	**Schalung, OSB/4, Flachpressplatten** Schalung; OSB 4-Platte, ungeschliffen; Flachpressplatte; Trockenbereich; genagelt						
	m²	**€ brutto**	**22**	**25**	**27**	**29**	**33**
	KG 352	€ netto	18	21	23	25	28
54	**Schalung, Sperrholz, Feuchtebereich** Schalung; Baufurniersperrholz, Klasse 0/A; Nassbereich; verschraubt						
	m²	**€ brutto**	**27**	**39**	**43**	**50**	**63**
	KG 364	€ netto	23	33	36	42	53
55	**Schalung, Furnierschichtholzplatte** Bekleidung; Furnierschichtholzplatte, Klasse 1/2/3; Dicke 20-26mm; Sichtqualität; verschraubt/genagelt						
	m²	**€ brutto**	**35**	**47**	**51**	**63**	**83**
	KG 364	€ netto	29	40	43	53	69
56	**Schalung, Massivholzplatte** Bekleidung; Massivholzplatte, Klasse 1/2/3; Dicke 20/26mm; Sicht-/Nichtsichtqualität; Wand; genagelt/verschraubt						
	m²	**€ brutto**	**37**	**60**	**69**	**72**	**83**
	KG 335	€ netto	31	51	58	61	69

 © BKI Baukosteninformationszentrum

Kosten: Stand 3.Quartal 2015, Bundesdurchschnitt

Zimmer- und Holzbauarbeiten — Preise €

Nr.	Kurztext / Stichworte Einheit / Kostengruppe		►	▷	brutto ø netto ø	◁	◄
57	**Blindboden, Nadelholz, einseitig gehobelt** Schalung, Blindboden; Nadelholz, S10; Dicke 19mm, Breite 100mm; einseitig gehobelt, unten sichtbar; zwischen Deckenbalken						
	m²	**€ brutto**	**19**	**25**	**29**	**32**	**43**
	KG 352	€ netto	16	21	24	27	36
58	**Kantholz, Nadelholz, S13TSK** Kantholz; Nadelholz, S13TS K; 40x120mm; scharfkantig, allseitig gehobelt						
	m	**€ brutto**	**3,0**	**6,1**	**6,9**	**8,4**	**13,2**
	KG 335	€ netto	2,5	5,1	5,8	7,0	11,1
59	**Dampfbremse, feuchteadaptiv, sd-variabel** Dampfbremse; Dampfbremsbahn, feuchteadaptiv, Klasse E; überlappend						
	m²	**€ brutto**	**3,5**	**7,2**	**9,3**	**13,5**	**18,6**
	KG 364	€ netto	2,9	6,1	7,8	11,3	15,6
60	**Abdichtungsanschluss verkleben, Dampfsperrbahn** Abdichtungsanschluss; Wind- /Dampf-Sperrbahn; verkleben an Dachfenster/Kehlen/Grate						
	m	**€ brutto**	**1,2**	**3,2**	**3,7**	**5,1**	**9,0**
	KG 363	€ netto	1,0	2,7	3,1	4,3	7,6
61	**Traglattung, Nadelholz, 30x50mm** Traglattung; Nadelholz, S10 TS; 30x50mm						
	m	**€ brutto**	**1,7**	**2,5**	**2,7**	**3,4**	**4,9**
	KG 363	€ netto	1,4	2,1	2,3	2,9	4,1
62	**Traglattung, Nadelholz, 40x60mm** Lattung; Nadelholz, S10TS; 40x60mm						
	m	**€ brutto**	**1,5**	**2,3**	**2,8**	**3,9**	**5,6**
	KG 363	€ netto	1,3	2,0	2,3	3,2	4,7
63	**Dachlattung, Nadelholz, 30x50mm** Dachlattung; Nadelholz, S10TS; 30x50mm; sägerau; Dachdeckung						
	m²	**€ brutto**	**2,6**	**4,7**	**5,6**	**6,3**	**8,2**
	KG 363	€ netto	2,2	4,0	4,7	5,3	6,9
64	**Dachlattung, Nadelholz, 40x60mm** Dachlattung; Nadelholz, S10 TS; 40x60mm; sägerau; Dachdeckung						
	m²	**€ brutto**	**4,2**	**6,6**	**7,2**	**8,5**	**11,6**
	KG 363	€ netto	3,6	5,5	6,1	7,2	9,8
65	**Wohndachfenster, bis 1,00m², Uw 1,4** Wohndachfenster, Klapp-Schwing-Fenster; Kiefer, Uw=1,4W/(m²K); 0,78x1,18m; inkl. Eindeck- und Dämmrahmen; Dach						
	St	**€ brutto**	**569**	**802**	**922**	**1.103**	**1.392**
	KG 362	€ netto	478	674	775	927	1.170

Zimmer- und Holzbauarbeiten						Preise €
Nr.	**Kurztext** / Stichworte			**brutto ø**		
	Einheit / Kostengruppe	►	▷	netto ø	◁	◄
66	**Holztreppe, Wangentreppe**					
	Treppe, Wangentreppe; Eiche; 15 Stufen, 175x280mm, Breite 800mm; einläufig, mit/ohne Setzstufe; zwischen Gebälk/Betondecke					
	St	**€ brutto**	**1.965**	**4.203**	**5.294**	**5.499**	**7.643**
	KG 351	€ netto	1.651	3.532	4.448	4.621	6.422
67	**Holztreppe, Einschubtreppe**					
	Einschubtreppe; Hartholz; Öffnung b=700mm, l=1.400mm; zweiteilig, einseitiger Handlauf					
	St	**€ brutto**	**484**	**809**	**923**	**2.195**	**3.623**
	KG 351	€ netto	407	679	775	1.845	3.044
68	**Windrispenband, 40x2mm**					
	Windrispenband; 40x2mm; inkl. Befestigungsmaterial; Dachschalung					
	m	**€ brutto**	**2,1**	**4,3**	**5,0**	**5,9**	**7,7**
	KG 361	€ netto	1,7	3,6	4,2	4,9	6,5
69	**Windrispenband, 60x3mm**					
	Windrispenband; 60x3mm; inkl. Befestigungsmittel; Dachschalung					
	m	**€ brutto**	**4,9**	**6,2**	**6,6**	**7,0**	**8,4**
	KG 361	€ netto	4,1	5,2	5,5	5,8	7,0
70	**Verankerung, Profilanker, Schwelle**					
	Befestigungsmittel; Profilanker; Ankernägel 4x40mm					
	St	**€ brutto**	**2,3**	**4,6**	**5,7**	**8,1**	**13,8**
	KG 361	€ netto	1,9	3,8	4,8	6,8	11,6
71	**Befestigung, Stabdübel, Edelstahl**					
	Kleineisenteile; Stabdübel, Edelstahl; inkl. Bohrung					
	St	**€ brutto**	**1,9**	**7,4**	**12,8**	**14,9**	**19,2**
	KG 361	€ netto	1,6	6,2	10,8	12,5	16,2
72	**Befestigung, Klebeanker, Edelstahl**					
	Befestigungsmittel; Klebeanker, Edelstahl; M6/M8/M12					
	St	**€ brutto**	**9,3**	**13,1**	**14,7**	**15,7**	**18,0**
	KG 361	€ netto	7,8	11,0	12,3	13,2	15,1
73	**Befestigung, Gewindestange**					
	Kleineisenteile; Gewindestange; M12; inkl. Bohrung, Unterlegscheiben, Muttern					
	St	**€ brutto**	**1,7**	**6,3**	**7,1**	**9,5**	**14,1**
	KG 361	€ netto	1,4	5,3	6,0	8,0	11,9
74	**Stundensatz Facharbeiter, Holzbau**					
	Stundenlohnarbeiten, Vorarbeiter, Facharbeiter; Holzbau					
	h	**€ brutto**	**46**	**53**	**56**	**59**	**66**
		€ netto	39	44	47	49	55

 © BKI Baukosteninformationszentrum

Kosten: Stand 3.Quartal 2015, Bundesdurchschnitt

Zimmer- und Holzbauarbeiten **Preise €**

Nr.	Kurztext / Stichworte Einheit / Kostengruppe		▶	▷	brutto ø netto ø	◁	◀
75	**Stundensatz Helfer, Holzbau** Stundenlohnarbeiten, Werker, Helfer; Holzbau						
	h	**€ brutto**	**24**	**36**	**43**	**45**	**49**
		€ netto	20	30	36	38	41

Abdichtungsarbeiten							Preise €
Nr.	**Kurztext** / Stichworte				**brutto ø**		
	Einheit / Kostengruppe		▶	▷	netto ø	◁	◀
1	**Bodenabdichtung abbrechen, Bitumen, 1-lagig** Bodenabdichtung abbrechen; Bitumenbahn; Rückstände beseitigen; Bauschutt entsorgen						
	m²	**€ brutto**	**–**	**6,0**	**8,8**	**11**	**–**
	KG 394	€ netto	–	5,0	7,4	8,9	–
2	**Bodenabdichtung abbrechen, Bitumen, 2-lagig** Bodenabdichtung zweilagig, abbrechen; Bitumenbahn; Rückstände beseitigen; Bauschutt entsorgen						
	m²	**€ brutto**	**–**	**9,7**	**14**	**17**	**–**
	KG 394	€ netto	–	8,1	12	14	–
3	**Bitumenbeschichtung abbrechen, Wand** Wandabdichtung entfernen; Bitumenbeschichtung; Rückstände beseitigen; Kelleraußenwand; Bauschutt entsorgen						
	m²	**€ brutto**	**9,1**	**11,0**	**16,2**	**19,4**	**22,9**
	KG 394	€ netto	7,6	9,3	13,6	16,3	19,3
4	**Bitumenbahnen abbrechen, Wand** Wandabdichtung entfernen; Bitumenbahn; Rückstände beseitigen; Kelleraußenwand; Bauschutt entsorgen						
	m²	**€ brutto**	**–**	**13**	**19**	**22**	**–**
	KG 394	€ netto	–	11	16	19	–
5	**Schutzbahn entfernen, Wand** Schutzbahn entfernen; Kunststoff; Wandfläche, erdberührt						
	m²	**€ brutto**	**–**	**9,3**	**13**	**16**	**–**
	KG 394	€ netto	–	7,8	11	13	–
6	**Egalisierung, 5mm, Boden** Untergrund spachteln; Feinspachtel; Dicke bis 5mm; Boden egalisieren						
	m²	**€ brutto**	**9,7**	**13,8**	**19,3**	**22,7**	**22,3**
	KG 395	€ netto	8,1	11,6	16,2	19,1	18,8
7	**Egalisierung, 10mm, Boden** Untergrund spachteln; Feinspachtel; Dicke bis 10mm; Boden egalisieren						
	m²	**€ brutto**	**11**	**17**	**24**	**28**	**29**
	KG 395	€ netto	9,2	14,2	19,9	23,9	24,7
8	**Bodenflächen reinigen** Betonboden reinigen; haftungsmindernder Verunreinigungen und Schichten entfernen						
	m²	**€ brutto**	**0,9**	**1,4**	**2,0**	**2,4**	**4,8**
	KG 395	€ netto	0,7	1,2	1,6	2,0	4,0
9	**Bodenflächen schleifen/kugelstrahlen** Betonboden mechanisch reinigen; schleifen/kugelstrahlen						
	m²	**€ brutto**	**–**	**7,3**	**11**	**13**	**–**
	KG 395	€ netto	–	6,1	9,0	11	–

 © BKI Baukosteninformationszentrum

Kosten: Stand 3.Quartal 2015, Bundesdurchschnitt

Abdichtungsarbeiten **Preise €**

Nr.	**Kurztext** / Stichworte **Einheit** / Kostengruppe		▶	▷	**brutto ø** netto ø	◁	◀
10	**Voranstrich, Bodenabdichtung** Bodenfläche Voranstrich; für Abdichtung						
	m²	**€ brutto**	**–**	**3,5**	**4,8**	**5,8**	**–**
	KG 326	€ netto	–	2,9	4,1	4,9	–
11	**Verstärkung, Dichtband, Ecken/Übergänge** Verstärkung, Ecken/Übergänge; Gewebeeinlage; für Abdichtung; Nasszelle						
	St	**€ brutto**	**–**	**2,5**	**3,6**	**4,3**	**–**
	KG 326	€ netto	–	2,1	3,0	3,6	–
12	**Bodenabdichtung, Bodenfeuchte, PMBC** Bodenabdichtung gegen Bodenfeuchte; kunststoffmodifizierte Bitumendickbeschichtung; Schichtdicke mind. 3mm; zwei Arbeitsgänge; Kellersohle, Beton						
	m²	**€ brutto**	**20**	**21**	**23**	**26**	**29**
	KG 326	€ netto	17	18	20	22	24
13	**Bodenabdichtung, Bodenfeuchte, MDS** Bodenabdichtung gegen Bodenfeuchte; Dichtungsschlämme, mineralisch, starr; Schichtdicke mind. 3mm; zwei Arbeitsgänge; Kellersohle, Beton						
	m²	**€ brutto**	**17**	**19**	**22**	**25**	**27**
	KG 326	€ netto	15	16	19	21	23
14	**Bodenabdichtung, Bodenfeuchte, MDS flexibel** Bodenabdichtung gegen Bodenfeuchte; Dichtungsschlämme, mineralisch, flexibel; Schichtdicke mind. 3mm; zwei Arbeitsgänge; Kellersohle, Beton						
	m²	**€ brutto**	**22**	**23**	**29**	**32**	**36**
	KG 326	€ netto	18	20	25	27	30
15	**Bodenabdichtung, Bodenfeuchte, PV200 DD** Bodenabdichtung gegen Bodenfeuchte; Bitumenbahn, PV200 DD; Kellersohle, Beton						
	m²	**€ brutto**	**16**	**18**	**22**	**24**	**27**
	KG 326	€ netto	14	15	19	21	23
16	**Bodenabdichtung, Bodenfeuchte, PYE G200S4** Bodenabdichtung gegen Bodenfeuchte; Bitumenbahn PYE G200 S4; Kellersohle, Beton						
	m²	**€ brutto**	**17**	**18**	**23**	**25**	**28**
	KG 326	€ netto	14	15	19	21	24

Abdichtungsarbeiten **Preise €**

Nr.	Kurztext / Stichworte Einheit / Kostengruppe	▶	▷	brutto ø netto ø	◁	◀
18	**Bodenabdichtung, n.dr. Wasser, PMBC** Bodenabdichtung gegen nicht drückendes Wasser; kunststoffmodifizierte Bitumendickbeschichtung; Schichtdicke mind. 3mm; zwei Arbeitsgänge, mit Gewebeeinlage; Kellersohle, Beton					
	m² € brutto	**26**	**28**	**35**	**39**	**43**
	KG 326 € netto	22	24	30	33	37
19	**Bodenabdichtung, n.dr. Wasser, MDS** Bodenabdichtung gegen Sickerwasser; Dichtschlämme, mineralisch, starr; Schichtdicke mind. 4mm; zwei Arbeitsgänge; Kellersohle, Beton; mäßige Beanspruchung					
	m² € brutto	**26**	**28**	**36**	**40**	**44**
	KG 326 € netto	22	24	30	33	37
20	**Bodenabdichtung, n.dr. Wasser, MDS flexibel** Bodenabdichtung gegen Sickerwasser; Dichtschlämme, mineralisch, flexibel; Schichtdicke mind. 4mm; zwei Arbeitsgänge; Kellersohle, Beton					
	m² € brutto	**31**	**34**	**42**	**47**	**52**
	KG 326 € netto	26	28	35	39	43
21	**Wandflächen reinigen, abbürsten** Wandfläche reinigen; Mauerwerk; Fugentiefe bis 2cm; Fugen auskratzen, abbürsten					
	m² € brutto	**–**	**6,7**	**9,9**	**12**	**–**
	KG 395 € netto	–	5,6	8,3	10,0	–
22	**Wandflächen reinigen, Bestandteile** Wandflächen reinigen; lose Bestandteile, hohlliegende Schichten entfernen					
	m² € brutto	**2,9**	**5,1**	**7,5**	**9,0**	**10,7**
	KG 395 € netto	2,5	4,3	6,3	7,5	9,0
23	**Wandflächen reinigen, Stoffe** Wandflächen reinigen; haftungsmindernde Stoffe entfernen					
	m² € brutto	**2,5**	**7,0**	**10,3**	**12,4**	**16,8**
	KG 395 € netto	2,1	5,9	8,7	10,4	14,1
24	**Abdichtungsflächen feinreinigen** Abdichtungsfläche reinigen; abkehren, absaugen					
	m² € brutto	**–**	**3,0**	**4,5**	**5,4**	**–**
	KG 395 € netto	–	2,6	3,8	4,5	–
25	**Druckwasserstrahlen, Kelleraußenwand** Druckwasserstrahlen, Außenwand; entfernen loser Teile, Schichten; Kelleraußenwand					
	m² € brutto	**–**	**10**	**15**	**18**	**–**
	KG 395 € netto	–	8,5	12	15	–

 © BKI Baukosteninformationszentrum

Kosten: Stand 3.Quartal 2015, Bundesdurchschnitt

Abdichtungsarbeiten **Preise €**

Nr.	Kurztext / Stichworte Einheit / Kostengruppe		▶	▷	brutto ø netto ø	◁	◀
26	**Untergrund egalisieren, Kellerwand** Wandflächen egalisieren; Spachtel, schwindkompensierend, schnellabbindend; Fehlstellen schließen; Kelleraußenwand						
	m²	**€ brutto**	**–**	**10**	**15**	**18**	**–**
	KG 395	€ netto	–	8,8	13	16	–
27	**Ausgleichsputz, Außenabdichtung** Ausgleichsputz; Zementmörtel; Tragschicht für Abdichtung; Kelleraußenwand; inkl. Spritzbewurf						
	m²	**€ brutto**	**–**	**12**	**17**	**21**	**–**
	KG 395	€ netto	–	10,0	15	18	–
28	**Zwischenschicht, Übergang, MDS** Zwischenschicht gegen Rückdurchfeuchtung; Dichtungsschlämme, mineralisch; Breite bis 30cm; Wand/Sohle und Fundamentbereich						
	m	**€ brutto**	**–**	**4,8**	**7,1**	**8,5**	**–**
	KG 326	€ netto	–	4,1	6,0	7,2	–
29	**Hohlkehle, vorgefertigt** Hohlkehle, vorgefertigt; Polystyrol, expandiert; Schenkellänge 10cm; zwischen Fundament und Kellerwand						
	m	**€ brutto**	**–**	**9,6**	**14**	**17**	**–**
	KG 326	€ netto	–	8,1	12	14	–
30	**Hohlkehle, Mörtel** Hohlkehle; Mörtel; Schenkellänge 10cm; zwischen Fundament und Kellerwand; inkl. Voranstrich						
	m	**€ brutto**	**–**	**6,4**	**9,4**	**11**	**–**
	KG 326	€ netto	–	5,4	7,9	9,5	–
31	**Hohlkehle abdichten, Schlämme** Hohlkehle abdichten; Dichtungsschlämme, zementgebunden; über Ausrundungen bilden und in Flächenabdichtung einbinden						
	m	**€ brutto**	**–**	**7,0**	**10**	**12**	**–**
	KG 326	€ netto	–	5,9	8,6	10	–
32	**Hohlkehle abdichten, bituminös** Hohlkehle abdichten; Bitumen-Dickbeschichtung; über Ausrundungen bilden und in Flächenabdichtung einbinden						
	m	**€ brutto**	**–**	**6,8**	**9,9**	**12**	**–**
	KG 326	€ netto	–	5,7	8,4	10	–
33	**Kanten fasen, Abdichtung** Kanten fasen, nachträglich; für Abdichtung						
	m	**€ brutto**	**–**	**1,8**	**2,7**	**3,2**	**–**
	KG 326	€ netto	–	1,5	2,3	2,7	–

Abdichtungsarbeiten **Preise €**

Nr.	Kurztext / Stichworte Einheit / Kostengruppe		▶	▷	brutto ø netto ø	◁	◀
34	**Verstärkung, Kanten, Metallband** Kanten/Ecken verstärken; Metallriffelband; Breite 30cm; gegen Beschädigung						
	m	**€ brutto**	**–**	**7,0**	**10**	**12**	**–**
	KG 326	€ netto	–	5,9	8,6	10	–
35	**Wandflächen verfestigen** Wandfläche verfestigen; nass in nass, mind. zwei Arbeitsgänge						
	m²	**€ brutto**	**–**	**7,2**	**11**	**13**	**–**
	KG 335	€ netto	–	6,1	8,9	11	–
36	**Voranstrich, Wandabdichtung** Voranstrich Wand; für Abdichtung; Kellerwand						
	m²	**€ brutto**	**–**	**2,4**	**3,5**	**4,2**	**–**
	KG 335	€ netto	–	2,0	2,9	3,5	–
37	**Spritzbewurf, volldeckend** Spritzbewurf; Zementmörtel; volldeckend als Haftvermittler; Wandfläche						
	m²	**€ brutto**	**–**	**10**	**15**	**18**	**–**
	KG 335	€ netto	–	8,4	12	15	–
38	**Sperrputz, Altbauabdichtung** Sperrputz; Zementmörtel; zwei Lagen auftragen, glatt abreiben; Wandfläche						
	m²	**€ brutto**	**17**	**26**	**35**	**43**	**48**
	KG 335	€ netto	15	22	30	36	40
39	**Zwischenschicht, Rückdurchfeuchtung, MDS** Zwischenschicht gegen Rückdurchfeuchtung; Dichtungsschlämme, mineralisch; aufbringen; Wandfläche						
	m²	**€ brutto**	**–**	**17**	**24**	**29**	**–**
	KG 335	€ netto	–	14	20	24	–
40	**Wandabdichtung, Bodenfeuchte, MDS** Wandabdichtung gegen Bodenfeuchte, nicht stauendes Sickerwasser; Dichtungsschlämme, zementgebunden, starr; Schichtdicke mind. 2mm; zwei Arbeitsgänge; Außenwand, erdberührt						
	m²	**€ brutto**	**16**	**17**	**22**	**24**	**27**
	KG 335	€ netto	13	14	18	20	22
41	**Wandabdichtung, Bodenfeuchte, MDS flexibel** Wandabdichtung gegen Bodenfeuchte, nicht stauendes Sickerwasser; Dichtungsschlämme, zementgebunden, flexibel; Schichtdicke mind. 2mm; zwei Arbeitsgänge; Außenwand, erdberührt						
	m²	**€ brutto**	**20**	**21**	**26**	**29**	**32**
	KG 335	€ netto	16	18	22	25	27

 © BKI Baukosteninformationszentrum

Kosten: Stand 3.Quartal 2015, Bundesdurchschnitt

Abdichtungsarbeiten **Preise €**

Nr.	Kurztext / Stichworte Einheit / Kostengruppe		▶	▷	brutto ø netto ø	◁	◀
42	**Wandabdichtung, Bodenfeuchte, PMBC** Wandabdichtung gegen Bodenfeuchte, nicht stauendes Sickerwasser; Bitumendickbeschichtung, kunststoffmodifiziert; Schichtdicke mind. 3mm; zwei Arbeitsgänge; Außenwand, erdberührt						
	m²	**€ brutto**	**18**	**19**	**24**	**27**	**30**
	KG 335	€ netto	15	16	20	23	25
43	**Wandabdichtung, Sickerwasser, MDS** Wandabdichtung gegen aufstauendes Sickerwasser; Dichtungsschlämme, zementgebunden, starr; Schichtdicke mind. 3mm; zwei Arbeitsgänge; Außenwand, erdberührt						
	m²	**€ brutto**	**23**	**25**	**29**	**32**	**36**
	KG 335	€ netto	19	21	24	27	30
44	**Wandabdichtung, Sickerwasser, MDS flexibel** Wandabdichtung gegen aufstauendes Sickerwasser; Dichtungsschlämme, zementgebunden, flexibel; Schichtdicke mind. 3mm; zwei Arbeitsgänge; Außenwand, erdberührt						
	m²	**€ brutto**	**25**	**27**	**34**	**38**	**42**
	KG 335	€ netto	21	23	29	32	35
45	**Wandabdichtung, Sickerwasser, PMBC** Wandabdichtung gegen aufstauendes Sickerwasser; Bitumendickbeschichtung, kunststoffmodifiziert; Schichtdicke mind. 4mm; zwei Arbeitsgänge mit Gewebeeinlage; Außenwand, erdberührt						
	m²	**€ brutto**	**26**	**28**	**34**	**38**	**42**
	KG 335	€ netto	22	24	29	32	35
46	**Wandabdichtung, Sickerwasser, KSP** Wandabdichtung gegen aufstauendes Sickerwasser; Bitumenbahn PYE KTG KSP 2,8; vollflächig kleben, schweißen; Kelleraußenwand						
	m²	**€ brutto**	**18**	**19**	**24**	**27**	**30**
	KG 335	€ netto	15	16	20	23	25
47	**Wandabdichtung, dr. Wasser, 2xPV200S5** Wandabdichtung gegen von außen drückendes Wasser; Bitumen-Schweißbahn PV 200 S5; zweilagig; Kelleraußenwand						
	m²	**€ brutto**	**21**	**23**	**29**	**32**	**36**
	KG 335	€ netto	18	19	24	27	30
48	**Innenabdichtung, Wand, Schlämme** Wandabdichtung gegen von außen angreifende Wasserbeanspruchung; Dichtungsschlämme, mineralisch; Schichtdicke 3mm; zwei Arbeitsgänge, inkl. Grundierung; Kellerinnenwand						
	m²	**€ brutto**	**23**	**25**	**31**	**35**	**38**
	KG 336	€ netto	19	21	26	29	32

Abdichtungsarbeiten						Preise €
Nr.	**Kurztext** / Stichworte			**brutto ø**		
	Einheit / Kostengruppe	▶	▷	netto ø	◁	◀
49	**Fugenabdichtung, Wand, Feuchte, Dichtmasse** Abdichtung über Fuge; Dichtungsmasse, elastisch; Breite 15mm; inkl. Vorbereitung, Hinterfüllprofil; Wand, erdberührt					
	m / **€ brutto**	**7,2**	**8,1**	**10,9**	**12,1**	**13,4**
	KG 326 / € netto	6,1	6,8	9,2	10,2	11,3
50	**Fugenabdichtung, Wand, Feuchte, Fugenband** Abdichtung über Fuge; Fugenband, elastisch; Wand, erdberührt					
	m / **€ brutto**	**18**	**20**	**27**	**30**	**33**
	KG 326 / € netto	15	17	23	25	28
51	**Fugenabdichtung, Wand, Feuchte, Kunststoffbahn** Abdichtung über Fuge; Streifen aus Kunststoff-Dichtungsbahn; in Bitumen-Dickbeschichtung einbetten; Außenwand, erdberührt					
	m / **€ brutto**	**13**	**14**	**19**	**21**	**24**
	KG 326 / € netto	11	12	16	18	20
52	**Fugenabdichtung, Bodenfeuchte, Schweißbahn** Abdichtung über Fuge; Bitumen-Schweißbahn PYE-PV 200 S4; Breite 300mm; Abdichtung mit streifen über Fuge verstärken; Bodenplatte					
	m / **€ brutto**	**18**	**20**	**27**	**30**	**33**
	KG 326 / € netto	15	17	23	25	28
53	**Bewegungsfuge, Bodenfeuchte, KSP-Streifen** Abdichtung über Bewegungsfuge; Polymerbitumenbahn, selbstklebend; Breite 300mm; Abdichtung verstärken, Streifen über Fuge; Bodenplatte					
	m / **€ brutto**	**12**	**13**	**18**	**20**	**22**
	KG 326 / € netto	10	11	15	17	19
54	**Fugenabdichtung, Wand, Sickerwasser, Schweißbahn** Abdichtung über Fuge; Bitumen-Schweißbahn PYE-PV 200 S5; Breite 300mm; Abdichtung verstärken, Streifen über Fuge; Bodenplatte					
	m / **€ brutto**	**15**	**17**	**23**	**25**	**28**
	KG 326 / € netto	13	14	19	21	24
55	**Bewegungsfuge, dr. Wasser, Kupferband** Abdichtung über Bewegungsfuge gegen von außen drückendes Wasser/Stauendes Sickerwasser; Kupferband, geriffelt; Breite 300mm, Dicke 0,2mm; Abdichtung verstärken, Streifen über Fuge					
	m / **€ brutto**	**17**	**19**	**26**	**29**	**32**
	KG 326 / € netto	15	16	22	24	27

© BKI Baukosteninformationszentrum

Kosten: Stand 3.Quartal 2015, Bundesdurchschnitt

Abdichtungsarbeiten **Preise €**

Nr.	**Kurztext** / Stichworte **Einheit** / Kostengruppe		▶	▷	**brutto ø** netto ø	◁	◀
56	**Bewegungsfuge, dr. Wasser, Kunststoffbahn** Abdichtung über Bewegungsfuge gegen von außen drückendes Wasser/Stauendes Sickerwasser; Kunststoffbahn; Breite 300mm, Dicke 0,2mm; Abdichtung verstärken, Streifen über Fuge						
	m	**€ brutto**	**15**	**17**	**22**	**25**	**28**
	KG 326	€ netto	12	14	19	21	23
57	**Bewegungsfuge, dr. Wasser, Kupferband/Bitumen** Abdichtung über Bewegungsfuge gegen von außen drückendes Wasser/Stauendes Sickerwasser; Kupferband CU-DHP,01, geriffelt, Bitumen-Schweißbahn G 200 S4; Breite 300mm; Abdichtung verstärken, Streifen über Fuge						
	m	**€ brutto**	**20**	**23**	**31**	**34**	**38**
	KG 326	€ netto	17	19	26	29	32
58	**Bewegungsfuge, dr. Wasser, 4-stegiges Fugenband** Abdichtung über Bewegungsfuge gegen von außen drückendes Wasser/Stauendes Sickerwasser; Fugenband, 4-stegig verschweißt, Kunststoffbahn; Kunststoffbahn lose verlegen; Terrasse/Tiefgarage						
	m	**€ brutto**	**23**	**26**	**35**	**39**	**43**
	KG 326	€ netto	20	22	29	33	36
59	**Bewegungsfuge, dr. Wasser, Los-Festflansch** Abdichtung über Bewegungsfuge bei drückendem Wasser; Los-Festflansch; doppelte Ausführung						
	m	**€ brutto**	**28**	**31**	**43**	**47**	**52**
	KG 326	€ netto	24	26	36	40	44
60	**Durchdringung andichten, bituminös** Durchdringungen abdichten; Bitumendickbeschichtung; hohlkehlenartig						
	m	**€ brutto**	**19**	**21**	**28**	**31**	**35**
	KG 326	€ netto	16	17	24	26	29
61	**Rückläufiger Stoß, drückendes Wasser** Rückläufiger Stoß gegen drückendes Wasser abdichten; Schutzkappe aus Metallriffelband; Außenwand/Sohlanschluss						
	m	**€ brutto**	**18**	**20**	**27**	**30**	**33**
	KG 326	€ netto	15	17	23	25	28
62	**Abschluss Klebeflansch, Schutzblech** Abschluss Bitumenbahnabdichtung; Schutzblech mit Klebeflansch, Kappstreifen; Einbauhöhe über 15cm, Flansch 18cm; als Winkelkonstruktion herstellen, Oberkante abdichten						
	m	**€ brutto**	**9,6**	**10,7**	**14,5**	**16,1**	**17,8**
	KG 326	€ netto	8,1	9,0	12,2	13,5	15,0

Abdichtungsarbeiten						Preise €
Nr.	**Kurztext** / Stichworte **Einheit** / Kostengruppe		▶	▷ **brutto ø** netto ø	◁	◀
63	**Abschluss, Klemmprofil** Abschluss Bitumenbahnenabdichtung; Klemmprofil; Einbauhöhe über 15cm; Oberkante Abdichtung; Wandflächen					
	m	**€ brutto**	**9,9**	**11,1**	**15,0**	**16,6**	**18,4**
	KG 326	€ netto	8,3	9,3	12,6	14,0	15,5
64	**Abschluss Kunststoffbahn, Schutzblech** Abschluss Kunststoffbahnabdichtung; Schutzblech/Profilblech, kunststoffbeschichtet; Einbauhöhe über 15cm					
	m	**€ brutto**	**8,5**	**9,4**	**12,8**	**14,2**	**15,7**
	KG 326	€ netto	7,1	7,9	10,7	11,9	13,2
65	**Perimeterdämmung, XPS 60mm, verputzt** Perimeterdämmung; Polystyrol-Hartschaumplatten, extrudiert; Dicke 60mm; mit Stufenfalz, inkl. Putz mit Putzträger aufbringen, Eckausbildung; Kelleraußenwand					
	m²	**€ brutto**	**36**	**40**	**54**	**60**	**66**
	KG 335	€ netto	30	34	45	50	56
66	**Perimeterdämmung, XPS 120mm** Perimeterdämmung; Polystyrol-Hartschaumplatten, extrudiert, WLG 035; Dicke 120mm; mit Stufenfalz; Kelleraußenwand					
	m²	**€ brutto**	**25**	**27**	**33**	**37**	**41**
	KG 335	€ netto	21	22	28	31	34
67	**Perimeterdämmung, XPS 140mm** Perimeterdämmung; Polystyrol-Hartschaumplatten, extrudiert, WLG 035; Dicke 140mm; mit Stufenfalz; Kelleraußenwand					
	m²	**€ brutto**	**31**	**33**	**41**	**46**	**51**
	KG 335	€ netto	26	28	35	39	43
68	**Perimeterdämmung, XPS 180mm** Perimeterdämmung; Polystyrol-Hartschaumplatten, extrudiert, WLG 035; Dicke 180mm, 2-lagig; mit Stufenfalz; Kelleraußenwand					
	m²	**€ brutto**	**39**	**43**	**53**	**59**	**65**
	KG 335	€ netto	33	36	45	50	55
69	**Perimeterdämmung, XPS 220mm** Perimeterdämmung; Polystyrol-Hartschaumplatten, extrudiert, WLG 035; Dicke 220mm, 2-lagig; mit Stufenfalz; Kelleraußenwand					
	m²	**€ brutto**	**48**	**51**	**64**	**71**	**79**
	KG 335	€ netto	40	43	54	60	66
70	**Perimeterdämmung, CG, 120mm** Perimeterdämmung; Schaumglasplatten, WLG 040; Dicke 120mm; punktförmig kleben, Stöße versetzen; Kelleraußenwand					
	m²	**€ brutto**	**53**	**57**	**72**	**80**	**90**
	KG 335	€ netto	45	48	60	67	76

© BKI Baukosteninformationszentrum

Kosten: Stand 3.Quartal 2015, Bundesdurchschnitt

Abdichtungsarbeiten — Preise €

Nr.	Kurztext / Stichworte Einheit / Kostengruppe		▶	▷	brutto ø netto ø	◁	◀
71	**Perimeterdämmung, CG, 140mm** Perimeterdämmung; Schaumglasplatten, WLG 040; Dicke 140mm; punktförmig kleben, Stöße versetzen; Kelleraußenwand						
	m²	**€ brutto**	**57**	**61**	**77**	**85**	**96**
	KG 335	€ netto	48	51	64	71	80
72	**Perimeterdämmung, CG, 160mm** Perimeterdämmung; Schaumglasplatten, WLG 040; Dicke 160mm; punktförmig kleben, Stöße versetzen; Kelleraußenwand						
	m²	**€ brutto**	**62**	**66**	**83**	**92**	**104**
	KG 335	€ netto	52	56	70	78	87
73	**Perimeterdämmung, CG, 200mm** Perimeterdämmung; Schaumglasplatten, WLG 040; Dicke 200mm; punktförmig kleben, Stöße versetzen; Kelleraußenwand						
	m²	**€ brutto**	**71**	**76**	**96**	**106**	**119**
	KG 335	€ netto	59	64	80	89	100
74	**Sickerschicht, Kunststoffnoppenbahn** Sickerschicht; Kunststoffnoppenbahn; inkl. Eckausbildung, herstellen Randabschlüsse und Durchdringungen; Kelleraußenwand						
	m²	**€ brutto**	**10**	**11**	**16**	**18**	**21**
	KG 335	€ netto	8,8	9,5	13,3	14,7	17,2
75	**Sickerplatten, Kelleraußenwände** Sickerplatte; EPS-Kugeln, bitumengebunden; inkl. Eckausbildung, herstellen Randabschlüsse und Durchdringungen; Kelleraußenwand						
	m²	**€ brutto**	**16**	**18**	**24**	**26**	**29**
	KG 335	€ netto	13	15	20	22	25
76	**Filtervlies, Schutzschicht** Schutzschicht der Sickerplatte; Filtervliesmatten; senkrecht vor Sickerplatten verlegen						
	m²	**€ brutto**	**4,1**	**4,5**	**6,1**	**6,8**	**8,0**
	KG 335	€ netto	3,4	3,8	5,2	5,7	6,7
77	**Sickerschicht, Kunststoffnoppenbahn/Vlies** Sickerschicht; Kunststoffnoppenbahn mit Vlies; inkl. Eckausbildung, herstellen Randabschlüsse und Durchdringungen; Kelleraußenwand						
	m²	**€ brutto**	**13**	**14**	**19**	**22**	**25**
	KG 335	€ netto	11	12	16	18	21
78	**Stundensatz Facharbeiter, Abdichtungsarbeiten** Stundenlohnarbeiten, Facharbeiter; Abdichtungsarbeiten						
	h	**€ brutto**	**42**	**46**	**48**	**49**	**55**
		€ netto	36	39	41	41	46

Dachdeckungsarbeiten						Preise €
Nr.	**Kurztext** / Stichworte **Einheit** / Kostengruppe	▶	▷	**brutto ø** netto ø	◁	◀
1	**Dachdeckung entfernen** Dachdeckung entfernen; Ziegel, Betonstein; Bauschutt entsorgen					
	m² € brutto	**5,3**	**7,4**	**10,5**	**12,3**	**14,4**
	KG 394 € netto	4,4	6,2	8,9	10,4	12,1
2	**Dachdeckung entfernen, lagern** Dachdeckung aufnehmen; zur Wiederverwendung; lagern					
	m² € brutto	**–**	**10**	**15**	**18**	**–**
	KG 395 € netto	–	8,7	13	15	–
3	**Schieferdeckung, entfernen, lagern** Schieferdeckung aufnehmen; zur Wiederverwendung; lagern					
	m² € brutto	**–**	**13**	**19**	**23**	**–**
	KG 395 € netto	–	11	16	20	–
4	**Faserzement-Wellplattendeckung entfernen** Wellplattendeckung entfernen; Faserzement, nicht asbesthaltig; Bauschutt entsorgen					
	m² € brutto	**6,3**	**6,9**	**9,0**	**10,8**	**16,9**
	KG 394 € netto	5,3	5,8	7,6	9,1	14,2
5	**Formziegel abbrechen, gemörtelt** First- und Grateindeckung abbrechen; Formziegel eingemörtelt; Bauschutt entsorgen					
	m € brutto	**2,6**	**4,3**	**6,3**	**7,5**	**12,6**
	KG 394 € netto	2,2	3,6	5,3	6,3	10,6
6	**Dachlattung entfernen** Dachlattung entfernen; Lattenweite: 320-340mm; Bauschutt entsorgen					
	m² € brutto	**1,5**	**2,0**	**2,8**	**3,3**	**3,6**
	KG 394 € netto	1,2	1,7	2,3	2,8	3,0
7	**Bitumenbahn abbrechen, 1-lagig** Bitumenbahn abbrechen; einlagig auf Holzschalung; Bauschutt entsorgen					
	m² € brutto	**3,6**	**5,9**	**8,6**	**10,4**	**16,9**
	KG 394 € netto	3,0	4,9	7,3	8,7	14,2
8	**Bitumenbahn entfernen, 2-lagig** Bitumenbahn entfernen; zweilagig auf Holzschalung; Bauschutt entsorgen					
	m² € brutto	**4,0**	**8,1**	**11,9**	**14,2**	**18,9**
	KG 394 € netto	3,4	6,8	10,0	12,0	15,9
9	**Dachschalung abbrechen** Dachschalung abbrechen; Bauschutt entsorgen					
	m² € brutto	**7,6**	**9,9**	**14,6**	**17,5**	**24,3**
	KG 394 € netto	6,4	8,3	12,3	14,7	20,4

© BKI Baukosteninformationszentrum

Kosten: Stand 3.Quartal 2015, Bundesdurchschnitt

Dachdeckungsarbeiten						**Preise €**
Nr.	**Kurztext** / Stichworte **Einheit** / Kostengruppe		▶	▷	**brutto ø** netto ø	◁	◀
10	**Ortgangbrett abbrechen** Ortgangbrett abbrechen; Bauschutt entsorgen						
	m²	**€ brutto**	**3,8**	**5,6**	**8,2**	**9,9**	**11,9**
	KG 394	€ netto	3,2	4,7	6,9	8,3	10,0
11	**Blechteile abbrechen, bis Z 600** Blechteile abbrechen; bis Z 600; Dach; Bauschutt entsorgen						
	m	**€ brutto**	**1,1**	**2,4**	**3,5**	**4,2**	**7,1**
	KG 394	€ netto	0,9	2,0	2,9	3,5	6,0
12	**Schneefanggitter abbrechen** Schneefanggitter abbrechen; Bauschutt entsorgen						
	m	**€ brutto**	**0,7**	**1,9**	**2,8**	**3,1**	**6,6**
	KG 394	€ netto	0,6	1,6	2,4	2,6	5,6
13	**Blitzableiter abbrechen** Blitzableiter abbrechen; inkl. Befestigung; Bauschutt entsorgen						
	m	**€ brutto**	**–**	**0,9**	**1,3**	**1,6**	**–**
	KG 394	€ netto	–	0,8	1,1	1,3	–
14	**Lüftungsrohr abbrechen** Be- oder Entlüftungsrohr abbrechen; Dach; Bauschutt entsorgen						
	St	**€ brutto**	**1,5**	**5,6**	**8,2**	**9,9**	**19,6**
	KG 394	€ netto	1,2	4,7	6,9	8,3	16,5
15	**Laufrost abbrechen** Laufrost abbrechen; inkl. Stützen; Dach; Bauschutt entsorgen						
	m	**€ brutto**	**1,8**	**3,5**	**5,2**	**6,2**	**9,1**
	KG 394	€ netto	1,5	3,0	4,4	5,2	7,6
16	**Dachfenster abbrechen** Dachfenster abbrechen; inkl. Blechrahmen und Flügel; Bauschutt entsorgen						
	St	**€ brutto**	**26**	**43**	**63**	**75**	**85**
	KG 394	€ netto	22	36	53	63	71
17	**Dachluke abbrechen** Dachluke abbrechen; Bauschutt entsorgen						
	St	**€ brutto**	**11**	**15**	**22**	**27**	**38**
	KG 394	€ netto	9,0	12,8	18,8	22,6	32,0
18	**Unterspannbahn abbrechen** Unterspannbahn abbrechen; Bauschutt entsorgen						
	m²	**€ brutto**	**1,7**	**3,3**	**4,8**	**5,3**	**5,8**
	KG 394	€ netto	1,4	2,7	4,0	4,4	4,8

Dachdeckungsarbeiten						Preise €
Nr.	Kurztext / Stichworte Einheit / Kostengruppe	►	▷	brutto ø netto ø	◁	◄
19	**Betondachsteine umdecken** Betondachsteine aufnehmen; wiedereindecken mit Ergänzungen; Bauschutt entsorgen					
	m² € brutto	**12**	**16**	**24**	**29**	**33**
	KG 395 € netto	10,0	13,7	20,2	24,2	28,0
20	**Biberschwanzdeckung ausbessern** Biberschwanzeindeckung ausbessern; Teilflächen bis 1,00m²; Bauschutt entsorgen					
	m² € brutto	**–**	**20**	**29**	**35**	**–**
	KG 395 € netto	–	17	24	29	–
21	**Biberschwanzdeckung umdecken** Biberschwanzeindeckung; aufnehmen, wiedereindecken mit Ergänzungen; Bauschutt entsorgen					
	m² € brutto	**21**	**26**	**37**	**44**	**46**
	KG 395 € netto	18	21	31	37	39
22	**Flachdachpfannendeckung ausbessern** Flachdachpfannendeckung; bis 1,00m²; ausbessern; Bauschutt entsorgen					
	m² € brutto	**–**	**18**	**26**	**31**	**–**
	KG 395 € netto	–	15	22	26	–
23	**Flachdachpfannendeckung umdecken** Flachdachpfannendeckung; aufnehmen, wiedereindecken mit Ergänzungen; Bauschutt entsorgen					
	m² € brutto	**11**	**15**	**23**	**27**	**33**
	KG 395 € netto	9,6	13,0	19,1	22,9	27,6
24	**Betondachsteindeckung ausbessern** Betondachsteindeckung ausbessern; bis 1,00m²; Bauschutt entsorgen					
	m² € brutto	**–**	**14**	**20**	**24**	**–**
	KG 395 € netto	–	11	17	20	–
25	**Dachziegelaustausch, einzeln** Dachziegel austauschen; einzeln; Bauschutt entsorgen					
	St € brutto	**–**	**2,7**	**4,0**	**4,8**	**–**
	KG 395 € netto	–	2,3	3,3	4,0	–
26	**Dachsteinaustausch, einzeln** Dachstein austauschen; einzeln; Bauschutt entsorgen					
	St € brutto	**–**	**2,5**	**3,7**	**4,5**	**–**
	KG 395 € netto	–	2,1	3,1	3,8	–

 © BKI Baukosteninformationszentrum

Kosten: Stand 3.Quartal 2015, Bundesdurchschnitt

Dachdeckungsarbeiten **Preise €**

Nr.	Kurztext / Stichworte Einheit / Kostengruppe		▶	▷	brutto ø netto ø	◁	◀
27	**Zwischensparrendämmung, MW 035, 100mm** Zwischensparrendämmung DZ; Mineralwolle WLG 035, A1; Dicke 100mm; einlagig, nachträglich von außen einbauen						
	m²	**€ brutto**	**11**	**12**	**18**	**22**	**24**
	KG 363	€ netto	9,0	10,3	15,2	18,2	20,3
28	**Zwischensparrendämmung, MW 035, 120mm** Zwischensparrendämmung DZ; Mineralwolle WLG 035, A1; Dicke 120mm; einlagig, nachträglich von außen einbauen						
	m²	**€ brutto**	**12**	**14**	**21**	**25**	**28**
	KG 363	€ netto	10	12	17	21	23
29	**Zwischensparrendämmung, MW 035, 140mm** Zwischensparrendämmung DZ; Mineralwolle WLG 035, A1; Dicke 140mm; einlagig, nachträglich von außen einbauen						
	m²	**€ brutto**	**14**	**16**	**23**	**28**	**31**
	KG 363	€ netto	11	13	19	23	26
30	**Zwischensparrendämmung, MW 032, 100mm** Zwischensparrendämmung DZ; Mineralwolle WLS 032, A1; Dicke 100mm; einlagig, nachträglich von außen einbauen						
	m²	**€ brutto**	**12**	**14**	**21**	**25**	**28**
	KG 363	€ netto	10	12	17	21	23
31	**Zwischensparrendämmung, MW 032, 120mm** Zwischensparrendämmung DZ; Mineralwolle WLS 032, A1; Dicke 120mm; einlagig, nachträglich von außen einbauen						
	m²	**€ brutto**	**14**	**16**	**24**	**28**	**32**
	KG 363	€ netto	12	13	20	24	27
32	**Zwischensparrendämmung, MW 032, 140mm** Zwischensparrendämmung DZ; Mineralwolle WLS 032, A1; Dicke 140mm; einlagig, nachträglich von außen einbauen						
	m²	**€ brutto**	**16**	**18**	**27**	**32**	**36**
	KG 363	€ netto	13	15	23	27	30
33	**Aufdachdämmung, MW 035, 60mm, kaschiert** Aufdachdämmung DAD; Mineralwolle-Platten WLG 035, A1, diffusionsoffen kaschiert; Dicke 60mm; verkleben, Nagelband; auf Dachschalung						
	m²	**€ brutto**	**23**	**21**	**33**	**37**	**41**
	KG 363	€ netto	20	18	27	31	34

Dachdeckungsarbeiten						Preise €
Nr.	**Kurztext** / Stichworte			**brutto ø**		
	Einheit / Kostengruppe	▶	▷	netto ø	◁	◀
34	**Aufdachdämmung, MW 035, 80mm, kaschiert** Aufdachdämmung DAD; Mineralwolle-Platten WLG 035, A1, diffusionsoffen kaschiert; Dicke 80mm; verkleben, Nagelband; auf Dachschalung					
	m² **€ brutto**	**25**	**23**	**35**	**40**	**44**
	KG 363 € netto	21	19	29	34	37
35	**Aufdachdämmung, MW 035, 100mm, kaschiert** Aufdachdämmung DAD; Mineralwolle-Platten WLG 035, A1, diffusionsoffen kaschiert; Dicke 100mm; verkleben, Nagelband; auf Dachschalung					
	m² **€ brutto**	**28**	**26**	**39**	**45**	**49**
	KG 363 € netto	24	22	33	38	41
36	**Aufdachdämmung, MW 035, 120mm, kaschiert** Aufdachdämmung DAD; Mineralwolle-Platten WLG 035, A1, diffusionsoffen kaschiert; Dicke 120mm; verkleben, Nagelband; auf Dachschalung					
	m² **€ brutto**	**32**	**29**	**44**	**51**	**55**
	KG 363 € netto	27	24	37	42	46
37	**Aufdachdämmung, MW 035, 140mm, kaschiert** Aufdachdämmung DAD; Mineralwolle-Platten WLG 035, A1, diffusionsoffen kaschiert; Dicke 140mm; verkleben, Nagelband; auf Dachschalung					
	m² **€ brutto**	**35**	**32**	**49**	**56**	**61**
	KG 363 € netto	30	27	41	47	51
38	**Aufdachdämmung, MW 035, 160mm, kaschiert** Aufdachdämmung DAD; Mineralwolle-Platten WLG 035, A1, diffusionsoffen kaschiert; Dicke 160mm; verkleben, Nagelband; auf Dachschalung					
	m² **€ brutto**	**39**	**35**	**54**	**62**	**67**
	KG 363 € netto	33	30	45	52	57
39	**Aufdachdämmung, MW 035, 180mm, kaschiert** Aufdachdämmung DAD; Mineralwolle-Platten WLG 035, A1, diffusionsoffen kaschiert; Dicke 180mm; verkleben, Nagelband; auf Dachschalung					
	m² **€ brutto**	**42**	**38**	**59**	**67**	**73**
	KG 363 € netto	36	32	49	57	62

 © BKI Baukosteninformationszentrum

Kosten: Stand 3.Quartal 2015, Bundesdurchschnitt

Dachdeckungsarbeiten							**Preise €**
Nr.	**Kurztext** / Stichworte				**brutto ø**		
	Einheit / Kostengruppe	▶	▷		netto ø	◁	◀
40	**Aufdachdämmung, MW 035, 200mm, kaschiert**						
	Aufdachdämmung DAD; Mineralwolle-Platten WLG 035, A1, diffusionsoffen kaschiert; Dicke 200mm; verkleben, Nagelband; auf Dachschalung						
	m²	**€ brutto**	**46**	**42**	**64**	**73**	**80**
	KG 363	€ netto	39	35	54	62	67
41	**Aufsparrendämmung PUR 028, 80mm, Vlies kaschiert**						
	Aufsparrendämmung DAD, Polyurethan-Hartschaumplatten WLS 028, E, beidseitig mit Mineralvlies kaschiert, inkl. Unterdeckbahn; Dicke 80mm; NF-System, kleben, Nageldichtband; Dach						
	m²	**€ brutto**	**26**	**23**	**36**	**41**	**44**
	KG 363	€ netto	22	20	30	34	37
42	**Aufsparrendämmung PUR 028, 100mm, Vlies kaschiert**						
	Aufsparrendämmung DAD; Polyurethan-Hartschaumplatten WLS 028, E, beidseitig mit Mineralvlies kaschiert, inkl. Unterdeckbahn; Dicke 100mm; NF-System, kleben, Nageldichtband; Dach						
	m²	**€ brutto**	**27**	**25**	**38**	**44**	**48**
	KG 363	€ netto	23	21	32	37	40
43	**Aufsparrendämmung PUR 027, 120mm, Vlies kaschiert**						
	Aufsparrendämmung DAD; Polyurethan-Hartschaumplatten WLS 027, E, beidseitig mit Mineralvlies kaschiert, inkl. Unterdeckbahn; Dicke 120mm; NF-System, kleben, Nageldichtband; Dach						
	m²	**€ brutto**	**39**	**35**	**54**	**62**	**68**
	KG 363	€ netto	33	30	46	52	57
44	**Aufsparrendämmung PUR 027, 140mm, Vlies kaschiert**						
	Aufsparrendämmung DAD; Polyurethan-Hartschaumplatten WLS 027, E, beidseitig mit Mineralvlies kaschiert, inkl. Unterdeckbahn; Dicke 140mm; NF-System, kleben, Nageldichtband; Dach						
	m²	**€ brutto**	**39**	**43**	**59**	**68**	**74**
	KG 363	€ netto	33	36	50	57	62
45	**Aufsparrendämmung PUR 027, 160mm, kaschiert**						
	Aufsparrendämmung DAD; Polyurethan-Hartschaumplatten WLS 027, E, beidseitig mit Mineralvlies kaschiert, inkl. Unterdeckbahn; Dicke 160mm; NF-System, kleben, Nageldichtband; Dach						
	m²	**€ brutto**	**42**	**47**	**65**	**74**	**81**
	KG 363	€ netto	36	39	54	62	68

Dachdeckungsarbeiten | **Preise €**

Nr.	Kurztext / Stichworte Einheit / Kostengruppe		▶	▷	brutto ø netto ø	◁	◀
46	**Aufsparrendämmung PUR 027, 180mm, Vlies kaschiert** Aufsparrendämmung DAD; Polyurethan-Hartschaumplatten WLS 027, E, beidseitig mit Mineralvlies kaschiert, inkl. Unterdeckbahn; Dicke 180mm; NF-System, kleben, Nageldichtband; Dach						
	m²	**€ brutto**	**45**	**50**	**69**	**80**	**86**
	KG 363	€ netto	38	42	58	67	73
47	**Aufsparrendämmung PIR 024, 120mm, Alu kaschiert** Aufsparrendämmung DAD; PUR/PIR-Hartschaumplatten WLS 024, E, beidseitig mit Aluminium kaschiert, inkl. Unterdeckbahn; Dicke 120mm; NF-System, kleben, Nageldichtband; Dach						
	m²	**€ brutto**	**39**	**43**	**59**	**68**	**74**
	KG 363	€ netto	32	36	50	57	62
48	**Aufsparrendämmung PIR 024, 140mm, Alu kaschiert** Aufsparrendämmung DAD; PUR/PIR-Hartschaum-Platten WLS 024, B2, beidseitig mit Aluminium kaschiert, inkl. Unterdeckbahn; Dicke 140mm; NF-System, kleben, Nageldichtband; Dach						
	m²	**€ brutto**	**44**	**49**	**68**	**78**	**84**
	KG 363	€ netto	37	41	57	65	71
49	**Aufsparrendämmung PIR 024, 160mm, Alu kaschiert** Aufsparrendämmung DAD; PUR/PIR-Hartschaumplatten WLS 024, E, beidseitig mit Aluminium kaschiert, inkl. Unterdeckbahn; Dicke 160mm; NF-System, kleben, Nageldichtband; Dach						
	m²	**€ brutto**	**51**	**56**	**78**	**90**	**97**
	KG 363	€ netto	43	47	65	75	82
50	**Aufdachdämmung, EPS 032, 100mm, kaschiert** Aufdachdämmung DAD; Polystyrol-Hartschaumplatten WLS 032, B1, diffusionsoffen kaschiert; Dicke 100mm; verkleben, Nagelband; Dach						
	m²	**€ brutto**	**21**	**23**	**32**	**37**	**40**
	KG 363	€ netto	18	19	27	31	34
51	**Aufdachdämmung, EPS 032, 120mm, kaschiert** Aufdachdämmung DAD; Polystyrol-Hartschaum-Platten WLS 032, B1, diffusionsoffen kaschiert; Dicke 120mm; verkleben, Nagelband; Dach						
	m²	**€ brutto**	**24**	**26**	**36**	**42**	**46**
	KG 363	€ netto	20	22	31	35	38
52	**Aufdachdämmung, EPS 032, 140mm, kaschiert** Aufdachdämmung DAD; Polystyrol-Hartschaumplatten WLS 032, B1, diffusionsoffen kaschiert; Dicke 140mm; verkleben, Nagelband; Dach						
	m²	**€ brutto**	**25**	**28**	**38**	**44**	**48**
	KG 363	€ netto	21	23	32	37	40

 © BKI Baukosteninformationszentrum

Kosten: Stand 3.Quartal 2015, Bundesdurchschnitt

Dachdeckungsarbeiten — Preise €

Nr.	Kurztext / Stichworte Einheit / Kostengruppe		▶	▷	brutto ø netto ø	◁	◀
53	**Aufdachdämmung, EPS 032, 160mm, kaschiert** Aufdachdämmung DAD; Polystyrol-Hartschaumplatten WLS 032, B1, diffusionsoffen kaschiert; Dicke 160mm; verkleben, Nagelband; Dach						
	m²	**€ brutto**	**28**	**31**	**42**	**49**	**53**
	KG 363	€ netto	23	26	35	41	44
54	**Aufdachdämmung, EPS 032, 180mm, kaschiert** Aufdachdämmung DAD; Polystyrol-Hartschaumplatten WLS 032, B1, diffusionsoffen kaschiert; Dicke 180mm; verkleben, Nagelband; Dach						
	m²	**€ brutto**	**30**	**33**	**46**	**53**	**57**
	KG 363	€ netto	25	28	39	44	48
55	**Aufdachdämmung, EPS 032, 200mm, kaschiert** Aufdachdämmung DAD; Polystyrol-Hartschaumplatten WLS 032, B1, diffusionsoffen kaschiert; Dicke 200mm; verkleben, Nagelband; Dach						
	m²	**€ brutto**	**32**	**35**	**48**	**55**	**60**
	KG 363	€ netto	27	29	41	47	51
56	**Aufdachdämmung, WF 043, 60mm, kaschiert** Aufdachdämmung DAD; Holzfaserplatten WLS 043, B2; Dicke 60mm; NF-System, kleben; Dach						
	m²	**€ brutto**	**18**	**20**	**28**	**32**	**35**
	KG 363	€ netto	15	17	24	27	29
57	**Aufdachdämmung, WF 043, 80mm, kaschiert** Aufdachdämmung DAD; Holzfaserplatten WLS 043, B2; Dicke 80mm; NF-System, kleben; Dach						
	m²	**€ brutto**	**21**	**23**	**32**	**37**	**40**
	KG 363	€ netto	18	20	27	31	34
58	**Aufdachdämmung, WF 043, 100mm, kaschiert** Aufdachdämmung DAD; Holzfaserplatten WLS 043, B2; Dicke 100mm; NF-System, kleben; Dach						
	m²	**€ brutto**	**24**	**27**	**37**	**43**	**46**
	KG 363	€ netto	20	23	31	36	39
59	**Aufdachdämmung, WF 043, 120mm, kaschiert** Aufdachdämmung DAD; Holzfaserplatten WLS 043, B2; Dicke 120mm; NF-System, kleben; Dach						
	m²	**€ brutto**	**26**	**28**	**39**	**45**	**49**
	KG 363	€ netto	22	24	33	38	41
60	**Vordeckung, Bitumenbahn V13** Vordeckung; Bitumenbahn V13; mechanisch befestigen, inkl. Lautung; Dach						
	m²	**€ brutto**	**2,3**	**4,4**	**5,4**	**5,6**	**7,0**
	KG 363	€ netto	2,0	3,7	4,5	4,7	5,9

Dachdeckungsarbeiten						Preise €
Nr.	**Kurztext** / Stichworte			brutto ø		
	Einheit / Kostengruppe	►	▷	netto ø	◁	◄
61	**Vordeckung, Stehfalzdeckung**					
	Vordeckung; Glasvlies; für Metalleinfassung; Dach					
	m² € brutto	**2,7**	**4,6**	**5,9**	**6,1**	**7,0**
	KG 363 € netto	2,3	3,9	4,9	5,1	5,9
62	**Dampfbremse, Unterspannbahn, feuchtevariabel**					
	Dampfbremse; Polyethylenfolie; überlappend verlegen; inkl. aufgehende, begrenzende Bauteile					
	m² € brutto	**3,2**	**5,7**	**6,6**	**9,5**	**15,8**
	KG 363 € netto	2,7	4,8	5,6	8,0	13,3
63	**Anschluss, Unterspannbahn, Klebeband**					
	Abdichtungsabschluss; Klebeband; an Unterspannbahn; Dachfenster/Kehle/Grat; inkl. Nebenarbeiten					
	m € brutto	**1,2**	**4,5**	**6,8**	**9,7**	**13,5**
	KG 363 € netto	1,0	3,8	5,7	8,1	11,3
64	**Dampfbremse, sd bis 2,3m**					
	Dampfbremse; Dampfbremsbahn, sd bis 2,30m; überlappend verlegen					
	m² € brutto	**3,5**	**5,9**	**6,7**	**7,8**	**9,8**
	KG 363 € netto	2,9	5,0	5,6	6,5	8,3
65	**Unterdeckung, WF, regensicher, 18-20mm**					
	Vordeckung, regensicher; Holzfaserplatte WF; Dicke 18-20mm; mit Dichtbändern verkleben/Nut-Feder-Profil					
	m² € brutto	**15**	**20**	**23**	**24**	**28**
	KG 363 € netto	12	17	19	20	24
66	**Unterspannbahn, belüftetes Dach**					
	Unterdach, Unterspannbahn; frei hinterlüftet, überlappend					
	m² € brutto	**3,7**	**5,2**	**6,3**	**6,8**	**7,6**
	KG 363 € netto	3,1	4,4	5,3	5,7	6,3
67	**Anschluss, Dampfsperre/-bremse, Klebeband**					
	Abdichtungsabschluss; Klebeband; an Wind-/Dampfsperrbahn; Dachfenster/Kehle/Grat; inkl. Nebenarbeiten					
	m € brutto	**1,2**	**5,6**	**7,8**	**9,7**	**17,2**
	KG 363 € netto	1,0	4,7	6,6	8,1	14,4
68	**Konterlattung, 30x50mm, Dach**					
	Konterlattung; Nadelholz, GKL 1/2; 30x50mm; gehobelt/sägerau; Dachfläche; verschraubt/genagelt					
	m € brutto	**1,5**	**2,0**	**2,1**	**2,4**	**3,0**
	KG 363 € netto	1,2	1,7	1,8	2,0	2,5

 © BKI Baukosteninformationszentrum

Kosten: Stand 3.Quartal 2015, Bundesdurchschnitt

Dachdeckungsarbeiten							**Preise €**
Nr.	**Kurztext** / Stichworte				**brutto ø**		
	Einheit / Kostengruppe		▶	▷	netto ø	◁	◀
69	**Konterlattung, 40x60mm, Dach**						
	Konterlattung; Nadelholz, GKL 1/2; 40x60mm; gehobelt/sägerau; Dachfläche; verschraubt/genagelt						
	m	**€ brutto**	**1,7**	**2,7**	**3,3**	**4,1**	**5,7**
	KG 363	€ netto	1,4	2,3	2,8	3,4	4,8
70	**Konterlattung, 30x50mm, Dach**						
	Konterlattung; Nadelholz, GKL 1/2; 30x50mm; gehobelt/sägerau; Dachfläche; verschraubt/genagelt						
	m²	**€ brutto**	**1,7**	**2,4**	**2,6**	**2,9**	**3,7**
	KG 363	€ netto	1,4	2,0	2,2	2,4	3,1
71	**Konterlattung, 40x60mm, Dach**						
	Konterlattung; Nadelholz, GKL 1/2; 40x60mm; gehobelt/sägerau; Dachfläche; verschraubt/genagelt						
	m²	**€ brutto**	**2,6**	**5,9**	**7,2**	**9,8**	**14,7**
	KG 363	€ netto	2,2	5,0	6,1	8,3	12,4
72	**Dachlattung, 30x50mm, Falzziegel/Betonsteine**						
	Dachlattung; Nadelholz, S10 TS; 30x50mm; sägerau; verschraubt/genagelt						
	m²	**€ brutto**	**2,6**	**4,9**	**5,9**	**6,7**	**7,8**
	KG 363	€ netto	2,2	4,1	5,0	5,6	6,6
73	**Dachlattung, 40x60mm, Falzziegel/Betonsteine**						
	Dachlattung; Nadelholz, S10 TS; 40x60mm; sägerau; verschraubt/genagelt						
	m²	**€ brutto**	**5,7**	**7,8**	**8,7**	**12,8**	**18,5**
	KG 363	€ netto	4,8	6,6	7,3	10,7	15,6
74	**Dachlattung, 30x50mm, Biberschwanzdeckung**						
	Dachlattung; Nadelholz, S10 TS; 30x50mm; sägerau; verschraubt/genagelt						
	m²	**€ brutto**	**7,5**	**9,8**	**10,9**	**12,1**	**14,4**
	KG 363	€ netto	6,3	8,2	9,1	10,2	12,1
75	**Dachlattung, 40x60mm, Biberschwanzdeckung**						
	Dachlattung; Nadelholz, S10 TS; 40x60mm; sägerau; für Doppeldeckung/für Kronendeckung; verschraubt/genagelt						
	m²	**€ brutto**	**13**	**13**	**14**	**14**	**15**
	KG 363	€ netto	11	11	12	12	13
76	**Nagelabdichtung, Konterlattung**						
	Nageldichtstreifen; Elastomerbitumenstreifen; Breite 60mm; selbstklebend; Konterlattung						
	m	**€ brutto**	**–**	**1,7**	**3,3**	**5,6**	**–**
	KG 363	€ netto	–	1,4	2,8	4,7	–

Dachdeckungsarbeiten						Preise €
Nr.	Kurztext / Stichworte			brutto ø		
	Einheit / Kostengruppe	▶	▷	netto ø	◁	◀
77	**Dachschalung, Nadelholz, Rauspund 24mm** Dachschalung; Nadelholz; Dicke 24mm, Breite 120-160mm; Rauspund, mechanisch befestigen; inkl. chemischem Holzschutz					
	m² € brutto	15	21	24	29	37
	KG 363 € netto	13	18	20	24	31
78	**Dachschalung, Nadelholz, Rauspund 28mm** Dachschalung; Nadelholz; Dicke 28mm, Breite 120-160mm; Rauspund, mechanisch befestigen; inkl. chemischem Holzschutz					
	m² € brutto	17	22	24	30	37
	KG 363 € netto	15	18	20	25	31
79	**Dachschalung, Holzspanplatte P5, 25mm** Dachschalung; Holzspanplatte P5; Dicke 22-25mm; NF-Profil, mechanisch befestigen					
	m² € brutto	18	25	27	32	43
	KG 363 € netto	15	21	23	27	36
80	**Schalung, OSB/3 Feuchtebereich, 25mm** Schalung; OSB 3-Platte, ungeschliffen/geschliffen; Dicke 22-25mm; Flachpressplatte					
	m² € brutto	19	24	25	26	29
	KG 352 € netto	16	20	21	22	24
81	**Traufbohle, Nadelholz, bis 60x240mm** Traufbohle; Nadelholz, S10; Höhe 20-60mm, Breite 160-240mm; befestigen mit Nägeln; inkl. Höhenausgleich					
	m € brutto	5,1	9,1	10,9	15,6	25,9
	KG 363 € netto	4,3	7,6	9,2	13,1	21,7
82	**Kantholz, Nadelholz S10TS, 60x120mm, scharfkantig** Kantholz; Nadelholz, S10, TS; 60x120mm; scharfkantig, gehobelt					
	m € brutto	7,8	10,8	10,8	11,8	13,2
	KG 361 € netto	6,6	9,1	9,1	9,9	11,1
83	**Trauf-/Ortgangschalung, N+F, 24/28mm, gehobelt** Schalung Traufe/Ortgang; Nadelholz; Dicke 24/28mm; imprägniert, NF-Profil; inkl. chemischem Holzschutz					
	m² € brutto	18	26	29	35	45
	KG 363 € netto	15	22	24	29	38
84	**Ortgangbrett, Windbrett, bis 28mm, gehobelt** Ortgangbrett; Nadelholz; Dicke 24/28mm; gehobelt					
	m € brutto	7,4	15,4	18,2	27,0	44,1
	KG 363 € netto	6,2	12,9	15,3	22,7	37,0

Kosten: Stand 3.Quartal 2015, Bundesdurchschnitt

Dachdeckungsarbeiten							**Preise €**
Nr.	**Kurztext** / Stichworte				**brutto ø**		
	Einheit / Kostengruppe		▶	▷	netto ø	◁	◀
85	**Zuluft-/Insektenschutzgitter, Traufe** Insektenschutzgitter; Breite 166mm; dreifach gekantet; inkl. Befestigungsmittel						
	m	**€ brutto**	**2,4**	**5,5**	**6,7**	**8,5**	**12,6**
	KG 363	€ netto	2,0	4,6	5,6	7,1	10,6
86	**Zahnleiste, Nadelholz, gehobelt** Ortgangbrett, Zahnleiste; Nadelholz; Dicke 30mm; gehobelt						
	m	**€ brutto**	**14**	**28**	**33**	**40**	**51**
	KG 363	€ netto	12	24	28	33	43
87	**Dachdeckung, Falzziegel, Ton** Dachdeckung, Falzziegel; Ton, feinrau/glasiert; trocken verlegen/geklammert						
	m²	**€ brutto**	**23**	**28**	**29**	**32**	**37**
	KG 363	€ netto	19	24	24	27	31
88	**Dachdeckung, Biberschwanz-/Flachziegel** Dachdeckung, Biberschwanz; Tonziegel, glatt/gerillt, feinrau/glasiert; Kronen-/Doppeldeckung						
	m²	**€ brutto**	**36**	**45**	**49**	**53**	**62**
	KG 363	€ netto	31	37	41	45	52
89	**Dachdeckung, Dachsteine** Dachdeckung Dachstein; feinrau/glasiert; trocken verlegt/geklammert						
	m²	**€ brutto**	**15**	**22**	**25**	**27**	**36**
	KG 363	€ netto	13	19	21	23	30
90	**Dachdeckung, Faserzement, Wellplatte** Dachdeckung, Faserzement; Wellplatte						
	m²	**€ brutto**	**21**	**33**	**39**	**50**	**70**
	KG 363	€ netto	17	28	32	42	59
91	**Dachdeckung, Schiefer** Dachdeckung, Dachplatten; Schiefer; Neigung 50-55°; Deutsche Deckung/Rechteckdeckung						
	m²	**€ brutto**	**68**	**76**	**79**	**80**	**91**
	KG 363	€ netto	57	64	66	68	76
92	**Ortgang, Ziegeldeckung, Formziegel** Ortgangdeckung; Ziegel, feinrau/glasiert; Doppelwulstziegel						
	m	**€ brutto**	**25**	**33**	**38**	**49**	**76**
	KG 363	€ netto	21	28	32	41	64
93	**Ortgang, Biberschwanzdeckung, Formziegel** Ortgangdeckung, Biberschwanz; Ziegel, glatt/gerillt, feinrau/glasiert; Kronen-/Doppeldeckung						
	m	**€ brutto**	**16**	**30**	**35**	**37**	**44**
	KG 363	€ netto	14	25	30	31	37

Dachdeckungsarbeiten						Preise €
Nr.	**Kurztext** / Stichworte			**brutto ø**		
	Einheit / Kostengruppe	►	▷	netto ø	◁	◄
94	**Ortgang, Dachsteindeckung, Formziegel** Ortgangdeckung; Dachstein, feinrau/glasiert; Dachneigung 30-35°; trocken verlegt, geklammert					
	m **€ brutto**	**27**	**39**	**41**	**46**	**57**
	KG 363 € netto	23	33	34	39	48
95	**Firstanschluss, Ziegeldeckung, Formziegel** Firstanschluss; Biberschwanz/Flachziegel; Länge 260mm; geklammert					
	m **€ brutto**	**11**	**19**	**21**	**22**	**33**
	KG 363 € netto	9,0	15,9	17,8	18,3	27,4
96	**First, Firstziegel, mörtellos, inkl. Lüfter** Firstdeckung, trocken; Falzziegel; geklammert; bauseitiger/liefernde Firstlatte; inkl. Lüfterelement					
	m **€ brutto**	**31**	**45**	**50**	**61**	**95**
	KG 363 € netto	26	38	42	52	80
97	**First, Firstziegel, vermörtelt, inkl. Lüfter** Firstdeckung, gemörtelt; Falzziegel; bauseitiger/liefernder Firstlatte; inkl. Anfängerziegel					
	m **€ brutto**	**43**	**51**	**56**	**60**	**74**
	KG 363 € netto	36	43	47	51	62
98	**First, Firststein, geklammert, Dachstein** Firstdeckung, trocken; Betondachstein; geklammert; bauseitiger/liefernder Firstlatte; inkl. Lüfterelement					
	m **€ brutto**	**27**	**43**	**51**	**57**	**69**
	KG 363 € netto	23	36	43	48	58
99	**Pultdachabschluss, Abschlussziegel** Abschlussdeckung; Ortgangziegel; geklammert/geschraubt; Pultdach					
	m **€ brutto**	**37**	**57**	**64**	**69**	**97**
	KG 363 € netto	31	48	54	58	82
100	**Pultdachanschluss, Metallblech Z333** Abschlussausbildung; Metallblech; Zuschnitt 333mm; dreifach gekantet, mechanisch befestigen; Pultdach					
	m **€ brutto**	**18**	**37**	**42**	**46**	**57**
	KG 363 € netto	15	31	35	39	48
101	**Grateindeckung, Ziegel, mörtellos** Gratdeckung trocken verlegt; Falzziegel; geklammert, auf vorhandener/liefernder Gratlatte; inkl. Lüfterelement					
	m **€ brutto**	**42**	**50**	**53**	**61**	**78**
	KG 363 € netto	35	42	44	52	65

 © BKI Baukosteninformationszentrum

Kosten: Stand 3.Quartal 2015, Bundesdurchschnitt

Dachdeckungsarbeiten — Preise €

Nr.	Kurztext / Stichworte Einheit / Kostengruppe		▶	▷	brutto ø netto ø	◁	◀
102	**Grateindeckung, Ziegel, vermörtelt** Gratdeckung, gemörtelt; Falzziegel; auf vorhandener/zu liefernder Gratlatte						
	m	**€ brutto**	**36**	**52**	**60**	**83**	**115**
	KG 363	€ netto	30	44	51	69	97
103	**Dunstrohr-Durchgangsziegel, DN100** Dunstrohr; Durchgangsziegel; DN100; inkl. Anschlussarbeiten						
	St	**€ brutto**	**59**	**106**	**124**	**156**	**219**
	KG 363	€ netto	49	89	104	131	184
104	**Dunstrohr-Durchgangsformstück, DN100** Dunstrohr; Durchgangsformstück Kunststoff/PVC; DN100; inkl. Abdeckhaube						
	St	**€ brutto**	**37**	**68**	**79**	**96**	**131**
	KG 363	€ netto	31	58	66	81	110
105	**Lüfterziegel, trocken verlegt** Dachlüftung; Lüfterziegel; trocken verlegt, geklammert; inkl. Insektenschutzgitter						
	St	**€ brutto**	**8,1**	**15,1**	**18,3**	**22,0**	**28,3**
	KG 363	€ netto	6,8	12,7	15,4	18,5	23,8
106	**Leitungsdurchgang, Formziegel** Antennenanschluss; Formstückziegel; inkl. Anschlussarbeiten						
	St	**€ brutto**	**30**	**65**	**79**	**111**	**175**
	KG 363	€ netto	25	55	67	94	147
107	**Tonziegel, Reserve** Reserveziegel; Ton						
	St	**€ brutto**	**0,7**	**4,5**	**6,7**	**9,0**	**13,0**
	KG 363	€ netto	0,6	3,7	5,6	7,6	10,9
108	**Ziegel beidecken, Dachdeckung** Beidecken; Flachfalzziegel; Zuschneiden/Beischroten; Dachfenster, Kehlen, Kamin, Dachgauben						
	m	**€ brutto**	**4,2**	**13,5**	**16,2**	**24,0**	**44,6**
	KG 363	€ netto	3,6	11,4	13,6	20,2	37,4
109	**Verklammerung, Dachdeckung** Verklammerung; korrosionsgeschütztes, nichtrostendes Material; sturmsicher; Dachdeckung						
	m^2	**€ brutto**	**0,9**	**3,5**	**4,7**	**8,1**	**15,1**
	KG 363	€ netto	0,7	3,0	4,0	6,8	12,7
110	**Schornstein-Einfassung, Blech** Schornsteinverwahrung; Alu/Titanzink/Kupfer/Edelstahl; 400x600mm						
	St	**€ brutto**	**73**	**147**	**169**	**220**	**318**
	KG 363	€ netto	61	124	142	185	267

Dachdeckungsarbeiten						Preise €
Nr.	Kurztext / Stichworte Einheit / Kostengruppe	▶	▷	brutto ø netto ø	◁	◀
111	**Dachfenster/Dachausstieg, ESG, 490x760mm** Dachausstieg; Einscheiben-Sicherheitsglas; 490x760mm; 180° Öffnungswinkel und Schwingfunktion; inkl. Eindeckrahmen					
	St € brutto	**160**	**321**	**340**	**557**	**811**
	KG 362 € netto	134	270	286	468	681
112	**Wohndachfenster, bis 1,50m²** Wohnraumdachfenster; Kiefer, Isolierverglasung; A bis 1,50m², Blendrahmen 1,14x1,60m/1,34x1,40m; Klapp-Schwing-Fenster; inkl. Eindeckrahmen					
	St € brutto	**480**	**775**	**893**	**1.034**	**1.509**
	KG 362 € netto	403	651	750	869	1.268
113	**Asbestzement-Deckung entfernen** Faserzement-Plattendeckung entfernen; asbesthaltig; Bauschutt sammeln					
	m² € brutto	**10**	**14**	**16**	**19**	**23**
	KG 394 € netto	8,6	12,0	13,8	15,8	19,5
114	**Asbestzementdeckung, entsorgen** Asbestzement-Plattendeckung entsorgen					
	t € brutto	**96**	**132**	**139**	**160**	**231**
	KG 394 € netto	81	111	117	135	194
115	**Stundensatz Facharbeiter, Dachdeckung** Stundenlohnarbeiten, Vorarbeiter, Facharbeiter; Dachdeckung					
	h € brutto	**43**	**52**	**56**	**60**	**70**
	€ netto	36	43	47	51	59

 © BKI Baukosteninformationszentrum

Dachabdichtungsarbeiten						Preise €
Nr.	**Kurztext** / Stichworte			brutto ø		
	Einheit / Kostengruppe	▶	▷	netto ø	◁	◀
1	**Lüftungsrohr entfernen** Be- oder Entlüftungsrohr entfernen; Bauschutt entsorgen					
	St **€ brutto**	**5,0**	**7,2**	**10,6**	**12,7**	**23,3**
	KG 394 € netto	4,2	6,0	8,9	10,7	19,6
2	**Kiesschüttung entfernen** Kiesschüttung entfernen; Dicke bis 30mm, auf Dachabdichtung; Bauschutt entsorgen					
	m² **€ brutto**	**5,6**	**6,3**	**8,7**	**10,5**	**15,9**
	KG 394 € netto	4,7	5,3	7,3	8,8	13,4
3	**Kiesschicht säubern** Kiesschicht säubern; Dicke bis 30cm; Dachfläche					
	m² **€ brutto**	**–**	**21**	**31**	**37**	**–**
	KG 394 € netto	–	17	26	31	–
4	**Kiesschüttung entfernen, wiederaufbringen** Kiesschüttung aufnehmen; Dicke bis 30cm; lagern, wiederauftragen; Dachfläche					
	m² **€ brutto**	**–**	**25**	**37**	**44**	**–**
	KG 394 € netto	–	21	31	37	–
5	**Dachplattenbelag entfernen** Plattenbelag, im Splittbett, entfernen; Dach; Bauschutt entsorgen					
	m² **€ brutto**	**–**	**10**	**15**	**17**	**–**
	KG 394 € netto	–	8,5	12	15	–
6	**Bitumenabdichtung abbrechen, 1-lagig** Dachabdichtung abbrechen; Bitumenbahn, einlagig; Massivdecke; Bauschutt entsorgen					
	m² **€ brutto**	**5,0**	**6,2**	**8,6**	**10,3**	**12,8**
	KG 394 € netto	4,2	5,2	7,2	8,7	10,7
7	**Bitumenabdichtung abbrechen, 2-lagig** Dachabdichtung abbrechen; Bitumenbahn, zweilagig; Massivdecke; Bauschutt entsorgen					
	m² **€ brutto**	**5,9**	**9,5**	**14,0**	**16,8**	**20,4**
	KG 394 € netto	4,9	8,0	11,8	14,1	17,1
8	**Bitumenabdichtung/Dämmung abbrechen** Dachabdichtung abbrechen; Bitumenbahn, zweilagig; inkl. Wärmedämmung; Massivdecke; Bauschutt entsorgen					
	m² **€ brutto**	**8,8**	**12,1**	**17,8**	**21,4**	**25,4**
	KG 394 € netto	7,4	10,2	15,0	18,0	21,3
9	**Trennlage entfernen** Trennlage entfernen; Bauschutt entsorgen					
	m² **€ brutto**	**–**	**2,0**	**3,0**	**3,6**	**–**
	KG 394 € netto	–	1,7	2,5	3,0	–

 © BKI Baukosteninformationszentrum

Kosten: Stand 3.Quartal 2015, Bundesdurchschnitt

Dachabdichtungsarbeiten **Preise €**

Nr.	Kurztext / Stichworte Einheit / Kostengruppe		▶	▷	brutto ø netto ø	◁	◀
10	**Rieselschutzmatte abbrechen** Rieselschutzmatte abbrechen; Bauschutt entsorgen						
	m²	**€ brutto**	**–**	**4,5**	**6,8**	**8,1**	**–**
	KG 394	€ netto	–	3,8	5,7	6,8	–
11	**Dachablauf abbrechen** Dachablauf abbrechen; DN120; Bauschutt entsorgen						
	St	**€ brutto**	**8,0**	**10,8**	**15,9**	**19,1**	**24,5**
	KG 394	€ netto	6,7	9,1	13,4	16,1	20,6
12	**Dachrandabschluss entfernen** Dachrandabschluss entfernen; Metall; Bauschutt entsorgen						
	m	**€ brutto**	**2,6**	**3,8**	**5,7**	**6,8**	**10,8**
	KG 394	€ netto	2,2	3,2	4,8	5,7	9,1
13	**Lichtkuppel entfernen, Flachdach** Lichtkuppel entfernen; Größe 150x150cm; inkl. Bohlenkranz; Bauschutt entsorgen						
	St	**€ brutto**	**–**	**57**	**84**	**101**	**–**
	KG 394	€ netto	–	48	71	85	–
14	**Antennenhalterung entfernen** Antennenhalterung entfernen; inkl. Befestigung; Bauschutt entsorgen						
	St	**€ brutto**	**–**	**7,7**	**11**	**14**	**–**
	KG 494	€ netto	–	6,5	9,5	11	–
15	**Blitzableiter entfernen** Blitzanleiter entfernen; inkl. Befestigung; Bauschutt entsorgen						
	m	**€ brutto**	**0,7**	**1,4**	**2,1**	**2,5**	**3,8**
	KG 494	€ netto	0,6	1,2	1,8	2,1	3,2
16	**Dachabdichtung ausbessern** Dachabdichtung ausbessern; Bitumendachbahn; Teilflächen; Bauschutt entsorgen						
	m²	**€ brutto**	**11**	**12**	**18**	**21**	**26**
	KG 395	€ netto	9,0	10,1	14,9	17,8	21,6
17	**Dachfläche reinigen** Dachfläche reinigen; grobe Verschmutzungen, festsitzende Mörtelreste; Bauschutt entsorgen						
	m²	**€ brutto**	**0,3**	**0,8**	**1,1**	**1,3**	**2,2**
	KG 363	€ netto	0,3	0,7	0,9	1,1	1,8
18	**Voranstrich, Dampfsperre, inkl. Reinigung** Voranstrich Dampfsperre; vollflächig aufbringen; Betonfläche; inkl. Reinigung						
	m²	**€ brutto**	**1,2**	**2,7**	**2,9**	**3,7**	**5,3**
	KG 363	€ netto	1,0	2,2	2,5	3,1	4,5

Dachabdichtungsarbeiten						Preise €
Nr.	**Kurztext** / Stichworte			**brutto ø**		
	Einheit / Kostengruppe	►	▷	netto ø	◁	◄
19	**Voranstrich, Dampfsperre** Voranstrich; Haftgrund als Bitumen-Voranstrich/Bitumen-Emulsion; vollflächig aufbringen; Betonfläche					
	m² € brutto	**1,2**	**2,1**	**2,5**	**3,4**	**5,1**
	KG 363 € netto	1,0	1,8	2,1	2,9	4,3
20	**Trennlage, V13, auf Holz** Trennlage/Vordeckung; Bitumen-Dachdichtungsbahn V13; mechanisch befestigen					
	m² € brutto	**2,9**	**4,4**	**4,7**	**6,7**	**11,3**
	KG 363 € netto	2,4	3,7	3,9	5,7	9,5
21	**Trennlage, G200 DD, auf Holz** Trennlage/Unterdeckung; Bitumen-Dachdichtungsbahn G200 DD; überlappend verlegen, mechanisch befestigen; Flachdach					
	m² € brutto	**7,1**	**9,1**	**9,8**	**10,1**	**12,1**
	KG 363 € netto	5,9	7,6	8,3	8,5	10,2
22	**Dampfsperre, V60 S4 Al01, auf Beton** Dampfsperre; Bitumen-Schweißbahn V60 S4 Al01; verkleben; Betonbodenfläche					
	m² € brutto	**8,1**	**10,5**	**11,4**	**14,6**	**20,6**
	KG 363 € netto	6,8	8,8	9,6	12,2	17,3
23	**Dampfsperre, Polyolefin-Kunststoffbahn** Dampfsperre; Kunststoffdichtbahn; lose verlegen, Stöße verschweißen; Betonbodenfläche					
	m² € brutto	**2,7**	**4,1**	**5,3**	**6,2**	**8,2**
	KG 363 € netto	2,3	3,5	4,4	5,2	6,9
24	**Dampfsperre hochführen, aufgehende Bauteile** Dampfsperre, Anschluss; hochführen bis OK Dämmung; Wände/ Brüstungen					
	m € brutto	**1,6**	**3,3**	**4,3**	**4,9**	**6,1**
	KG 363 € netto	1,3	2,8	3,6	4,1	5,1
25	**Wärmedämmung, DAA, PUR 025, bis 120mm, Alu kaschiert** Wärmedämmung; Polystyrol-Hartschaum, expandiert, WLG 025, B1; Dicke bis 120mm; einlagig, dicht gestoßen, mit PU verkleben; Dach					
	m² € brutto	**13**	**17**	**18**	**21**	**27**
	KG 363 € netto	11	14	15	18	23
26	**Wärmedämmung, DAA, PUR 025, bis 120mm** Wärmedämmung DAA; Polyurethan-Hartschaum, WLG 025, E; Dicke bis 120mm; einlagig, dicht gestoßen, mit PU verkleben; Dach					
	m² € brutto	**16**	**24**	**26**	**29**	**35**
	KG 363 € netto	14	20	22	24	29

 © BKI Baukosteninformationszentrum

Kosten: Stand 3.Quartal 2015, Bundesdurchschnitt

Dachabdichtungsarbeiten — Preise €

Nr.	Kurztext / Stichworte Einheit / Kostengruppe		►	▷	brutto ø netto ø	◁	◄
27	**Wärmedämmung, DAA, EPS 035, bis 140mm** Wärmedämmung; Polystyrol-Hartschaum, expandiert, WLG 035, B1; Dicke bis 140mm; einlagig, dicht gestoßen, mit PU verkleben; Dach						
	m²	**€ brutto**	**17**	**24**	**25**	**30**	**39**
	KG 363	€ netto	14	20	21	25	33
28	**Gefälledämmung DAA, EPS, i.M. bis 160mm** Gefälledämmung; Polystyrol-Hartschaum, expandiert, WLG 035, B1; Dicke i.M.160mm; einlagig, dicht gestoßen, verkleben; Dach						
	m²	**€ brutto**	**21**	**29**	**35**	**38**	**45**
	KG 363	€ netto	18	25	29	32	38
29	**Gefälledämmung DAA, PUR, i.M. bis 160mm** Gefälledämmung; Polyurethan-Hartschaum, WLG 025, E; Dicke i.M. 160mm; einlagig, dicht gestoßen, verkleben; Dach						
	m²	**€ brutto**	**33**	**42**	**46**	**49**	**58**
	KG 363	€ netto	28	35	39	41	49
30	**Wärmedämmung DAA, CG, bis 140mm** Wärmedämmung; Schaumglas WLG 045, A1; Dicke bis 140mm; einlagig, dicht gestoßen, vollflächig verkleben; Dach; inkl. Deckaufstrich						
	m²	**€ brutto**	**30**	**58**	**70**	**85**	**114**
	KG 363	€ netto	25	49	59	71	96
31	**Übergang, Dämmkeile, Hartschaum, 60x60mm** Übergang, Dämmkeil; Hartschaum; 45°, 60x60mm; einkleben						
	m	**€ brutto**	**1,2**	**2,7**	**3,4**	**5,1**	**9,1**
	KG 363	€ netto	1,0	2,2	2,8	4,3	7,6
32	**Unterkonstruktion, Kanthölzer, bis 100x60mm** Unterkonstruktion, Kantholz; Nadelholz, S10TS, imprägniert; 60-100x60mm; Holzschutz Iv, P, W, ST						
	m	**€ brutto**	**6,1**	**8,7**	**9,3**	**9,8**	**11,0**
	KG 363	€ netto	5,1	7,3	7,8	8,2	9,3
33	**Unterkonstruktion, Holzbohlen, 40x120mm** Unterkonstruktion, Holzbohlen; Nadelholz, S10TS, imprägniert; mechanisch befestigen; Holzschutz Iv, P, W, St.						
	m	**€ brutto**	**3,9**	**11,9**	**14,3**	**18,3**	**26,1**
	KG 363	€ netto	3,3	10,0	12,0	15,4	21,9
34	**Fugenabdichtung, Silikon** Fugenabdichtung; Silikon; inkl. Flankenbehandlung, Hinterlegung Fugenhohlräume						
	m	**€ brutto**	**1,6**	**4,7**	**5,8**	**7,0**	**9,6**
	KG 363	€ netto	1,4	3,9	4,9	5,9	8,1

Dachabdichtungsarbeiten **Preise €**

Nr.	Kurztext / Stichworte Einheit / Kostengruppe	►	▷	brutto ø netto ø	◁	◄
35	**Bewegungsfuge, Typ I/II** Bewegungsfuge; Typ I/II					
	m **€ brutto**	**7,1**	**20,4**	**28,2**	**39,4**	**61,8**
	KG 363 € netto	6,0	17,2	23,7	33,1	52,0
36	**Dachabdichtung PYE PV250 S5, obere Lage** Dachabdichtung, obere Lage; Polymerbitumen-Schweißbahn PYE PV250 S5; extensiv/intensiv genutzte Dächer					
	m² **€ brutto**	**6,2**	**12,0**	**14,1**	**18,7**	**28,4**
	KG 363 € netto	5,2	10,1	11,9	15,7	23,9
37	**Dachabdichtung PYE PV 200 S5 Cu01, obere Lage, Wurzelschutz** Dachabdichtung, obere Lage mit Wurzelschutz; Polymerbitumen-Schweißbahn PYE PV 200 S5 Cu01; überlappend, vollflächig verschweißen; Flachdach					
	m² **€ brutto**	**9,8**	**20,0**	**23,3**	**25,0**	**32,0**
	KG 363 € netto	8,2	16,8	19,6	21,0	26,9
38	**Dachabdichtung zweilagig, Polymerbitumen-Schweißbahnen** Dachabdichtung, zweilagig; Polymerbitumen-Schweißbahn PYE-G 200 S4/S5 Cu01; vollflächig verschweißen					
	m² **€ brutto**	**21**	**25**	**27**	**33**	**38**
	KG 363 € netto	17	21	22	28	32
39	**Wandanschluss, gedämmt, zweilagige Abdichtung** Wandanschluss, gedämmt; EPS-Dämmstoffkeile, WLG 035; 60x60mm; mechanische Befestigung					
	m **€ brutto**	**9,9**	**24,5**	**30,0**	**41,7**	**64,9**
	KG 363 € netto	8,3	20,6	25,2	35,0	54,5
40	**Dachdichtung, Kunststoffbahn, einlagig, Wurzelschutz** Dachabdichtung mit Wurzelschutz; PVC-P Kunststoffbahn mit Glasvlies; Dicke 2,4mm; einlagig, verschweißen					
	m² **€ brutto**	**19**	**24**	**27**	**31**	**40**
	KG 363 € netto	16	21	23	26	34
41	**Flüssigabdichtung, Dach, PU-Harz/Vlies** Abdichtungsbeschichtung, flüssig; Polyurethanharz mit Vliesarmierung; punktförmig/linear					
	m **€ brutto**	**18**	**30**	**34**	**46**	**61**
	KG 363 € netto	15	25	29	38	51

 © BKI Baukosteninformationszentrum

Kosten: Stand 3.Quartal 2015, Bundesdurchschnitt

Dachabdichtungsarbeiten							Preise €
Nr.	**Kurztext** / Stichworte				**brutto ø**		
	Einheit / Kostengruppe		▶	▷	netto ø	◁	◀
42	**Sanierungsabdichtung, PV300, Loch-Folie, PP-Vlies** Sanierungsabdichtung; Polymerbitumen mit Vlieseinlage PV300, oberseitig beschiefert, unterseitig mit Lochfolie und PP-Vlies kaschiert; Flachdach						
	m²	**€ brutto**	**–**	**21**	**31**	**37**	**–**
	KG 363	€ netto	–	18	26	31	–
43	**Sanierungsabdichtung, PV180, vlieskaschiert** Sanierungsabdichtung; Polymerbitumen mit Vlieseinlage PV180, unterseitig mit PP-Vlies kaschiert; Flachdach						
	m²	**€ brutto**	**–**	**16**	**24**	**28**	**–**
	KG 363	€ netto	–	13	20	24	–
44	**Stundensatz Facharbeiter, Dachdichtung** Stundenlohnarbeiten, Vorarbeiter, Facharbeiter; Dachabdichtungsarbeiten						
	h	**€ brutto**	**48**	**53**	**55**	**56**	**59**
		€ netto	41	44	46	47	49
45	**Stundensatz Helfer, Dachdichtung** Stundenlohnarbeiten, Werker, Helfer; Dachabdichtungsarbeiten						
	h	**€ brutto**	**40**	**46**	**48**	**51**	**56**
		€ netto	34	38	41	43	47

Klempnerarbeiten						Preise €
Nr.	**Kurztext** / Stichworte			**brutto ø**		
	Einheit / Kostengruppe	►	▷	netto ø	◁	◄
1	**Schneefanggitter entfernen** Schneefanggitter entfernen; inkl. Befestigung; Bauschutt entsorgen					
	m **€ brutto**	**2,4**	**3,1**	**4,2**	**5,2**	**9,0**
	KG 394 € netto	2,0	2,6	3,6	4,4	7,5
2	**Dachrinne vorgehängt, entfernen** Dachrinne, vorgehängt, demontieren; inkl. Rinnenhaken; Bauschutt entsorgen					
	m **€ brutto**	**1,6**	**2,5**	**3,7**	**4,6**	**6,3**
	KG 394 € netto	1,4	2,1	3,1	3,9	5,3
3	**Kastenrinne entfernen** Kastenrinne, innenliegend, demontieren; inkl. Rinnenhaken; Bauschutt entsorgen					
	m **€ brutto**	**2,7**	**3,5**	**5,2**	**6,4**	**8,3**
	KG 394 € netto	2,3	2,9	4,4	5,4	7,0
4	**Rinneneinhangstutzen entfernen** Rinneneinhangstutzen entfernen; Bauschutt entsorgen					
	St **€ brutto**	**–**	**1,0**	**1,5**	**1,8**	**–**
	KG 394 € netto	–	0,8	1,2	1,5	–
5	**Fallrohr entfernen** Fallrohr entfernen; inkl. Befestigung und Verbindung zur Dachrinne; Bauschutt entsorgen					
	m **€ brutto**	**1,3**	**2,3**	**3,5**	**4,3**	**5,9**
	KG 394 € netto	1,1	2,0	2,9	3,6	5,0
6	**Standrohr abschneiden** Standrohr abschneiden; Gusseisen; DN100; Bauschutt entsorgen					
	St **€ brutto**	**3,4**	**6,7**	**9,9**	**12,2**	**22,4**
	KG 394 € netto	2,9	5,6	8,4	10,3	18,9
7	**Traufblech entfernen** Traufblech entfernen; Breite bis 500mm; Bauschutt entsorgen					
	m **€ brutto**	**1,7**	**1,7**	**2,6**	**3,2**	**6,3**
	KG 394 € netto	1,4	1,5	2,2	2,7	5,3
8	**Winkelkehle entfernen** Windkehle entfernen; Blech; Bauschutt entsorgen					
	m **€ brutto**	**1,9**	**2,6**	**3,9**	**4,8**	**7,1**
	KG 394 € netto	1,6	2,2	3,3	4,1	6,0
9	**Verwahrung entfernen** Verwahrung entfernen; Bauschutt entsorgen					
	m **€ brutto**	**2,6**	**3,4**	**5,0**	**6,2**	**9,7**
	KG 394 € netto	2,2	2,8	4,2	5,2	8,1

Kosten: Stand 3.Quartal 2015, Bundesdurchschnitt

Klempnerarbeiten						Preise €
Nr.	**Kurztext** / Stichworte			**brutto ø**		
	Einheit / Kostengruppe	▶	▷	netto ø	◁	◀
10	**Ortgangverblechung entfernen** Ortgangverblechung entfernen; inkl. Windleiste, Blechabdeckung; Bauschutt entsorgen					
	m **€ brutto**	**2,2**	**3,1**	**4,7**	**5,7**	**9,6**
	KG 394 € netto	1,9	2,6	3,9	4,8	8,0
11	**Wandanschlussprofil entfernen** Wandanschlussprofil entfernen; inkl. Befestigungsmittel; Bauschutt entsorgen					
	m **€ brutto**	**3,9**	**6,2**	**9,2**	**11,3**	**14,4**
	KG 394 € netto	3,3	5,2	7,7	9,5	12,1
12	**Fensterblech entfernen** Fensterblech entfernen; inkl. Befestigungsmittel; Bauschutt entsorgen					
	m **€ brutto**	**2,1**	**2,9**	**4,3**	**5,3**	**8,3**
	KG 394 € netto	1,8	2,4	3,6	4,4	7,0
13	**Blechabdeckung entfernen** Blechabdeckung entfernen; Breite bis 600mm; Bauschutt entsorgen					
	m **€ brutto**	**2,3**	**4,2**	**6,2**	**7,6**	**10,9**
	KG 394 € netto	2,0	3,5	5,2	6,4	9,2
14	**Schornsteinverblechung entfernen** Schornsteinverblechung entfernen; Bauschutt entsorgen					
	m² **€ brutto**	**9,6**	**12,8**	**19,0**	**23,4**	**34,1**
	KG 394 € netto	8,1	10,7	16,0	19,7	28,7
15	**Schornsteinabdeckung entfernen** Schornsteinabdeckung entfernen; Blech; Bauschutt entsorgen					
	St **€ brutto**	**–**	**7,0**	**10**	**13**	**–**
	KG 394 € netto	–	5,9	8,8	11	–
16	**Gaubenverblechung entfernen** Gaubenverblechung entfernen; inkl. Anschlüsse; Bauschutt entsorgen					
	m² **€ brutto**	**5,2**	**7,7**	**11,5**	**14,2**	**22,6**
	KG 394 € netto	4,3	6,5	9,7	11,9	19,0
17	**Blech-Dachdeckung entfernen** Dacheindeckung entfernen; Metallblech; auf Holzschalung; Bauschutt entsorgen					
	m² **€ brutto**	**5,4**	**10,5**	**15,7**	**19,3**	**27,8**
	KG 394 € netto	4,5	8,9	13,2	16,2	23,4
18	**Blechbekleidung entfernen** Blechbekleidung entfernen; Außenwand; Bauschutt entsorgen					
	m² **€ brutto**	**–**	**12**	**18**	**22**	**–**
	KG 394 € netto	–	9,9	15	18	–

Klempnerarbeiten **Preise €**

Nr.	Kurztext / Stichworte Einheit / Kostengruppe		▶	▷	brutto ø netto ø	◁	◀
19	**Trennlage entfernen** Trennlage entfernen; Blechdach; Bauschutt entsorgen						
	m²	**€ brutto**	**–**	**2,2**	**3,3**	**4,1**	**–**
	KG 394	€ netto	–	1,9	2,8	3,4	–
20	**Antenne demontieren** Antenne abbauen; inkl. Halterung und Befestigungsmittel; lagern						
	St	**€ brutto**	**–**	**12**	**18**	**22**	**–**
	KG 394	€ netto	–	10	15	19	–
21	**Blitzableiter entfernen** Blitzableiter entfernen; Bauschutt entsorgen						
	m	**€ brutto**	**0,7**	**1,1**	**1,7**	**2,0**	**3,4**
	KG 394	€ netto	0,6	0,9	1,4	1,7	2,9
22	**Schneefanggitter, Kupfer** Schneefanggitter; Kupfer; Höhe 200mm; Steildach						
	m	**€ brutto**	**45**	**56**	**61**	**71**	**90**
	KG 369	€ netto	38	47	51	60	76
23	**Schneefanggitter, Metall** Schneefanggitter; Titanzink/Kupfer/Edelstahl; Höhe 200mm; Steildach						
	m	**€ brutto**	**17**	**30**	**35**	**53**	**80**
	KG 369	€ netto	14	26	29	44	67
24	**Schneefangrohr, Rundprofil** Schneefangrohr; Stahlrohr verzinkt, Rundholzprofil; Rohr 42mm/Holz 80mm; mit Walzblei abdichten						
	m	**€ brutto**	**23**	**32**	**37**	**39**	**43**
	KG 369	€ netto	19	27	31	33	36
25	**Schneefangrohr, Stehfalzdeckung** Schneefangrohr; Aluminium; Rohr 100mm, Holz 80mm; auf Stehfalzdeckung						
	m	**€ brutto**	**21**	**33**	**35**	**39**	**47**
	KG 369	€ netto	18	28	29	33	39
26	**Dachdeckung, Doppelstehfalz, Kupfer** Stehfalzdeckung Doppelfalz; Kupfer, vorbewittert; inkl. Befestigungsmittel; Dach						
	m²	**€ brutto**	**64**	**93**	**104**	**119**	**148**
	KG 363	€ netto	54	78	87	100	124
27	**Dachdeckung, Doppelstehfalz, Titanzink** Stehfalzdeckung Doppelfalz; Titanzink, vorbewittert; inkl. Befestigungsmittel; Dach						
	m²	**€ brutto**	**52**	**80**	**91**	**105**	**147**
	KG 363	€ netto	44	67	76	89	123

 © BKI Baukosteninformationszentrum

Kosten: Stand 3.Quartal 2015, Bundesdurchschnitt

Klempnerarbeiten							**Preise €**
Nr.	**Kurztext** / Stichworte				**brutto ø**		
	Einheit / Kostengruppe		▶	▷	netto ø	◁	◀
28	**Trennlage, Blechflächen, V13**						
	Vordeckung/Trennlage/Notdeckung; Bitumen-Dachdichtungsbahn V13, besandet; genagelt; Holzschalung						
	m²	**€ brutto**	**3,6**	**5,6**	**6,5**	**8,0**	**10,7**
	KG 363	€ netto	3,0	4,7	5,4	6,8	9,0
29	**Walzbleianschluss, Blechstreifen**						
	Walzbleianschluss; Anschlusshöhe 150mm; aufgehende Bauteile; inkl. verzinkter Kappleiste						
	m²	**€ brutto**	**24**	**43**	**47**	**53**	**67**
	KG 363	€ netto	20	36	40	44	56
30	**Schornsteinbekleidung, Winkel-/Stehfalzdeckung**						
	Schornsteinverkleidung; Winkel-/Stehfalzdeckung, vorbewittert; Breite 720mm für Achsmaß 600/Breite 620mm für Achsmaß 500mm; befestigt mit Haftern						
	m²	**€ brutto**	**87**	**147**	**166**	**225**	**307**
	KG 363	€ netto	73	124	140	189	258
31	**Schornsteinverwahrung, Metallblech**						
	Schornsteinverwahrung; Titanzink; Höhe 150mm; verputzter/verblendet gemauerter Kamin						
	m	**€ brutto**	**43**	**53**	**56**	**60**	**66**
	KG 363	€ netto	36	44	47	50	55
32	**Wandanschlussblech, Kupfer**						
	Wandanschluss; Kupfer, vorbewittert; Anschluss 500mm, Überhang bis 200mm; mehrfach gekantet						
	m	**€ brutto**	**20**	**33**	**34**	**39**	**48**
	KG 363	€ netto	17	28	28	33	40
33	**Wandanschlussblech, Titanzink**						
	Wandanschluss; Titanzink, vorbewittert; Dicke 0,7-0,8mm, Überhang bis 200mm; mehrfach gekantet						
	m	**€ brutto**	**13**	**20**	**24**	**27**	**35**
	KG 363	€ netto	11	17	20	23	29
34	**Überhangblech, bis Z 330**						
	Überhangblech; Titanzink/Kupfer, vorbewittert; Zuschnitt 200-400mm; mehrfach gekantet						
	m	**€ brutto**	**17**	**21**	**22**	**25**	**31**
	KG 363	€ netto	15	18	18	21	26
35	**Überhangblech, bis Z 150**						
	Überhangblech; Titanzink/Kupfer, vorbewittert; Zuschnitt bis 150mm; mehrfach gekantet						
	m	**€ brutto**	**9,9**	**13,9**	**16,7**	**24,1**	**31,6**
	KG 363	€ netto	8,3	11,7	14,0	20,3	26,6

Klempnerarbeiten | **Preise €**

Nr.	Kurztext / Stichworte Einheit / Kostengruppe		▶	▷	brutto ø netto ø	◁	◀
36	**Firstanschlussblech, Titanzink, bis Z 500** Firstanschlussblech; Titanzink; Zuschnitt bis 500mm; mehrfach gekantet; vorhandene Holzunterkonstruktion						
	m	**€ brutto**	**30**	**45**	**49**	**57**	**99**
	KG 363	€ netto	25	37	41	48	83
37	**Attika/Mauerabdeckung, Kupfer, bis Z 500** Attika- oder Mauerabdeckung; Kupfer, vorpatiniert; Zuschnitt bis 500mm; gekantet						
	m	**€ brutto**	**30**	**71**	**73**	**85**	**108**
	KG 363	€ netto	26	60	62	71	91
38	**Attika/Mauerabdeckung, Titanzink, bis Z 500** Attika/Mauerabdeckung; Titanzink, vorbewittert; Zuschnitt bis 500mm; gekantet						
	m	**€ brutto**	**22**	**43**	**51**	**62**	**85**
	KG 363	€ netto	18	36	43	52	71
39	**Ortgangblech, Kupfer, Z 333** Ortgangblech; Kupfer, vorpatiniert; Zuschnitt 333mm; gefalzt/glatt, gekantet						
	m	**€ brutto**	**19**	**30**	**32**	**41**	**70**
	KG 363	€ netto	16	26	27	34	59
40	**Ortgangblech, Titanzink, Z 333** Ortgangblech; Titanzink, vorbewittert; Zuschnitt 333mm; gefalzt/glatt, gekantet						
	m	**€ brutto**	**13**	**28**	**33**	**42**	**66**
	KG 363	€ netto	11	23	27	36	56
41	**Blechkehle, Kupfer, bis Z 667** Kehlblech; Kupfer, vorpatiniert; Zuschnitt bis 667mm; gekantet						
	m	**€ brutto**	**19**	**27**	**31**	**38**	**56**
	KG 363	€ netto	16	23	26	32	47
42	**Blechkehle, Titanzink, bis Z 667** Kehlblech; Titanzink; Zuschnitt 400/500/667mm; gekantet						
	m	**€ brutto**	**22**	**29**	**32**	**40**	**66**
	KG 363	€ netto	18	24	27	34	55
43	**Kiesfangleiste, Lochblech** Kiesfangleiste; mit Montagehaltern fixiert; Anschluss, Dachdichtbahn						
	m	**€ brutto**	**15**	**20**	**22**	**24**	**31**
	KG 363	€ netto	13	17	18	20	26
44	**Traufstreifen, Kupfer, Z 333** Traufblech; Kupfer, vorbewittert; Zuschnitt 333mm; dreifach gekantet						
	m	**€ brutto**	**12**	**17**	**20**	**28**	**40**
	KG 363	€ netto	10	15	17	24	34

 © BKI Baukosteninformationszentrum

Kosten: Stand 3.Quartal 2015, Bundesdurchschnitt

Klempnerarbeiten							**Preise €**
Nr.	**Kurztext** / Stichworte				**brutto ø**		
	Einheit / Kostengruppe		▶	▷	netto ø	◁	◀
45	**Traufstreifen, Titanzink, Z 333**						
	Traufblech; Titanzink, vorbewittert; Zuschnitt 333mm; dreifach gekantet						
	m	**€ brutto**	**14**	**19**	**20**	**26**	**35**
	KG 363	€ netto	12	16	17	22	29
46	**Notüberlauf, Flachdach**						
	Notüberlauf; Abwicklung 500mm; halbrund/rechteckig; in Attika						
	St	**€ brutto**	**46**	**118**	**152**	**257**	**431**
	KG 363	€ netto	39	100	128	216	362
47	**Standrohr; Stahl-/Kupferblech**						
	Standrohr; Titanzink/Kupfer; DN80/DN100; vorpatiniert; inkl. Revisionsöffnung, Deckel und Schrauben						
	St	**€ brutto**	**46**	**72**	**79**	**90**	**120**
	KG 363	€ netto	39	61	66	76	101
48	**Standrohr, Guss/SML**						
	Standrohr; Gusseisen/SML-Rohr; DN60/DN80/DN100; inkl. Anschluss an Rohrleitungsnetz.						
	St	**€ brutto**	**37**	**57**	**70**	**86**	**121**
	KG 363	€ netto	31	48	59	72	102
49	**Laubfangkorb, Stahldraht**						
	Laubfangkorb; Stahldraht verzinkt, vorbewittert/vorpatiniert; für Ablauf						
	St	**€ brutto**	**6,0**	**7,3**	**8,0**	**10,4**	**14,0**
	KG 411	€ netto	5,1	6,1	6,7	8,7	11,8
50	**Regenwasserklappe, Titanzink, DN100**						
	Regenwasserklappe; Titanzink; DN100						
	St	**€ brutto**	**25**	**35**	**40**	**46**	**62**
	KG 363	€ netto	21	30	33	39	52
51	**Standrohrkappen, Titanzink/Kupfer**						
	Standrohrkappe; Titanzink/Kupfer, vorbewittert/vorpatiniert; DN100; mit/ohne Muffe						
	St	**€ brutto**	**1,4**	**5,9**	**7,4**	**10,3**	**19,2**
	KG 411	€ netto	1,2	4,9	6,2	8,7	16,2
52	**Fallrohrbogen, Kupfer, DN100**						
	Fallrohrbogen; Kupfer, vorpatiniert; DN100, 60°/40°/72°; innen verlötet						
	St	**€ brutto**	**13**	**18**	**22**	**23**	**27**
	KG 411	€ netto	11	15	18	20	23

Klempnerarbeiten **Preise €**

Nr.	Kurztext / Stichworte Einheit / Kostengruppe		▶	▷	brutto ø netto ø	◁	◀
53	**Fallrohrbogen, Titanzink, DN100** Fallrohrbogen; Titanzink, vorbewittert; DN100; geschweißt, verlötet						
	St	**€ brutto**	**8,7**	**12,9**	**14,9**	**15,9**	**26,4**
	KG 411	€ netto	7,3	10,9	12,5	13,4	22,2
54	**Fallrohr, Kupfer, DN100** Fallrohr; Kupfer, vorpatiniert; DN100; Rohrschellen, Schraubstift						
	m	**€ brutto**	**21**	**27**	**29**	**38**	**56**
	KG 411	€ netto	18	22	25	32	47
55	**Fallrohr, Titanzink, bis DN100** Fallrohr; Titanzink, vorbewittert; DN60/DN80/DN100; Rohrschellen, Schraubstift						
	m	**€ brutto**	**20**	**25**	**26**	**29**	**33**
	KG 411	€ netto	17	21	22	24	28
56	**Fallrohr, Titanzink, bis DN150** Fallrohr; Titanzink, vorbewittert; DN120/DN150; Rohrschellen, Schraubstift						
	m	**€ brutto**	**23**	**27**	**29**	**36**	**48**
	KG 411	€ netto	19	23	25	30	40
57	**Rinnenendstück, Rinnenboden, Kupfer** Rinnenendstück, rund/kastenförmig; Kupfer, vorpatiniert; Dachrinne						
	St	**€ brutto**	**4,1**	**13,0**	**13,8**	**16,5**	**25,8**
	KG 363	€ netto	3,4	11,0	11,6	13,9	21,7
58	**Rinnenendstück, Rinnenboden, Titanzink** Rinnenendstück, halbrund/kastenförmig; Titanzink, vorbewittert; Dachrinne						
	St	**€ brutto**	**1,7**	**9,2**	**12,1**	**19,0**	**37,9**
	KG 363	€ netto	1,5	7,7	10,2	16,0	31,9
59	**Rinnenstutzen, Kupfer** Rinnenstutzen; Kupfer, vorpatiniert; Dachrinne/Fallrohr						
	St	**€ brutto**	**18**	**24**	**27**	**29**	**36**
	KG 363	€ netto	15	20	23	25	30
60	**Rinnenstutzen, Titanzink** Rinnenstutzen; Titanzink, vorbewittert; Zuschnitt 250-380mm; Dachrinne/Fallrohr						
	St	**€ brutto**	**11**	**17**	**21**	**27**	**37**
	KG 363	€ netto	9,2	14,5	17,8	22,4	31,5
61	**Dachrinne, Kupfer, Z 250** Hängedachrinne, halbrund; Kupfer, vorpatiniert; Zuschnitt 250mm; Wulst und Falz						
	m	**€ brutto**	**21**	**31**	**35**	**42**	**61**
	KG 363	€ netto	18	26	30	35	51

 © BKI Baukosteninformationszentrum

Kosten: Stand 3.Quartal 2015, Bundesdurchschnitt

Klempnerarbeiten — Preise €

Nr.	Kurztext / Stichworte				brutto ø		
	Einheit / Kostengruppe		▶	▷	netto ø	◁	◀
62	**Dachrinne, Titanzink, Kastenrinne, Z 280** Hängedachrinne, kastenförmig; Titanzink, vorbewittert; Zuschnitt 280mm; Wulst und Falz						
	m	**€ brutto**	**22**	**36**	**40**	**50**	**77**
	KG 363	€ netto	19	30	34	42	65
63	**Dachrinne, Titanzink, bis Z 250** Hängedachrinne, halbrund; Titanzink, vorbewittert; Zuschnitt bis 250mm; Wulst und Falz						
	m	**€ brutto**	**17**	**26**	**30**	**32**	**39**
	KG 363	€ netto	14	22	25	27	32
64	**Traufblech, Kupfer, Z 333** Traufblech, Rinneneinhang; Kupfer, vorpatiniert; Zuschnitt 333mm; Tropfkante, dreifach gekantet						
	m	**€ brutto**	**15**	**21**	**23**	**26**	**41**
	KG 363	€ netto	13	17	19	22	35
65	**Traufblech, Titanzink, Z 333** Traufblech, Rinneneinhang; Titanzink; Zuschnitt 333mm; Wulst/Tropfkante, dreifach gekantet						
	m	**€ brutto**	**8,9**	**15,0**	**17,4**	**23,2**	**34,7**
	KG 363	€ netto	7,4	12,6	14,6	19,5	29,2
66	**Lüftungsblech, Insektenschutz** Insektenschutzgitter; Lochblech; Zuschnitt 167mm; zweifach gekantet; Holzunterkonstruktion						
	m	**€ brutto**	**6,4**	**9,7**	**11,5**	**15,0**	**20,6**
	KG 363	€ netto	5,4	8,1	9,6	12,6	17,3
67	**Stundensatz Facharbeiter, Klempner** Stundenlohnarbeiten, Vorarbeiter, Facharbeiter; Klempnerarbeiten						
	h	**€ brutto**	**43**	**49**	**52**	**53**	**56**
		€ netto	36	41	44	45	47

B

Ausbau

Putz- und Stuckarbeiten, Wärmedämmsysteme **Preise €**

Nr.	Kurztext / Stichworte Einheit / Kostengruppe ►		▷	brutto ø netto ø	◁	◄
1	**Außenputz abschlagen, Mauerwerk** Wandputz zweilagig, abschlagen; Dicke bis 30mm; reinigen, Bauschutt entsorgen; außen; Bauschutt entsorgen					
	m²	**€ brutto**	**6,9**	**9,5**	**12,6**	**15,2**	**21,3**
	KG 394	€ netto	5,8	7,9	10,6	12,7	17,9
2	**Außenputz abschlagen, Teilflächen** Wandputz zweilagig, abschlagen, Teilflächen; bis 1,00m², Dicke bis 30mm; reinigen, Bauschutt entsorgen; außen; Bauschutt entsorgen					
	m²	**€ brutto**	**8,1**	**11,7**	**15,6**	**18,1**	**26,0**
	KG 394	€ netto	6,8	9,8	13,1	15,2	21,9
3	**Sockelputz abschlagen** Sockelputz abschlagen; Dicke bis 30mm; reinigen, Bauschutt entsorgen; außen; Bauschutt entsorgen					
	m²	**€ brutto**	**6,9**	**8,3**	**11,1**	**12,9**	**18,4**
	KG 394	€ netto	5,8	7,0	9,3	10,8	15,5
4	**Deckenputz abschlagen** Deckenputz abschlagen; Dicke bis 30mm; reinigen, Bauschutt entsorgen; Bauschutt entsorgen					
	m²	**€ brutto**	**8,8**	**15,6**	**20,9**	**24,2**	**30,4**
	KG 394	€ netto	7,4	13,1	17,5	20,3	25,6
5	**Deckenputz abschlagen, Teilflächen** Deckenputz abschlagen, Teilflächen; bis 1,00m², Dicke bis 30mm; reinigen, Bauschutt entsorgen; Bauschutt entsorgen					
	m²	**€ brutto**	**9,6**	**13,2**	**21,8**	**25,3**	**35,6**
	KG 394	€ netto	8,0	11,1	18,3	21,3	29,9
6	**Putzträger entfernen, Wand** Putzträger ausbauen; Streckmetall; Wand; Bauschutt entsorgen					
	m²	**€ brutto**	**6,7**	**8,5**	**11,3**	**13,2**	**20,4**
	KG 394	€ netto	5,7	7,1	9,5	11,1	17,1
7	**Putzträger entfernen, Decke** Putzträger ausbauen; Streckmetall; Decke; Bauschutt entsorgen					
	m²	**€ brutto**	**7,4**	**11,8**	**15,8**	**18,4**	**23,3**
	KG 394	€ netto	6,2	9,9	13,3	15,4	19,6
8	**Eckschutzschiene abbrechen** Eckschutzschiene abbrechen; Länge bis 1,50m; inkl. Befestigungsanker; Bauschutt entsorgen					
	m	**€ brutto**	**3,3**	**3,8**	**5,0**	**5,8**	**10,9**
	KG 394	€ netto	2,8	3,2	4,2	4,9	9,2

 © BKI Baukosteninformationszentrum

Kosten: Stand 3.Quartal 2015, Bundesdurchschnitt

Putz- und Stuckarbeiten, Wärmedämmsysteme — **Preise €**

Nr.	**Kurztext** / Stichworte **Einheit** / Kostengruppe		▶	▷	**brutto ø** netto ø	◁	◀
9	**Ziegelwand/Fugen reinigen** Wandfläche reinigen; Mauerwerk; Ziegel; Fugen auskratzen, bürsten; Wand; Bauschutt entsorgen						
	m²	**€ brutto**	**1,3**	**3,6**	**4,8**	**7,9**	**12,0**
	KG 395	€ netto	1,1	3,0	4,0	6,6	10,1
10	**Sandstrahlen, Altputz** Strahlen, Altputz; Sand; entfernen von Schmutz, Ausblühungen; Wand; Bauschutt entsorgen						
	m²	**€ brutto**	**4,8**	**7,6**	**10,2**	**11,8**	**14,7**
	KG 395	€ netto	4,0	6,4	8,6	9,9	12,4
11	**Feuchtestrahlen, Putzuntergrund** Feuchtestrahlen, Putzuntergrund; festes Strahlmittel befeuchtet; Putzflächen; fest haftende Stoffe entfernen, Fläche nachwaschen; Bauschutt entsorgen						
	m²	**€ brutto**	**6,3**	**8,4**	**11,3**	**13,1**	**17,3**
	KG 395	€ netto	5,3	7,1	9,5	11,0	14,5
12	**Druckreinigung, Rotordüse, Putzuntergrund** Hochdruckreinigen, Rotordüse; Wasser; Putzflächen; feste Stoffe entfernen; Bauschutt entsorgen						
	m²	**€ brutto**	**3,4**	**5,7**	**7,6**	**8,8**	**12,0**
	KG 395	€ netto	2,9	4,8	6,4	7,4	10,1
13	**Fassadenreinigung, Dampfstrahlen** Dampfstrahlen, Putzuntergrund; fest haftende Stoffe entfernen; Bauschutt entsorgen						
	m²	**€ brutto**	**2,5**	**4,0**	**5,4**	**6,3**	**10,2**
	KG 395	€ netto	2,1	3,4	4,5	5,3	8,6
14	**Hohlstellen prüfen, Innenputz** Hohlstellen; Innenputz; prüfen, markieren						
	m²	**€ brutto**	**0,7**	**1,1**	**1,5**	**1,8**	**3,2**
	KG 394	€ netto	0,6	1,0	1,3	1,5	2,7
15	**Hohlstellen abschlagen, Innenputz** Hohlstellen abschlagen; Innenputz; Bauschutt entsorgen						
	St	**€ brutto**	**6,3**	**8,5**	**11,4**	**13,2**	**16,9**
	KG 394	€ netto	5,3	7,2	9,6	11,1	14,2
16	**Pilz-/Algenbefall entfernen, Außenputz** Algen- und Pilzbefall entfernen; Innenputz; bürsten; Außenputz						
	m²	**€ brutto**	**3,9**	**4,4**	**5,9**	**6,8**	**11,2**
	KG 395	€ netto	3,3	3,7	4,9	5,7	9,4

Putz- und Stuckarbeiten, Wärmedämmsysteme **Preise €**

Nr.	Kurztext / Stichworte Einheit / Kostengruppe		▶	▷	brutto ø netto ø	◁	◀
17	**Mauerbewuchs entfernen, Putzflächen** Mauerbewuchs entfernen; Putzfläche; Abfall entsorgen						
	m²	**€ brutto**	**2,3**	**4,1**	**5,5**	**6,4**	**8,8**
	KG 395	€ netto	2,0	3,5	4,6	5,4	7,4
18	**Ausblühungen entfernen, Putzuntergrund** Ausblühungen entfernen; trockenes bürsten; Putzuntergrund						
	m²	**€ brutto**	**2,0**	**3,3**	**4,5**	**5,2**	**8,5**
	KG 395	€ netto	1,6	2,8	3,8	4,4	7,1
19	**Mauerwerksfugen verfüllen** Mauerwerksfuge verfüllen; bis Vorderkante						
	m²	**€ brutto**	**8,0**	**6,4**	**12,0**	**13,9**	**23,3**
	KG 395	€ netto	6,7	5,4	10,1	11,7	19,6
20	**Putzträger, verzinkt, Innenwand** Putzträger, Innenwand; Metallgewebe, verzinkt; einbauen						
	m²	**€ brutto**	**4,0**	**8,7**	**11,7**	**13,5**	**16,7**
	KG 395	€ netto	3,4	7,3	9,8	11,4	14,0
21	**Putzträger, Drahtziegelgewebe, innen** Putzträger, Innenwand; Drahtziegelgewebe; MW bis 12,5mm; einbauen						
	m²	**€ brutto**	**5,9**	**9,0**	**12,0**	**13,9**	**17,8**
	KG 395	€ netto	4,9	7,6	10,1	11,7	14,9
22	**Spritzbewurf, Innenmauerwerk** Spritzbewurf, Innenmauerwerk; MG CS IV; deckend aufbringen						
	m²	**€ brutto**	**3,8**	**5,7**	**7,7**	**8,9**	**12,0**
	KG 395	€ netto	3,2	4,8	6,4	7,5	10,1
23	**Untergrund verfestigen, Tiefengrund** Untergrund verfestigen, Altputz; Tiefengrund						
	m²	**€ brutto**	**1,3**	**1,4**	**1,9**	**2,2**	**3,6**
	KG 395	€ netto	1,1	1,2	1,6	1,8	3,0
24	**Haftputz, mineralisch, Beton** Haftputz; Trockenmörtel, MG CS III; Dicke 5mm; aufbringen; Betonflächen						
	m²	**€ brutto**	**3,8**	**4,3**	**5,8**	**6,7**	**9,3**
	KG 395	€ netto	3,2	3,6	4,8	5,6	7,8
25	**Außenputz ausbessern** Außenputz ausbessern; Unter- und Oberputz; losen, hohlliegenden Putz entfernen, Mauerwerksfugen auskratzen, reinigen; Bauschutt entsorgen						
	m²	**€ brutto**	**18**	**27**	**37**	**42**	**59**
	KG 395	€ netto	15	23	31	36	49

 © BKI Baukosteninformationszentrum

Kosten: Stand 3.Quartal 2015, Bundesdurchschnitt

Putz- und Stuckarbeiten, Wärmedämmsysteme | **Preise €**

Nr.	**Kurztext** / Stichworte **Einheit** / Kostengruppe		▶	▷	**brutto ø** netto ø	◁	◀
26	**Außenputz ausbessern, Teilflächen**						
	Außenputz ausbessern, Teilflächen; mit Spritzputz, Unter- und Oberputz; Flächen bis 1,00m²; losen, hohlliegenden Putz entfernen, Mauerwerksfugen auskratzen, reinigen; Bauschutt entsorgen						
	m²	**€ brutto**	**23**	**31**	**41**	**47**	**70**
	KG 395	€ netto	20	26	35	40	59
27	**Öffnungen beiputzen, außen**						
	Öffnungen beiputzen, nachträglich; Fenster, Türen; Tiefe bis 20cm; außen						
	m	**€ brutto**	**6,0**	**6,6**	**8,8**	**10,2**	**13,0**
	KG 395	€ netto	5,0	5,6	7,4	8,6	10,9
28	**Fensterbrett beiputzen, außen**						
	Fensterbrett beiputzen, nachträglich; Länge bis 1,35m, Breite bis 15cm; außen						
	St	**€ brutto**	**10**	**11**	**15**	**18**	**21**
	KG 395	€ netto	8,5	9,6	12,9	14,9	17,6
29	**Putzarmierung, Streckmetall, außen**						
	Putzarmierung; Streckmetall; vollflächig einbauen; Außenwand						
	m²	**€ brutto**	**7,9**	**10,5**	**14,0**	**16,3**	**19,5**
	KG 395	€ netto	6,6	8,8	11,8	13,7	16,4
30	**Putzarmierung, Glasfasergewebe, außen**						
	Putzarmierung, vollflächig; Glasfasergewebe; vollflächig einbauen; Außenwand						
	m²	**€ brutto**	**5,8**	**6,4**	**8,5**	**9,9**	**11,9**
	KG 395	€ netto	4,9	5,4	7,2	8,3	10,0
31	**Putzarmierung, Edelstahl, außen**						
	Putzarmierung; Edelstahlgitter; vollflächig in mineralische Putzfläche einbauen; Außenwand						
	m²	**€ brutto**	**22**	**24**	**32**	**37**	**42**
	KG 395	€ netto	18	20	27	31	35
32	**Eckschutzprofil, verzinkt, Außenputz**						
	Eckschutzprofil; Stahl, verzinkt; Außenputz						
	m	**€ brutto**	**4,6**	**5,2**	**7,0**	**8,1**	**10,3**
	KG 395	€ netto	3,9	4,4	5,9	6,8	8,7
33	**Kantenprofil, Edelstahl, Außenputz**						
	Kantenprofil; Edelstahl; Außenputz						
	m	**€ brutto**	**6,9**	**7,8**	**10,4**	**12,0**	**14,4**
	KG 395	€ netto	5,8	6,5	8,7	10,1	12,1

Putz- und Stuckarbeiten, Wärmedämmsysteme — Preise €

Nr.	Kurztext / Stichworte Einheit / Kostengruppe		▶	▷	brutto ø netto ø	◁	◀
34	**Abschlussprofil, PVC/Stahl, Außenputz** Putzabschlussprofil; Stahl, verzinkt, PVC-Überzug; Außenputz						
	m	**€ brutto**	**4,0**	**4,3**	**5,8**	**6,7**	**8,7**
	KG 395	€ netto	3,4	3,6	4,8	5,6	7,3
35	**Einzelriss starr, Verschlämmen** Einzelriss starr, schließen; füllende Beschichtung; verschlämmen; Außenputz						
	m	**€ brutto**	**–**	**3,8**	**5,5**	**6,6**	**–**
	KG 395	€ netto	–	3,2	4,6	5,6	–
36	**Einzelriss starr, Mörtelverschluss** Einzelriss starr schließen; Spachtelmasse; Rissränder, Putzuntergrund grundieren; Außenputz						
	m	**€ brutto**	**–**	**4,3**	**6,4**	**7,7**	**–**
	KG 395	€ netto	–	3,6	5,4	6,4	–
37	**Einzelriss flexibel, Dichtstoff** Einzelriss flexibel schließen; Dichtstoff; Riss grundieren, Dichtstoff mit Sand abstreuen; Außenputz						
	m	**€ brutto**	**4,5**	**5,7**	**7,6**	**8,8**	**10,2**
	KG 395	€ netto	3,8	4,8	6,4	7,4	8,6
38	**Einzelriss 0,2mm, Trennlage/Putzträger** Einzelriss schließen; Trennlage, Gewebe, Putz; Rissbreite 0,2mm, Putzdicke bis 25mm; schließen; Außenputz						
	m	**€ brutto**	**–**	**11**	**16**	**19**	**–**
	KG 395	€ netto	–	9,0	13	16	–
39	**Einzelriss flexibel, Dehnfuge gerade** Einzelriss flexibel, gerade; Hinterfüllmaterial, Dichtstoff; Putzdicke bis 25mm; weiten, füllen, schließen; Außenputz						
	m	**€ brutto**	**6,5**	**9,4**	**12,5**	**14,5**	**15,9**
	KG 395	€ netto	5,5	7,9	10,5	12,2	13,4
40	**Einzelriss flexibel, Bewegungsprofil** Einzelriss flexibel, gerade; freilegen, Dehnungsfugenprofil einlegen, schließen; Außenputz						
	m	**€ brutto**	**–**	**24**	**35**	**43**	**–**
	KG 395	€ netto	–	20	30	36	–
41	**Fugenschnitt, Wandputz** Fugenschnitt; Putzdicke 15mm; für nachträglichen Putzanschluss						
	m	**€ brutto**	**4,8**	**5,3**	**7,1**	**8,3**	**9,2**
	KG 395	€ netto	4,1	4,5	6,0	6,9	7,8

 © BKI Baukosteninformationszentrum

Putz- und Stuckarbeiten, Wärmedämmsysteme **Preise €**

Nr.	Kurztext / Stichworte Einheit / Kostengruppe		►	▷	brutto ø netto ø	◁	◄
42	**Putzschäden ausbessern, Teilflächen** Putzschäden ausbessern, Teilflächen; Mörtel; bis 1,00m², Tiefe bis 2,00cm; beschädigten Putz entfernen, Fehlflächen schließen; Innenwand; Bauschutt entsorgen						
	m²	**€ brutto**	**17**	**18**	**25**	**29**	**33**
	KG 395	€ netto	14	15	21	24	28
43	**Fehlstellen verputzen, bis 0,1m²** Fehlstellen verputzen; Mörtel; 0,01-0,10m², Tiefe bis 2cm; Innenwand						
	St	**€ brutto**	**1,7**	**2,1**	**2,8**	**3,3**	**4,0**
	KG 395	€ netto	1,4	1,8	2,4	2,8	3,3
44	**Fehlstellen verputzen, bis 0,2m²** Fehlstellen verputzen; Mörtel; 0,10-0,20m², Tiefe bis 2cm; Innenwand						
	St	**€ brutto**	**2,9**	**3,6**	**4,8**	**5,6**	**6,8**
	KG 395	€ netto	2,4	3,0	4,1	4,7	5,7
45	**Fehlstellen verputzen, bis 0,3m²** Fehlstellen verputzen; Mörtel; 0,20-0,30m², Tiefe bis 2cm; Innenwand						
	St	**€ brutto**	**3,7**	**4,7**	**6,3**	**7,3**	**8,8**
	KG 395	€ netto	3,1	3,9	5,3	6,1	7,4
46	**Putzflächen spachteln, Fehlstellen innen** Löcher schließen; Putz; spachteln; innen						
	m²	**€ brutto**	**5,5**	**6,9**	**9,3**	**10,8**	**13,0**
	KG 395	€ netto	4,6	5,8	7,8	9,1	10,9
47	**Ausgleichsputz, Innenwand** Ausgleichsputz; Mörtel; Dicke bis 2,0cm; Innenwand						
	m³	**€ brutto**	**10,0**	**12,6**	**16,8**	**19,5**	**21,8**
	KG 395	€ netto	8,4	10,6	14,1	16,4	18,4
48	**Öffnungen beiputzen, innen** Öffnungen beiputzen; Mörtel; Breite bis 40cm; innen; nachträglich eingebaute Fenster, Türen						
	m	**€ brutto**	**8,1**	**9,1**	**12,2**	**14,2**	**17,1**
	KG 395	€ netto	6,8	7,7	10,3	11,9	14,4
49	**Fensterbrett beiputzen, innen** Fensterbrett beiputzen; Länge bis 1,35m, Breite bis 25cm; innen; nachträglich eingebaut						
	St	**€ brutto**	**11**	**13**	**18**	**21**	**25**
	KG 395	€ netto	8,9	11,2	14,9	17,3	20,9
50	**Kellenschnitt, Innenputz** Kellenschnitt, Putzanschluss; Innenwand						
	m	**€ brutto**	**2,3**	**2,9**	**3,9**	**4,6**	**5,5**
	KG 395	€ netto	2,0	2,5	3,3	3,8	4,6

Putz- und Stuckarbeiten, Wärmedämmsysteme **Preise €**

Nr.	Kurztext / Stichworte		brutto ø			
	Einheit / Kostengruppe	►	▷	netto ø	◁	◄
51	**Putzträger, Rippenstreckmetall, innen**					
	Putzträger; Rippenstreckmetall, verzinkt; Innenwand					
	m²	**€ brutto**	**7,3**	**9,1**	**12,2**	**14,2**	**17,1**
	KG 395	€ netto	6,1	7,7	10,3	11,9	14,4
52	**Putzträger, Rabitzgewebe, innen**					
	Putzträger; Rabitzgewebe; Überspannung rissegefährdeter Putzuntergrund; innen					
	m²	**€ brutto**	**6,9**	**8,6**	**11,5**	**13,4**	**16,2**
	KG 395	€ netto	5,8	7,3	9,7	11,3	13,6
53	**Eckschutzwinkel, verzinkt, innen**					
	Eckschutzwinkel; Stahl, verzinkt; Putzdicke bis 15mm; verschiedene Längen; innen					
	m	**€ brutto**	**3,2**	**4,0**	**5,4**	**6,3**	**7,6**
	KG 395	€ netto	2,7	3,4	4,5	5,3	6,4
54	**Putzanschlussleiste, verzinkt, Türen, innen**					
	Putzanschlussleiste; Stahl, verzinkt; zwischen Türzarge, Putzfläche, innen					
	m	**€ brutto**	**3,3**	**3,8**	**5,0**	**5,8**	**6,8**
	KG 395	€ netto	2,8	3,2	4,2	4,9	5,7
55	**WD-Putz, Innendämmung, 50mm**					
	Wärmedämm-Putzsystem; Spritzbewurf, Dämmputz, Kratzputz 0/3, WLG 070; Gesamtdicke 50mm; Innendämmung; der Außenwand; Putzgrund Ziegel					
	m²	**€ brutto**	**38**	**42**	**57**	**66**	**80**
	KG 335	€ netto	32	36	48	55	67
56	**WD-Putz, Innendämmung, 75mm**					
	Wärmedämm-Putzsystem; Spritzputz, Dämmputz, Kratzputz, WLG 070; Gesamtdicke 75mm; Innendämmung; der Außenwand; Putzgrund Ziegel					
	m²	**€ brutto**	**48**	**54**	**73**	**84**	**102**
	KG 335	€ netto	40	46	61	71	85
57	**WD-Putz, Unter- und Oberputz, 50mm, Leibungen**					
	Wärmedämm-Putzsystem; Gesamtdicke 50mm, Tiefe bis 250mm; Innendämmung; Leibungen					
	m	**€ brutto**	**15**	**17**	**22**	**26**	**31**
	KG 335	€ netto	13	14	19	22	26
58	**WD-Putz, Unter- und Oberputz, 75mm, Leibungen**					
	Wärmedämm-Putzsystem; Gesamtdicke 75mm, Tiefe bis 250mm; Innendämmung; Leibungen					
	m	**€ brutto**	**19**	**22**	**29**	**34**	**41**
	KG 335	€ netto	16	18	25	29	34

 © BKI Baukosteninformationszentrum

Kosten: Stand 3.Quartal 2015, Bundesdurchschnitt

Putz- und Stuckarbeiten, Wärmedämmsysteme — Preise €

Nr.	Kurztext / Stichworte Einheit / Kostengruppe		▶	▷	brutto ø netto ø	◁	◀
59	**Putzträger, Rippenstreckmetall, Decken** Putzträger; Rippenstreckmetall, verzinkt; Decke						
	m²	**€ brutto**	**8,8**	**9,9**	**13,2**	**15,4**	**18,5**
	KG 395	€ netto	7,4	8,3	11,1	12,9	15,6
60	**Putzträger, Rabitzgewebe, Decken** Putzträger; Rabitzgewebe; Putzgrundflächen; Decke						
	m²	**€ brutto**	**8,1**	**9,1**	**12,1**	**14,1**	**17,6**
	KG 395	€ netto	6,8	7,6	10,2	11,8	14,8
61	**Fugenschnitt, Deckenputz** Fugenschnitt; Putzdicke bis 15mm; Decke						
	m²	**€ brutto**	**4,5**	**5,7**	**7,6**	**8,8**	**11,0**
	KG 395	€ netto	3,8	4,8	6,4	7,4	9,3
62	**Kalk-Gipsputz, Innenwand, einlagig, Q2-geglättet** Innenputz, einlagig; Kalk-Gipsputz; Dicke 15mm; Q2-geglättet; Betonwand/KS-Mauerwerk						
	m²	**€ brutto**	**14**	**17**	**18**	**19**	**22**
	KG 345	€ netto	12	14	15	16	19
63	**Kalk-Zementputz, Innenwand, einlagig, Q3-geglättet** Innenputz, einlagig; Kalk-Zementputz, CS II; Dicke 15mm; Q3-geglättet; Betonwand/KS-Mauerwerk; für Fliesen						
	m²	**€ brutto**	**13**	**17**	**19**	**20**	**24**
	KG 345	€ netto	11	14	16	17	20
64	**Gipsputz, Innenwand, einlagig, Q2-gefilzt** Innenputz, einlagig; Gipsputz, MG P IV; Dicke 15mm, Höhe bis 3,00m; Q2-gefilzt; KS-Mauerwerk						
	m²	**€ brutto**	**10**	**15**	**17**	**19**	**24**
	KG 345	€ netto	8,7	13,0	14,2	15,8	20,3
65	**Gipsputz, Innenwand, einlagig, Q2-geglättet** Innenputz, einlagig; Gipsputz, MG P IV; Dicke bis 15mm; Q2-geglättet; Hlz-/KS-Mauerwerk; für Raufasertapete						
	m²	**€ brutto**	**10**	**14**	**16**	**18**	**24**
	KG 345	€ netto	8,6	11,9	13,4	15,0	20,0
66	**Kalk-Gipsputz, Decken, einlagig, Q2-gefilzt** Innenputz, einlagig; Kalk-Gipsputz; Dicke 15mm; Q2-gefilzt; Beton-/Ziegelsteindecke; für strukturierte Wandbekleidung						
	m²	**€ brutto**	**12**	**17**	**19**	**20**	**25**
	KG 353	€ netto	10	14	16	17	21

Putz- und Stuckarbeiten, Wärmedämmsysteme — Preise €

Nr.	Kurztext / Stichworte Einheit / Kostengruppe		▶	▷	brutto ø netto ø	◁	◀
67	**Außenputz, Unter-/Oberputz, Wand** Außenputzsystem; Unterputz, Oberputz 0/3; Unterputz 20mm, Höhe bis 3,50m; gerieben; Ziegelmauerwerk						
	m²	**€ brutto**	**22**	**31**	**35**	**38**	**45**
	KG 335	€ netto	18	26	29	32	38
68	**Kunstharzputz, außen** Putzbeschichtung, außen; Kunstharzputz Körnung 1,5/2,0/3,0mm; Kratzputzstruktur						
	m²	**€ brutto**	**13**	**16**	**17**	**21**	**26**
	KG 335	€ netto	11	13	15	18	22
69	**Untergrundvorbereitung, WDVS** Untergrundvorbereitung; Reinigungsmittel; Staub, Schmutz entfernen						
	m²	**€ brutto**	**1,4**	**1,6**	**2,1**	**2,5**	**2,7**
	KG 395	€ netto	1,2	1,3	1,8	2,1	2,2
70	**Druckwasserstrahlen, Reinigung** Druckwasserstrahlen; lose Teile, leicht lösende Schichten entfernen; Außenwand						
	m²	**€ brutto**	**9,8**	**11,1**	**14,8**	**17,2**	**18,4**
	KG 395	€ netto	8,3	9,3	12,5	14,5	15,5
71	**Ausgleichsputz auftragen** Ausgleichsputz auftragen; Mörtel; Unebenheiten +/-10m; als Untergrund für WDVS-System						
	m²	**€ brutto**	**8,5**	**9,5**	**12,7**	**14,8**	**17,8**
	KG 395	€ netto	7,1	8,0	10,7	12,4	14,9
72	**Untergrundverfestigung, Grundierung** Untergrundverfestigung; Grundierung; sandende Oberfläche						
	m²	**€ brutto**	**1,0**	**1,8**	**2,5**	**2,9**	**4,2**
	KG 395	€ netto	0,8	1,6	2,1	2,4	3,5
73	**WDVS bis 20m, WF 100, Klebeverfahren** Wärmedämm-Verbundsystem; Holzfaserplatten; Dicke 100mm; kleben, inkl. Dübelung und Armierungsschicht mit Gewebe; Außenwand; Höhe bis 20m						
	m²	**€ brutto**	**56**	**59**	**76**	**88**	**99**
	KG 335	€ netto	47	49	64	74	83
74	**WDVS bis 20m, WF 120, Klebeverfahren** Wärmedämm-Verbundsystem; Holzfaserplatten; Dicke 120mm; kleben, inkl. Dübelung und Armierungsschicht mit Gewebe; Außenwand; Höhe bis 20m						
	m²	**€ brutto**	**64**	**67**	**87**	**101**	**113**
	KG 335	€ netto	54	57	73	85	95

 © BKI Baukosteninformationszentrum

Putz- und Stuckarbeiten, Wärmedämmsysteme **Preise €**

Nr.	Kurztext / Stichworte Einheit / Kostengruppe		▶	▷	brutto ø netto ø	◁	◀
75	**WDVS bis 20m, WF 140, Klebeverfahren** Wärmedämm-Verbundsystem; Holzfaserplatten; Dicke 140mm; kleben, inkl. Dübelung und Armierungsschicht mit Gewebe; Außenwand; Höhe bis 20m						
	m²	**€ brutto**	**68**	**72**	**93**	**108**	**121**
	KG 335	€ netto	57	61	78	91	102
76	**WDVS bis 20m, WF 160, Klebeverfahren** Wärmedämm-Verbundsystem; Holzfaserplatten; Dicke 160mm; kleben, inkl. Dübelung und Armierungsschicht mit Gewebe; Außenwand; Höhe bis 20m						
	m²	**€ brutto**	**74**	**79**	**102**	**118**	**132**
	KG 335	€ netto	63	66	86	99	111
77	**WDVS bis 20m, WF 180, Klebeverfahren** Wärmedämm-Verbundsystem; Holzfaserplatten; Dicke 180mm; kleben, inkl. Dübelung und Armierungsschicht mit Gewebe; Außenwand; Höhe bis 20m						
	m²	**€ brutto**	**77**	**82**	**105**	**122**	**137**
	KG 335	€ netto	65	69	89	103	115
78	**WDVS bis 20m, WF 200, Klebeverfahren** Wärmedämm-Verbundsystem; Holzfaserplatten; Dicke 200mm; kleben, inkl. Dübelung und Armierungsschicht mit Gewebe; Außenwand; Höhe bis 20m						
	m²	**€ brutto**	**87**	**92**	**119**	**138**	**151**
	KG 335	€ netto	73	77	100	116	127
79	**WDVS bis 20m, WF 240, Klebeverfahren** Wärmedämm-Verbundsystem; Holzfaserplatten; Dicke 240mm; kleben, inkl. Dübelung und Armierungsschicht mit Gewebe; Außenwand; Höhe bis 20m						
	m²	**€ brutto**	**97**	**102**	**132**	**154**	**168**
	KG 335	€ netto	81	86	111	129	141
80	**WDVS bis 20m, MW 100, Klebeverfahren** Wärmedämm-Verbundsystem; Mineralwollplatten; Dicke 100mm; kleben, inkl. Dübelung und Armierungsschicht mit Gewebe; Außenwand; Höhe bis 20m						
	m²	**€ brutto**	**48**	**51**	**66**	**77**	**86**
	KG 335	€ netto	41	43	55	64	72

Putz- und Stuckarbeiten, Wärmedämmsysteme — Preise €

Nr.	Kurztext / Stichworte Einheit / Kostengruppe		▶	▷	brutto ø netto ø	◁	◀
81	**WDVS bis 20m, MW 120, Klebeverfahren** Wärmedämm-Verbundsystem; Mineralwollplatten; Dicke 120mm; kleben, inkl. Dübelung und Armierungsschicht mit Gewebe; Außenwand; Höhe bis 20m						
	m²	**€ brutto**	**54**	**57**	**74**	**85**	**96**
	KG 335	€ netto	45	48	62	72	80
82	**WDVS bis 20m, MW 140, Klebeverfahren** Wärmedämm-Verbundsystem; Mineralwollplatten; Dicke 140mm; kleben, inkl. Dübelung und Armierungsschicht mit Gewebe; Außenwand; Höhe bis 20m						
	m²	**€ brutto**	**57**	**60**	**78**	**91**	**101**
	KG 335	€ netto	48	51	66	76	85
83	**WDVS bis 20m, MW 160, Klebeverfahren** Wärmedämm-Verbundsystem; Mineralwollplatten; Dicke 160mm; kleben, inkl. Dübelung und Armierungsschicht mit Gewebe; Außenwand; Höhe bis 20m						
	m²	**€ brutto**	**62**	**66**	**85**	**98**	**110**
	KG 335	€ netto	52	55	71	83	93
84	**WDVS bis 20m, MW 180, Klebeverfahren** Wärmedämm-Verbundsystem; Mineralwollplatten; Dicke 180mm; kleben, inkl. Dübelung und Armierungsschicht mit Gewebe; Außenwand; Höhe bis 20m						
	m²	**€ brutto**	**65**	**69**	**89**	**103**	**116**
	KG 335	€ netto	55	58	75	87	97
85	**WDVS bis 20m, MW 200, Klebeverfahren** Wärmedämm-Verbundsystem; Mineralwollplatten; Dicke 200mm; kleben, inkl. Dübelung und Armierungsschicht mit Gewebe; Außenwand; Höhe bis 20m						
	m²	**€ brutto**	**73**	**77**	**99**	**115**	**126**
	KG 335	€ netto	61	64	83	97	106
86	**WDVS bis 20m, MW 240, Klebeverfahren** Wärmedämm-Verbundsystem; Mineralwollplatten; Dicke 240mm; kleben, inkl. Dübelung und Armierungsschicht mit Gewebe; Außenwand; Höhe bis 20m						
	m²	**€ brutto**	**83**	**88**	**113**	**131**	**144**
	KG 335	€ netto	70	74	95	110	121

 © BKI Baukosteninformationszentrum

Kosten: Stand 3.Quartal 2015, Bundesdurchschnitt

Putz- und Stuckarbeiten, Wärmedämmsysteme							Preise €
Nr.	**Kurztext** / Stichworte				**brutto ø**		
	Einheit / Kostengruppe		▶	▷	netto ø	◁	◀
87	**WDVS bis 20m, PS 100, Klebeverfahren** Wärmedämm-Verbundsystem; Polystyrol-Hartschaumplatten; Dicke 100mm; kleben, inkl. Dübelung und Armierungsschicht mit Gewebe; Außenwand; Höhe bis 20m						
	m²	**€ brutto**	**45**	**48**	**62**	**72**	**77**
	KG 335	€ netto	38	40	52	60	65
88	**WDVS bis 20m, PS 120, Klebeverfahren** Wärmedämm-Verbundsystem; Polystyrol-Hartschaumplatten; Dicke 120mm; kleben, inkl. Dübelung und Armierungsschicht mit Gewebe; Außenwand; Höhe bis 20m						
	m²	**€ brutto**	**49**	**52**	**67**	**78**	**85**
	KG 335	€ netto	41	44	57	66	71
89	**WDVS bis 20m, PS 140, Klebeverfahren** Wärmedämm-Verbundsystem; Polystyrol-Hartschaumplatten; Dicke 140mm; kleben, inkl. Dübelung und Armierungsschicht mit Gewebe; Außenwand; Höhe bis 20m						
	m²	**€ brutto**	**52**	**56**	**72**	**83**	**90**
	KG 335	€ netto	44	47	60	70	76
90	**WDVS bis 20m, PS 160, Klebeverfahren** Wärmedämm-Verbundsystem; Polystyrol-Hartschaumplatten; Dicke 160mm; kleben, inkl. Dübelung und Armierungsschicht mit Gewebe; Außenwand; Höhe bis 20m						
	m²	**€ brutto**	**57**	**61**	**79**	**91**	**99**
	KG 335	€ netto	48	51	66	77	83
91	**WDVS bis 20m, PS 180, Klebeverfahren** Wärmedämm-Verbundsystem; Polystyrol-Hartschaumplatten; Dicke 180mm; kleben, inkl. Dübelung und Armierungsschicht mit Gewebe; Außenwand; Höhe bis 20m						
	m²	**€ brutto**	**63**	**66**	**86**	**100**	**110**
	KG 335	€ netto	53	56	72	84	92
92	**WDVS bis 20m, PS 200, Klebeverfahren** Wärmedämm-Verbundsystem; Polystyrol-Hartschaumplatten; Dicke 200mm; kleben, inkl. Dübelung und Armierungsschicht mit Gewebe; Außenwand; Höhe bis 20m						
	m²	**€ brutto**	**66**	**70**	**90**	**104**	**115**
	KG 335	€ netto	55	58	76	88	97

323
Putz- und Stuckarbeiten, Wärmedämmsysteme

Putz- und Stuckarbeiten, Wärmedämmsysteme **Preise €**

Nr.	**Kurztext** / Stichworte **Einheit** / Kostengruppe		▶	▷	**brutto ø** netto ø	◁	◀
93	**WDVS bis 20m, PS 240, Klebeverfahren**						
	Wärmedämm-Verbundsystem; Polystyrol-Hartschaumplatten; Dicke 240mm; kleben, inkl. Dübelung und Armierungsschicht mit Gewebe; Außenwand; Höhe bis 20m						
	m^2	**€ brutto**	**75**	**80**	**103**	**120**	**132**
	KG 335	€ netto	63	67	87	100	111
94	**Armierung, stoßgefährdete Bereiche**						
	Armierung, stoßgefährdete Bereiche; Gewebe, Spachtelmasse						
	m^2	**€ brutto**	**11**	**12**	**16**	**19**	**22**
	KG 335	€ netto	9,0	10,2	13,6	15,8	18,3
95	**Organischer Oberputz, WDVS**						
	Außenputz, Oberputz; organisch 0/3; gerieben; auf Armierungsputz						
	m^2	**€ brutto**	**15**	**16**	**17**	**18**	**20**
	KG 335	€ netto	12	14	14	15	17
96	**Mineralischer Oberputz, WDVS**						
	Außenputz, Oberputz; mineralisch 0/3; gerieben; auf Armierungsputz, WDVS						
	m^2	**€ brutto**	**12**	**14**	**16**	**17**	**20**
	KG 335	€ netto	10	12	13	14	16
97	**Sockeldämmung, XPS, 50mm**						
	Perimeterdämmung; Polystyrol-Hartschaumplatten, extrudiert, WLG 040, B1; Dicke 50mm; Sockelbereich						
	m^2	**€ brutto**	**20**	**23**	**31**	**36**	**41**
	KG 335	€ netto	17	19	26	30	35
98	**Sockeldämmung, XPS, 100mm**						
	Perimeterdämmung; Polystyrol-Hartschaumplatten, extrudiert, WLG 040, B1; Dicke 100mm; Sockelbereich						
	m^2	**€ brutto**	**27**	**30**	**41**	**47**	**53**
	KG 335	€ netto	23	25	34	39	44
99	**Sockeldämmung, XPS, 160mm**						
	Perimeterdämmung; Polystyrol-Hartschaumplatten, extrudiert, B1; Dicke 160mm; Sockelbereich						
	m^2	**€ brutto**	**37**	**41**	**55**	**64**	**72**
	KG 335	€ netto	31	35	46	54	60
100	**Leibungen dämmen, WDVS**						
	WDVS-Leibungen; Dicke 6cm, Tiefe bis 15cm; inkl. Armierungsschicht; Türen und Fenster						
	m	**€ brutto**	**11**	**13**	**17**	**20**	**23**
	KG 335	€ netto	9,6	10,9	14,5	16,9	19,5

 © BKI Baukosteninformationszentrum

Kosten: Stand 3.Quartal 2015, Bundesdurchschnitt

Putz- und Stuckarbeiten, Wärmedämmsysteme — Preise €

Nr.	Kurztext / Stichworte Einheit / Kostengruppe		▶	▷	brutto ø netto ø	◁	◀
101	**Eckausbildung, Gewebewinkel, WDVS** Eckverstärkung, WDVS; Gewebewinkel mit Spachtelung						
	m	**€ brutto**	**4,4**	**5,0**	**6,5**	**7,5**	**9,1**
	KG 335	€ netto	3,7	4,2	5,5	6,3	7,6
102	**Eckausbildung, Kunststoffschiene, WDVS** Eckausbildung, WDVS; Kunststoff-Eckschutzschiene						
	m	**€ brutto**	**5,5**	**6,2**	**8,1**	**9,4**	**10,8**
	KG 335	€ netto	4,6	5,2	6,8	7,9	9,1
103	**Eckschutzschiene, Edelstahl, WDVS** Eckschutzschiene, WDVS; Edelstahl						
	m	**€ brutto**	**9,3**	**8,3**	**12,2**	**14,2**	**16,4**
	KG 335	€ netto	7,8	7,0	10,3	11,9	13,7
104	**Sockelabschluss, Aluprofil elox., WDVS** Sockelabschlussprofil, WDVS; Aluminium, eloxiert; Breite 80mm; mit Tropfkante						
	m	**€ brutto**	**7,1**	**7,8**	**10,5**	**12,2**	**14,1**
	KG 335	€ netto	6,0	6,6	8,8	10,2	11,8
105	**Gehrungen, Profile, WDVS** Gehrung, WDVS; Profile; Ecken, Kanten						
	St	**€ brutto**	**0,5**	**0,6**	**0,8**	**0,9**	**1,1**
	KG 335	€ netto	0,4	0,5	0,7	0,8	0,9
106	**Anschluss, Fugendichtband, WDVS** Fugendichtband; Weichschaumkunststoff, selbstklebend; Fugenweite bis 10mm; Anschlussfugen						
	m	**€ brutto**	**3,0**	**3,4**	**4,6**	**5,3**	**6,4**
	KG 335	€ netto	2,6	2,9	3,9	4,5	5,4
107	**Anschluss, Dichtlippe, WDVS** Anschluss des WDVS; Anschlussprofil, Kunststoff-Dichtlippe; Dichtlippe mit Schaumklebeband befestigen; Fensterrahmen						
	m	**€ brutto**	**5,7**	**6,4**	**8,5**	**9,9**	**11,9**
	KG 335	€ netto	4,8	5,4	7,2	8,3	10,0
108	**Gebäudebewegungsfugen, WDVS** Gebäudebewegungsfuge; Hinterfüllprofil, elastische Dichtungsmasse; inkl. Kantenschutz						
	m	**€ brutto**	**17**	**20**	**26**	**31**	**35**
	KG 335	€ netto	15	17	22	26	30

Putz- und Stuckarbeiten, Wärmedämmsysteme **Preise €**

Nr.	Kurztext / Stichworte Einheit / Kostengruppe		▶	▷	brutto ø netto ø	◁	◀
109	**Befestigungspunkte herstellen, WDVS** Befestigungspunkte herstellen, WDVS; Distanzhölzer, imprägniert; bis 20x10cm; kleben, mit Dübeln befestigen; inkl. Fugenband zur Dämmung						
	m²	**€ brutto**	**12**	**14**	**19**	**21**	**26**
	KG 335	€ netto	10	12	16	18	22
110	**Stundensatz Facharbeiter, Putzarbeiten** Stundenlohnarbeiten, Vorarbeiter, Facharbeiter; Putzarbeiten						
	h	**€ brutto**	**37**	**45**	**49**	**54**	**68**
		€ netto	31	38	42	45	57
111	**Stundensatz Helfer, Putzarbeiten** Stundenlohnarbeiten, Werker, Helfer; Putzarbeiten						
	h	**€ brutto**	**34**	**42**	**45**	**46**	**51**
		€ netto	28	35	38	39	43

 © BKI Baukosteninformationszentrum

Fliesen- und Plattenarbeiten — Preise €

Nr.	Kurztext / Stichworte Einheit / Kostengruppe		▶	▷	brutto ø netto ø	◁	◀
1	**Bodenfliesen entfernen, geklebt** Bodenbelag, Fliesen entfernen, verklebt; Dicke bis 2cm; Bauschutt entsorgen						
	m²	**€ brutto**	**9,1**	**10,0**	**14,7**	**17,6**	**23,1**
	KG 394	€ netto	7,6	8,4	12,3	14,8	19,4
2	**Bodenfliesen entfernen, Mörtelbett** Bodenbelag, Fliesen entfernen, Mörtelbett; Dicke bis 5cm; Bauschutt entsorgen						
	m²	**€ brutto**	**8,8**	**11,2**	**18,9**	**22,7**	**29,1**
	KG 394	€ netto	7,4	9,4	15,9	19,1	24,4
3	**Bodenfliesen/Estrich entfernen** Bodenfliesen entfernen; Dicke bis 7cm; inkl. Estrich, Trennschicht, Dämmschicht; Bauschutt entsorgen						
	m²	**€ brutto**	**–**	**24**	**35**	**42**	**–**
	KG 394	€ netto	–	20	29	35	–
4	**Sockelfliesen entfernen** Sockelbelag Fliesen, entfernen; keramisch; Bauschutt entsorgen						
	m	**€ brutto**	**2,0**	**3,1**	**4,6**	**5,5**	**8,2**
	KG 394	€ netto	1,6	2,6	3,9	4,6	6,9
5	**Treppenbelag, Fliesen entfernen** Treppenbelag, Fliesen entfernen; Dicke bis 5cm; als Tritt- und Setzstufen; Bauschutt entsorgen						
	m²	**€ brutto**	**–**	**15**	**22**	**26**	**–**
	KG 394	€ netto	–	12	18	22	–
7	**Wandfliesen entfernen. Dickbett** Wandbelag, Fliesen entfernen, Dickbett; Dicke bis 4cm; Bauschutt entsorgen						
	m²	**€ brutto**	**7,1**	**10,2**	**17,4**	**20,9**	**25,8**
	KG 394	€ netto	6,0	8,5	14,6	17,6	21,6
8	**Untergrund reinigen, Boden** Untergrund reinigen; Staub, Schmutz abkehren; Abfall entsorgen						
	m²	**€ brutto**	**0,3**	**2,0**	**2,5**	**4,4**	**8,3**
	KG 352	€ netto	0,2	1,7	2,1	3,7	7,0
9	**Ausgleichsspachtelung, bis 10mm** Spachtelung; Spachtelmasse; Dicke 5/10mm; Boden						
	m²	**€ brutto**	**1,5**	**3,4**	**4,2**	**6,0**	**9,6**
	KG 352	€ netto	1,3	2,8	3,5	5,0	8,0

 © BKI Baukosteninformationszentrum

Kosten: Stand 3.Quartal 2015, Bundesdurchschnitt

Fliesen- und Plattenarbeiten **Preise €**

Nr.	Kurztext / Stichworte Einheit / Kostengruppe		▶	▷	brutto ø netto ø	◁	◀
10	**Verbundabdichtung, zweilagig, Boden** Verbundabdichtung, innen; Kunstharz, inkl. Bewehrungseinlage; zweilagig; Bodenfläche						
	m²	**€ brutto**	**6,1**	**12,3**	**14,8**	**19,0**	**29,9**
	KG 352	€ netto	5,1	10,3	12,4	16,0	25,1
11	**Dichtband, Ecken, Wand/Boden** Abdichtung, Dichtungsband; Breite 12cm; Wand-/Bodenfläche						
	m	**€ brutto**	**4,6**	**8,3**	**9,7**	**11,9**	**18,3**
	KG 352	€ netto	3,9	7,0	8,2	10,0	15,4
12	**Bodenfliesen, 20x20cm** Bodenbelag, Fliesen; Steingut/Steinzeug/Feinsteinzeug; 20x20cm; im Dünnbettmörtel inkl. Verfugen verlegen						
	m²	**€ brutto**	**45**	**56**	**60**	**73**	**97**
	KG 352	€ netto	37	47	50	61	81
13	**Bodenfliesen, 30x30cm** Bodenbelag, Fliesen; Steingut/Steinzeug/Feinsteinzeug; 30x30cm; im Dünnbettmörtel inkl. Verfugen verlegen						
	m²	**€ brutto**	**32**	**52**	**58**	**68**	**96**
	KG 352	€ netto	27	44	49	57	81
14	**Wandfliesen, 15x15cm** Wandbelag, Fliesen; Steingut/Steinzeug/Feinsteinzeug; 15x15cm; im Dünnbettmörtel inkl. Verfugen verlegen						
	m²	**€ brutto**	**37**	**55**	**65**	**70**	**79**
	KG 345	€ netto	31	46	55	59	66
15	**Wandfliesen, 30x30cm** Wandbelag, Fliesen; Steingut/Steinzeug/Feinsteinzeug; 30x30cm; im Dünnbettmörtel inkl. Verfugen verlegen						
	m²	**€ brutto**	**47**	**59**	**64**	**74**	**96**
	KG 345	€ netto	40	50	54	62	81
16	**Fliesenbelag, Feinsteinzeug BIa** Wand-/Bodenbelag, Fliesen; Feinsteinzeug, BIa; im Dünnbettmörtel inkl. Verfugen verlegen						
	m²	**€ brutto**	**44**	**49**	**51**	**54**	**61**
	KG 345	€ netto	37	41	43	45	51
17	**Fliesenbelag, Steinzeug BIIa/BIIb** Wand-/Bodenbelag, Fliesen; Steinzeug, BIIa/BIIb; im Dünnbettmörtel inkl. Verfugen verlegen						
	m²	**€ brutto**	**46**	**52**	**55**	**64**	**79**
	KG 345	€ netto	39	44	46	53	66

Fliesen- und Plattenarbeiten						Preise €
Nr.	**Kurztext** / Stichworte **Einheit** / Kostengruppe	▶	▷	**brutto ø** netto ø	◁	◀
18	**Wandfliesen, Steingut BIII** Wandbelag, Fliesen; Steingut, BIII; im Dünnbettmörtel inkl. Verfugen verlegen					
	m² € brutto	**42**	**54**	**57**	**64**	**79**
	KG 345 € netto	35	45	48	54	66
19	**Fliesen, Spaltplatte AI/AII, frostsicher** Boden-/Wandbelag, Platten; Steingut, A /AII; inkl. Verfugen verlegen; Außenbereich					
	m² € brutto	**56**	**72**	**73**	**74**	**82**
	KG 352 € netto	47	61	61	62	69
20	**Fliesen, Klinker AI/AII, frostsicher** Bodenbelag, Platten; Steingut, AI/AII; inkl. Verfugen verlegen; Außenbereich					
	m² € brutto	**40**	**51**	**57**	**63**	**75**
	KG 352 € netto	34	43	48	53	63
21	**Verfugung, Fliesen, Silikon** Fuge, elastisch; Silikon; inkl. Flankenvorbehandlung und Hinterstopfmaterial					
	m € brutto	**1,4**	**5,5**	**6,8**	**8,9**	**14,8**
	KG 345 € netto	1,2	4,6	5,7	7,5	12,4
22	**Sockelfliesen, Dünnbett** Sockelfliesen; im Dünnbettmörtel inkl. Verfugen verlegen					
	m € brutto	**9,1**	**15,4**	**17,2**	**20,7**	**31,4**
	KG 352 € netto	7,7	13,0	14,4	17,4	26,4
23	**Hohlkehlsockel, Dünnbett** Kehlsockel; Steingut/Steinzeug/Feinsteinzeug; liegend, stehend					
	m € brutto	**13**	**25**	**29**	**35**	**46**
	KG 352 € netto	11	21	24	29	39
24	**Trennschiene, Messing** Trennschiene; Messing; Schienenhöhe 6mm; einbauen; am Abschluss/Übergang					
	m € brutto	**8,7**	**13,4**	**14,3**	**15,6**	**18,8**
	KG 352 € netto	7,3	11,3	12,0	13,1	15,8
25	**Trennschiene, Aluminium** Trennschiene; Aluminium; Schienenhöhe 6mm; einbauen; am Abschluss/Übergang					
	m € brutto	**6,0**	**12,6**	**15,7**	**21,1**	**33,8**
	KG 352 € netto	5,1	10,6	13,2	17,7	28,4

 © BKI Baukosteninformationszentrum

Kosten: Stand 3.Quartal 2015, Bundesdurchschnitt

Fliesen- und Plattenarbeiten **Preise €**

Nr.	Kurztext / Stichworte Einheit / Kostengruppe		▶	▷	brutto ø netto ø	◁	◀
26	**Trennschiene, Edelstahl** Trennschiene; Edelstahl; Schienenhöhe 6mm; einbauen; am Abschluss/Übergang						
	m	€ brutto	**12**	**21**	**26**	**26**	**51**
	KG 352	€ netto	10	17	21	22	43
27	**Eckschutzschiene, Aluminium** Eckschutzschiene; Aluminium; unterfüttern, einbauen in Fliesen-Wandbelag; außen						
	m	€ brutto	**12**	**13**	**13**	**14**	**15**
	KG 345	€ netto	9,8	10,8	11,3	11,7	12,8
28	**Eckschutzschiene, Edelstahl** Eckschutzschiene; Edelstahl; unterfüttern, einbauen in Fliesen-Wandbelag; außen						
	m	€ brutto	**17**	**20**	**21**	**24**	**32**
	KG 345	€ netto	14	17	18	20	27
29	**Eckschutzschiene, Kunststoff** Eckschutzschiene; Kunststoff; unterfüttern, einbauen in Fliesen-Wandbelag; außen						
	m	€ brutto	**2,4**	**7,1**	**8,2**	**10,3**	**15,5**
	KG 345	€ netto	2,0	6,0	6,9	8,7	13,0
30	**Stundensatz Facharbeiter, Fliesenarbeiten** Stundenlohnarbeiter, Vorarbeiter, Facharbeiter; Fliesenarbeiten						
	h	€ brutto	**35**	**45**	**51**	**54**	**59**
		€ netto	29	38	43	45	50

Estricharbeiten						Preise €
Nr.	Kurztext / Stichworte Einheit / Kostengruppe	►	▷	brutto ø netto ø	◁	◄
1	**Verbundestrich abbrechen, bis 25mm** Verbundestrich abbrechen; Zementestrich bis C30; Dicke bis 25mm; Bauschutt entsorgen					
	m² € brutto	**–**	**7,3**	**11**	**13**	**–**
	KG 394 € netto	–	6,1	9,0	11	–
2	**Verbundestrich abbrechen, bis 50mm** Verbundestrich abbrechen; Zementestrich; Dicke bis 50mm; Bauschutt entsorgen					
	m² € brutto	**9,6**	**11,3**	**16,6**	**20,7**	**25,8**
	KG 394 € netto	8,1	9,5	13,9	17,4	21,6
3	**Verbundestrich abbrechen, bis 70mm** Verbundestrich abbrechen; Zementestrich; Dicke bis 70mm; Bauschutt entsorgen					
	m² € brutto	**14**	**16**	**23**	**29**	**35**
	KG 394 € netto	11	13	19	24	30
4	**Kunstharzestrich abbrechen, bis 20mm** Verbundestrich abbrechen; Kunstharzestrich; Dicke bis 20mm; Bauschutt entsorgen					
	m² € brutto	**–**	**5,6**	**8,2**	**10**	**–**
	KG 394 € netto	–	4,7	6,9	8,5	–
5	**Estrich, schwimmend, abbrechen** Estrich schwimmend abbrechen; Dicke 40mm, Dämmung 30mm; Bauschutt entsorgen					
	m² € brutto	**11**	**14**	**21**	**25**	**31**
	KG 394 € netto	9,5	12,0	17,6	21,2	26,2
6	**Estrich bewehrt, schwimmend, abbrechen** Estrich bewehrt, schwimmend, abbrechen; Dicke 50mm, Dämmung bis 100mm; Bauschutt entsorgen					
	m² € brutto	**12**	**21**	**31**	**38**	**44**
	KG 394 € netto	10	18	26	32	37
7	**Heizestrich abbrechen** Heizestrich abbrechen; Estrich mit Trägerplatte; Dicke bis 70mm, Dämmung bis 40mm; Bauschutt entsorgen					
	m² € brutto	**–**	**24**	**35**	**42**	**–**
	KG 394 € netto	–	20	29	35	–
8	**Heizestrich, bewehrt, abbrechen** Heizestrich abbrechen, bewehrt; Estrich mit Trägerplatte; Dicke bis 70mm, Dämmung bis 40mm; Bauschutt entsorgen					
	m² € brutto	**–**	**25**	**37**	**45**	**–**
	KG 394 € netto	–	21	31	38	–

 © BKI Baukosteninformationszentrum

Kosten: Stand 3.Quartal 2015, Bundesdurchschnitt

Estricharbeiten						**Preise €**
Nr.	**Kurztext** / Stichworte **Einheit** / Kostengruppe		▶	▷ brutto ø / netto ø	◁	◀
9	**Schutzestrich abbrechen** Schutzestrich abbrechen; Dicke bis 80mm; auf Abdichtung; Bauschutt entsorgen					
	m²	**€ brutto**	**13**	**18**	**27**	**32**	**40**
	KG 394	€ netto	11	15	22	27	34
10	**Bauteile schützen, Folie** Bauteile schützen; Kunststofffolie, Hartfaserplatte; Folie Dicke mind. 0,5mm					
	m²	**€ brutto**	**1,2**	**2,3**	**3,2**	**3,7**	**6,0**
	KG 395	€ netto	1,0	1,9	2,7	3,1	5,1
11	**Öffnungen schützen, Hartfaserplatten** Öffnungen schützen; Hartfaserplatten; Fenster, Türen					
	St	**€ brutto**	**6,4**	**6,3**	**9,0**	**10,6**	**13,7**
	KG 395	€ netto	5,4	5,3	7,5	8,9	11,5
12	**Strahlen, Strahlmittel, Betonboden** Betonboden abstrahlen; festes Strahlmittel; entfernen von haftmindernden Schichten					
	m²	**€ brutto**	**3,6**	**4,0**	**5,9**	**7,1**	**11,3**
	KG 395	€ netto	3,0	3,4	5,0	6,0	9,5
13	**Druckwasserstrahlen, Estrich** Estrich, Druckwasserstrahlen; entfernen von haftmindernden Schichten					
	m²	**€ brutto**	**–**	**3,8**	**5,6**	**6,8**	**–**
	KG 395	€ netto	–	3,2	4,7	5,7	–
14	**Fehlstellen schließen, Estrich** Estrich, Fehlstellen schließen; Kunstharzmörtel; locker Material lösen; Bauschutt entsorgen					
	m²	**€ brutto**	**12**	**13**	**22**	**28**	**37**
	KG 395	€ netto	9,7	10,9	18,2	23,7	30,7
15	**Netzrisse schließen, Epoxidharz** Estrich, Netzrisse schließen; Epoxidharz; Risse säubern, bis zur Sättigung füllen					
	m	**€ brutto**	**–**	**6,8**	**10**	**13**	**–**
	KG 395	€ netto	–	5,7	8,5	11	–
16	**Holzboden prüfen** Holzboden prüfen; auf Stabilität zur Aufnahme eines Estrichbelags					
	m²	**€ brutto**	**–**	**5,7**	**7,9**	**9,1**	**–**
	KG 395	€ netto	–	4,8	6,6	7,7	–
17	**Holzboden, reinigen/grundieren** Holzboden reinigen; von Beschichtungen, Klebstoffresten					
	m²	**€ brutto**	**3,8**	**5,7**	**7,9**	**9,5**	**14,0**
	KG 395	€ netto	3,2	4,8	6,6	8,0	11,8

Estricharbeiten **Preise €**

Nr.	Kurztext / Stichworte Einheit / Kostengruppe		▶	▷	brutto ø netto ø	◁	◀
18	**Holzboden, Gewebearmierung** Holzboden armieren; Glasgewebe						
	m²	**€ brutto**	**3,5**	**4,1**	**5,6**	**6,8**	**10,5**
	KG 395	€ netto	2,9	3,4	4,7	5,7	8,9
19	**Holzbodenausgleich, Kunstharz** Holzboden ausgleichen; Kunstharz; Schichtdicke 3-5mm						
	m²	**€ brutto**	**–**	**15**	**22**	**27**	**–**
	KG 395	€ netto	–	13	19	23	–
20	**Haftbrücke, Estrich** Estrichuntergrund vorbereiten; Haftbrücke aufbringen; Untergrund Beton						
	m²	**€ brutto**	**1,3**	**2,2**	**3,0**	**3,5**	**5,4**
	KG 395	€ netto	1,1	1,8	2,5	2,9	4,5
21	**Kratzspachtelung, Betonboden** Kratzspachtelung; Spachtelmasse; schließen von Poren und Lunkern; Betonboden						
	m²	**€ brutto**	**10**	**8**	**12**	**14**	**23**
	KG 395	€ netto	8,6	6,7	9,8	11,8	19,3
22	**Nivellierestrich, 10mm, Betonboden** Nivellier-Verbundestrich; selbstlaufend; Dicke 5-10mm						
	m²	**€ brutto**	**–**	**12**	**17**	**21**	**–**
	KG 352	€ netto	–	9,9	15	17	–
23	**Nivellierestrich, 20mm, Betonboden** Nivellier-Verbundestrich; selbstlaufend; Dicke 10-20mm						
	m²	**€ brutto**	**–**	**17**	**25**	**29**	**–**
	KG 352	€ netto	–	14	21	24	–
24	**Trockenschüttung, bis 10mm** Ausgleichsschüttung; gebunden, druckstabil, selbstklebend; Dicke bis 10mm; Rohdecke						
	m²	**€ brutto**	**1,8**	**2,5**	**2,8**	**3,2**	**4,3**
	KG 352	€ netto	1,6	2,1	2,4	2,7	3,6
25	**Trockenschüttung, bis 15mm** Ausgleichsschüttung; gebunden, druckstabil, selbstklebend; Dicke bis 15mm; Rohdecke						
	m²	**€ brutto**	**2,2**	**3,3**	**3,4**	**3,6**	**4,7**
	KG 352	€ netto	1,9	2,8	2,8	3,0	4,0
26	**Trockenschüttung, bis 30mm** Ausgleichsschüttung; gebunden, druckstabil, selbstklebend; Dicke bis 30mm; zwischen Versorgungsleitungen						
	m²	**€ brutto**	**5,9**	**12,54**	**13,2**	**14,66**	**26,3**
	KG 352	€ netto	4,9	10,54	11,1	12,32	22,1

 © BKI Baukosteninformationszentrum

Kosten: Stand 3.Quartal 2015, Bundesdurchschnitt

Estricharbeiten **Preise €**

Nr.	Kurztext / Stichworte Einheit / Kostengruppe		▶	▷	brutto ø netto ø	◁	◀
27	**Trittschalldämmung MW 20-5mm 035 DES sh** Trittschalldämmung; Mineralwolle, WLG 035, A1; Dicke 20-5mm; unter Estrich						
	m²	**€ brutto**	**3,4**	**5,9**	**6,7**	**9,8**	**14,7**
	KG 352	€ netto	2,9	5,0	5,6	8,3	12,4
28	**Trittschalldämmung MW 30-5mm 035 DES sh** Trittschalldämmung; Mineralwolle, WLG 035, A1; Dicke 30-5mm; unter Estrich						
	m²	**€ brutto**	**4,3**	**6,9**	**7,8**	**10,5**	**18,0**
	KG 352	€ netto	3,7	5,8	6,5	8,8	15,2
29	**Trittschalldämmung EPS 20-2mm 045 DES sm** Trittschalldämmung; EPS-Hartschaum, WLG 045, E; Dicke 20-2mm; unter Estrich						
	m²	**€ brutto**	**1,8**	**2,9**	**3,4**	**4,3**	**5,8**
	KG 352	€ netto	1,5	2,4	2,8	3,6	4,9
30	**Trittschalldämmung EPS 30-3mm 045 DES sm** Trittschalldämmung; Polystyrol-Hartschaum, WLG 040/045, E; Dicke 30-3mm; unter Estrich						
	m²	**€ brutto**	**1,8**	**3,3**	**3,8**	**4,2**	**7,5**
	KG 352	€ netto	1,5	2,7	3,2	3,5	6,3
31	**Wärmedämmung, Estrich EPS 40mm 040 DEO dm** Wärmedämmung; EPS-Hartschaumplatten, WLG 040, E; Dicke 40mm; versetzte Fugen; unter Estrich						
	m²	**€ brutto**	**4,8**	**6,1**	**6,9**	**9,2**	**10,3**
	KG 352	€ netto	4,1	5,1	5,8	7,7	8,6
32	**Wärmedämmung, Estrich EPS 80mm 040 DEO dm** Wärmedämmung; EPS-Hartschaum, WLG 040, E; Dicke 80mm; unter Estrich						
	m²	**€ brutto**	**6,5**	**9,4**	**10,5**	**11,8**	**13,3**
	KG 352	€ netto	5,4	7,9	8,8	9,9	11,2
33	**Wärmedämmung, Estrich EPS 120mm 040 DEO dm** Wärmedämmung; EPS-Hartschaum, WLG 040, E; Dicke 120mm; unter Estrich						
	m²	**€ brutto**	**8,1**	**10,1**	**12,7**	**14,0**	**16,3**
	KG 352	€ netto	6,8	8,5	10,6	11,8	13,7
34	**Wärmedämmung, Estrich PUR 40mm 025 DEO dh** Wärmedämmung; PUR-Hartschaum, WLG 025, E; Dicke 40mm; beidseitig Aluminium-/Mineralvliesbeschichtung; unter Estrich						
	m²	**€ brutto**	**10**	**13**	**15**	**15**	**18**
	KG 352	€ netto	8,4	10,5	12,4	12,8	14,8

Estricharbeiten						**Preise €**
Nr.	**Kurztext** / Stichworte			**brutto ø**		
	Einheit / Kostengruppe	►	▷	netto ø	◁	◄
35	**Trennlage, Estrich, PE-Folie, einlagig** Trennlage; PE-Folie; Dicke 0,2mm; einlagig stoßüberlappend; zwischen Dämmung und Estrich					
	m² / **€ brutto**	**0,1**	**0,7**	**0,9**	**1,6**	**2,7**
	KG 352 / € netto	0,1	0,6	0,8	1,3	2,3
36	**Trennlage, Gussasphalt** Trennlage; einlagig, stoßüberlappend; zwischen Dämmung und Gussasphaltestrich					
	m² / **€ brutto**	**0,5**	**1,0**	**1,3**	**1,6**	**2,3**
	KG 352 / € netto	0,4	0,9	1,1	1,4	1,9
37	**Estrich, schwimmend, CT C25 F4 S45** Estrich; Zementestrich C25-F4; Dicke 40-50mm; schwimmend; auf Dämmschicht					
	m² / **€ brutto**	**12**	**15**	**16**	**18**	**24**
	KG 352 / € netto	9,9	12,6	13,6	15,5	20,0
38	**Estrich, schwimmend, CT C25 F4 S65 H45** Heizestrich; Zementestrich C20-F4; DN15-80mm, Rohrüberdeckung 45mm; schwimmend; auf Dämmschicht					
	m² / **€ brutto**	**17**	**22**	**24**	**37**	**63**
	KG 352 / € netto	15	19	20	31	53
39	**Schnellestrich, schwimmend, CT C40 F7 S45** Estrich; Zementestrich C40-F7; Dicke 45mm; einbauen; auf Trennlage/ auf Dämmschicht					
	m² / **€ brutto**	**25**	**34**	**38**	**50**	**71**
	KG 352 / € netto	21	28	32	42	60
40	**Estrich, schwimmend, AS IC10 25** Estrich; Gussasphalt IC10; Dicke 25mm; schwimmend; auf Dämmschicht					
	m² / **€ brutto**	**18**	**25**	**28**	**31**	**37**
	KG 352 / € netto	16	21	24	26	31
41	**Nutzestrich, schwimmend, CT C25 F4 S45** Nutzestrich; Zementestrich C25-F4-A15; Dicke 45mm; schwimmend; auf Dämmschicht					
	m² / **€ brutto**	**11**	**15**	**16**	**22**	**32**
	KG 352 / € netto	9,6	12,8	13,4	18,4	27,3
42	**Verbundestrich, CT-C25-F4-V50** Verbundestrich; Zementestrich C25-F4-V50; Dicke 50mm					
	m² / **€ brutto**	**12**	**18**	**20**	**24**	**33**
	KG 352 / € netto	9,8	15,0	17,2	20,3	27,4

 © BKI Baukosteninformationszentrum

Kosten: Stand 3.Quartal 2015, Bundesdurchschnitt

Estricharbeiten **Preise €**

Nr.	Kurztext / Stichworte Einheit / Kostengruppe		▶	▷	brutto ø netto ø	◁	◀
43	**Beschichtung, Epoxidharz, Estrich** Estrichoberfläche, Versiegelung; 2-Komponenten-Epoxidharz; Dicke 2mm; zweimaliger Auftrag						
	m^2	**€ brutto**	**11**	**32**	**38**	**60**	**97**
	KG 352	€ netto	8,9	26,8	31,6	50,4	81,3
44	**Stundensatz Facharbeiter, Estricharbeiten** Stundenlohnarbeiten, Vorarbeiter, Facharbeiter; Estricharbeiten						
	h	**€ brutto**	**36**	**45**	**48**	**50**	**55**
		€ netto	31	37	40	42	47
45	**Stundensatz Helfer, Estricharbeiten** Stundenlohnarbeiten, Werker, Helfer; Estricharbeiten						
	h	**€ brutto**	**43**	**46**	**48**	**51**	**56**
		€ netto	36	39	40	43	47

Fenster, Außentüren **Preise €**

Nr.	Kurztext / Stichworte Einheit / Kostengruppe		▶	▷	brutto ø netto ø	◁	◀
1	**Kellerfenster ausbauen, Holz, 0,5m²** Kellerfenster ausbauen; Holz; Größe bis 0,5m²; Bauschutt entsorgen						
	St	**€ brutto**	**12**	**15**	**21**	**26**	**52**
	KG 394	€ netto	10,0	12,3	18,0	21,6	43,3
2	**Fenster ausbauen, Holz, bis 1,5m²** Fenster ausbauen; Holz; Größe bis 1,5m²; inkl. Flügel und Fensterrahmen; Bauschutt entsorgen						
	St	**€ brutto**	**21**	**33**	**48**	**57**	**90**
	KG 394	€ netto	18	27	40	48	75
3	**Fenster ausbauen, Holz, bis 2,5m²** Fenster ausbauen; Holz; Größe bis 2,5m²; inkl. Flügel und Rahmen; Bauschutt entsorgen						
	St	**€ brutto**	**23**	**41**	**60**	**73**	**120**
	KG 394	€ netto	20	35	51	61	101
4	**Fenstertür ausbauen, Holz, bis 3,5m²** Fenster ausbauen; Holz; Größe bis 3,5m²; inkl. Flügel und Rahmen; Bauschutt entsorgen						
	St	**€ brutto**	**28**	**52**	**77**	**92**	**145**
	KG 394	€ netto	24	44	64	77	122
5	**Fenster ausbauen, Kunststoff, bis 1,5m²** Fenster ausbauen; Kunststoff; Größe bis 1,5m²; inkl. Flügel, Rahmen, Innen- und Außenfensterbank; Bauschutt entsorgen						
	St	**€ brutto**	**19**	**26**	**38**	**45**	**59**
	KG 394	€ netto	16	22	32	38	49
6	**Fenster ausbauen, Kunststoff, bis 2,5m²** Fenster ausbauen; Kunststoff; Größe bis 2,5m²; inkl. Flügel, Rahmen, Innen- und Außenfensterbank; Bauschutt entsorgen						
	St	**€ brutto**	**23**	**35**	**52**	**63**	**74**
	KG 394	€ netto	20	30	44	53	62
7	**Fenstertür ausbauen, Kunststoff, bis 3,5m²** Fenstertür ausbauen; Kunststoff; Größe bis 3,5m²; inkl. Flügel und Rahmen; Bauschutt entsorgen						
	St	**€ brutto**	**42**	**58**	**85**	**102**	**145**
	KG 394	€ netto	35	49	72	86	122
8	**Hauseingangstür ausbauen, bis 4m²** Hauseingangstür ausbauen; Größe bis 4m²; inkl. Türblatt und Rahmen; Bauschutt entsorgen						
	St	**€ brutto**	**52**	**80**	**118**	**141**	**155**
	KG 394	€ netto	43	67	99	119	130

 © BKI Baukosteninformationszentrum

Kosten: Stand 3.Quartal 2015, Bundesdurchschnitt

Fenster, Außentüren — Preise €

Nr.	Kurztext / Stichworte Einheit / Kostengruppe		▶	▷	brutto ø netto ø	◁	◀
9	**Kelleraußentür ausbauen, bis 2,5m²** Kelleraußentür ausbauen; Größe bis 2,5m²; inkl. Türblatt und Rahmen; Bauschutt entsorgen						
	St	**€ brutto**	**–**	**33**	**48**	**58**	**–**
	KG 394	€ netto	–	27	40	48	–
10	**Holzfenster, 1-flüglig, 1.000x1.000mm, Ug-Wert 1,1W/(m²K)** Holzfenster, zweifachverglast; Ug-Wert 1,1W/(m²K); Größe 1.000x1.000mm; einflüglig, DK						
	St	**€ brutto**	**270**	**287**	**397**	**457**	**517**
	KG 334	€ netto	227	241	334	384	434
11	**Holzfenster, 1-flüglig, 1.000x1.000mm, Ug-Wert 0,7W/(m²K)** Holzfenster, dreifachverglast; Ug-Wert 0,7W/(m²K); Größe 1.000x1.000mm; einflüglig, DK						
	St	**€ brutto**	**295**	**314**	**434**	**499**	**565**
	KG 334	€ netto	248	264	365	420	474
12	**Holzfenster, 2-flüglig, 1.250x1.000mm, Ug-Wert 1,1W/(m²K)** Holzfenster, zweifachverglast; Ug-Wert 1,1W/(m²K); Größe 1.250x1.000mm; zweiflüglig, DK						
	St	**€ brutto**	**363**	**386**	**534**	**614**	**694**
	KG 334	€ netto	305	324	448	516	583
13	**Holzfenster, 2-flüglig, 1.250x1.000mm, Ug-Wert 0,7W/(m²K)** Holzfenster, zweifachverglast; Ug-Wert 0,7W/(m²K); Größe 1.250x1.000mm; zweiflüglig, DK						
	St	**€ brutto**	**396**	**421**	**583**	**670**	**757**
	KG 334	€ netto	333	354	490	563	637
14	**Holzfenster, 2-flüglig, Setzholz, 1.625x1.250mm, Ug-Wert 1,1W/(m²K)** Holzfenster, zweifachverglast; Ug-Wert:1,1W/(m²K); Größe 1.625x1.250mm; zweiflüglig, mit Setzholz, DK						
	St	**€ brutto**	**439**	**466**	**631**	**725**	**820**
	KG 334	€ netto	369	392	530	609	689
15	**Holz-Fenstertür, 1-flüglig, 1.000x2.125mm, Ug-Wert 1,1W/(m²K)** Holz-Fenstertür, zweifachverglast; Ug-Wert 1,1W/(m²K); Größe 1.000x2.125mm; einflüglig, DK						
	St	**€ brutto**	**496**	**540**	**730**	**839**	**949**
	KG 334	€ netto	417	454	613	705	797

Fenster, Außentüren **Preise €**

Nr.	Kurztext / Stichworte				brutto ø		
	Einheit / Kostengruppe		►	▷	netto ø	◁	◄
16	**Holz-Alufenster, 1-flüglig, 1.000x1.000mm, Ug-Wert 1,1W/(m²K)** Holz-Alufenster, zweifachverglast; Ug-Wert 1,1W/(m²K); Größe 1.000x1.000mm; einflüglig, DK						
	St	**€ brutto**	**420**	**447**	**618**	**711**	**804**
	KG 334	€ netto	353	375	520	597	675
17	**Holz-Alufenster, 1-flüglig, 1.000x1.000mm, Ug-Wert 0,7W/(m²K)** Holz-Alufenster, dreifachverglast; Ug-Wert: 0,7W/(m²K); Größe 1.000x1.000mm; einflüglig, DK						
	St	**€ brutto**	**454**	**482**	**667**	**767**	**868**
	KG 334	€ netto	381	405	561	645	729
18	**Holz-Alufenster, 2-flüglig, 1.250x1.000mm, Ug-Wert 1,1W/(m²K)** Holz-Alufenster, zweifachverglast; Ug-Wert 1,1W/(m²K); Größe 1.250x1.000mm; zweiflüglig, DK						
	St	**€ brutto**	**571**	**607**	**840**	**966**	**1.092**
	KG 334	€ netto	480	510	706	812	918
19	**Holz-Alufenster, 2-flüglig, 1.250x1.000mm, Ug-Wert 0,7W/(m²K)** Holz-Alufenster, zweifachverglast; Ug-Wert 0,7W/(m²K); Größe 1.250x1.000mm; zweiflüglig, DK						
	St	**€ brutto**	**611**	**650**	**899**	**1.034**	**1.169**
	KG 334	€ netto	514	546	756	869	982
20	**Holz-Alufenster, 2-flüglig, Setzholz, 1.625x1.250mm, Ug-Wert 1,1W/(m²K)** Holz-Alufenster, zweifachverglast; Ug-Wert 1,1W/(m²K); Größe 1.625x1.250mm; zweiflüglig, mit Setzholz, DK						
	St	**€ brutto**	**645**	**684**	**925**	**1.064**	**1.202**
	KG 334	€ netto	542	575	777	894	1.010
21	**Holz-Alufenstertür, 1-flüglig, 1.000x2.125mm, Ug-Wert 1,1W/(m²K)** Holz-Alufenstertür, zweifachverglast; Ug-Wert: 1,1W/(m²K); Größe 1.000x2.125mm; einflüglig, DK						
	St	**€ brutto**	**655**	**712**	**963**	**1.107**	**1.252**
	KG 334	€ netto	550	598	809	931	1.052

 © BKI Baukosteninformationszentrum

Kosten: Stand 3.Quartal 2015, Bundesdurchschnitt

Fenster, Außentüren **Preise €**

Nr.	Kurztext / Stichworte Einheit / Kostengruppe		▶	▷	brutto ø netto ø	◁	◀
22	**Kunststofffenster, 1-flüglig, 1.000x1.000mm, Ug-Wert 1,1W/(m²K)** Kunststofffenster, zweifachverglast; Ug-Wert 1,1W/(m²K); Größe 1.000x1.000mm; einflüglig, DK						
	St	**€ brutto**	**200**	**213**	**294**	**339**	**383**
	KG 334	€ netto	168	179	247	285	322
23	**Kunststofffenster, 1-flüglig, 1.000x1.000mm, Ug-Wert 0,7W/(m²K)** Kunststofffenster, dreifachverglast; Ug-Wert 0,7W/(m²K); Größe 1.000x1.000mm; einflüglig, DK						
	St	**€ brutto**	**225**	**239**	**331**	**381**	**431**
	KG 334	€ netto	189	201	278	320	362
24	**Kunststofffenster, 2-flüglig, 1.250x1.000mm, Ug-Wert 1,1W/(m²K)** Kunststofffenster, zweifachverglast; Ug-Wert 1,1W/(m²K); Größe 1.250x1.000mm; zweiflüglig, DK						
	St	**€ brutto**	**318**	**338**	**467**	**537**	**608**
	KG 334	€ netto	267	284	393	452	511
25	**Kunststofffenster, 2-flüglig, Setzholz, 1.625x1.250mm, Ug-Wert 1,1W/(m²K)** Kunststofffenster, zweifachverglast; Ug-Wert 1,1W/(m²K); Größe 1.625x1.250mm; zweiflüglig, DK						
	St	**€ brutto**	**350**	**394**	**515**	**593**	**670**
	KG 334	€ netto	294	331	433	498	563
26	**Kunststoff-Fenstertür, 1-flüglig, 1.000x2.125mm, Ug-Wert 1,1W/(m²K)** Kunststoff-Fenstertür, zweifachverglast; Ug-Wert: 1,1W/(m²K); Größe 1.000x2.125mm; einflüglig, DK						
	St	**€ brutto**	**430**	**483**	**632**	**727**	**821**
	KG 334	€ netto	361	406	531	611	690
27	**Haustür, Kunststoff, einfach, 1.010x2.013mm** Kunststoffaußentürelement; PVC-U; 1.010x2.013mm; einflüglig, wärmegedämmt						
	St	**€ brutto**	**1.709**	**2.057**	**2.158**	**2.733**	**3.439**
	KG 334	€ netto	1.437	1.728	1.814	2.297	2.890
28	**Haustür, Aluminium/Glasfüllung, einfach, 1.010x2.013** Metallaußentürelement mit Glasfüllung; Aluminium, Isolierverglasung, ESG; 1.010x2.013mm; einflüglig, wärmegedämmt						
	St	**€ brutto**	**1.595**	**2.612**	**3.046**	**3.947**	**5.702**
	KG 334	€ netto	1.340	2.195	2.560	3.317	4.792

Fenster, Außentüren **Preise €**

Nr.	Kurztext / Stichworte Einheit / Kostengruppe		▶	▷	brutto ø netto ø	◁	◀
29	**Fensterbank, außen, Aluminium, beschichtet** Fensterbank, außen; Aluminium-Strangpressprofil, farbig beschichtet/ anodisch oxidiert; Gefälle mind. 8%; entdröhnt						
	m	**€ brutto**	**13**	**29**	**35**	**43**	**62**
	KG 334	€ netto	11	25	30	36	52
30	**Stundensatz Facharbeiter, Fensterbauarbeiten** Stundenlohnarbeiten, Vorarbeiter, Facharbeiter; Fensterbauarbeiten						
	h	**€ brutto**	**44**	**52**	**55**	**61**	**75**
		€ netto	37	44	47	51	63
31	**Stundensatz Helfer, Fensterbauarbeiten** Stundenlohnarbeiten, Werker, Helfer; Fensterbauarbeiten						
	h	**€ brutto**	**38**	**43**	**47**	**51**	**58**
		€ netto	32	36	39	43	49

 © BKI Baukosteninformationszentrum

Tischlerarbeiten **Preise €**

Nr.	Kurztext / Stichworte Einheit / Kostengruppe		▶	▷	brutto ø netto ø	◁	◀
1	**Innentür, 1-flüglig, entfernen** Innentür, einflüglig, ausbauen; Holz; Größe bis 2,00m²; inkl. Türfutter; Bauschutt entsorgen						
	St	**€ brutto**	**22**	**28**	**41**	**49**	**58**
	KG 394	€ netto	19	23	34	41	48
2	**Wandbekleidung entfernen** Wandbekleidung entfernen; Holzwerkstoff; Bauschutt entsorgen						
	m²	**€ brutto**	**5,8**	**12,0**	**17,7**	**21,2**	**29,4**
	KG 394	€ netto	4,8	10,1	14,8	17,8	24,7
3	**Deckenbekleidung entfernen** Deckenbekleidung entfernen; Holzbretter; inkl. Sparschalung; Bauschutt entsorgen						
	m²	**€ brutto**	**–**	**15**	**22**	**26**	**–**
	KG 394	€ netto	–	13	18	22	–
4	**Fensterbank ausbauen, Holz, bis 1,5m** Fensterbank ausbauen; Holz; Länge bis 1,5m, Breite bis 25cm, Dicke bis 4cm; Bauschutt entsorgen						
	St	**€ brutto**	**7,5**	**10,6**	**15,6**	**18,7**	**27,4**
	KG 394	€ netto	6,3	8,9	13,1	15,7	23,0
5	**Fensterbank ausbauen, Holz, bis 2,5m** Fensterbank ausbauen; Holz; Länge bis 2,5m, Breite bis 25cm, Dicke bis 4cm; Bauschutt entsorgen						
	St	**€ brutto**	**14**	**17**	**25**	**30**	**40**
	KG 394	€ netto	12	14	21	25	34
6	**Leibungsbekleidung entfernen** Leibungsbekleidung, innen, ausbauen; Holz; inkl. Befestigungshölzer; Bauschutt entsorgen						
	m	**€ brutto**	**–**	**8,6**	**13**	**15**	**–**
	KG 394	€ netto	–	7,2	11	13	–
7	**Holz-Türelement, T-RS, einflüglig, 875x2.125** Rauchschutztürelement, Stahlumfassungszarge; Holz; 0,875x2.125mm; einflüglig; Klimaklasse II, ET1/ET3						
	St	**€ brutto**	**260**	**533**	**594**	**756**	**975**
	KG 344	€ netto	218	448	499	636	819
8	**Holz-Türelement, T-30, einflüglig, 875x2.125** Brandschutztürelement, T30; Holz; 875x2.125mm; einflüglig; Klimaklasse II, ET1/ET3						
	St	**€ brutto**	**1.000**	**1.451**	**1.624**	**1.766**	**2.691**
	KG 344	€ netto	840	1.220	1.364	1.484	2.262

 © BKI Baukosteninformationszentrum

Kosten: Stand 3.Quartal 2015, Bundesdurchschnitt

Tischlerarbeiten — Preise €

Nr.	Kurztext / Stichworte Einheit / Kostengruppe		▶	▷	brutto ø netto ø	◁	◀
9	**Holz-Türelement, T-30, einflüglig, 1.000x2.125** Brandschutztürelement, T30; Holz; 1.000x2.000mm; einflüglig; Klimaklasse II, ET1/ET3						
	St	**€ brutto**	**1.005**	**1.569**	**1.687**	**1.958**	**3.052**
	KG 344	€ netto	845	1.319	1.418	1.645	2.564
10	**Holz-Türelement, T-RS, zweiflüglig** Rauchschutztürelement; Stahl verzinkt, grundiert; zweiflüglig; Klimaklasse II						
	St	**€ brutto**	**2.313**	**4.276**	**5.006**	**6.510**	**8.910**
	KG 344	€ netto	1.944	3.593	4.207	5.470	7.487
11	**Innen-Türelement, einflüglig, 875x2.125** Innentürelement; Röhrenspan; 875x2.125mm, Dicke 40mm; einflüglig; innen; Klasse I						
	St	**€ brutto**	**435**	**530**	**586**	**702**	**876**
	KG 344	€ netto	366	445	492	590	736
12	**Innen-Türelement, einflüglig, 1.000x2.125** Innentürelement; Röhrenspan; 1.000x2.125mm, Dicke 40mm; einflüglig; innen; Klasse I						
	St	**€ brutto**	**304**	**559**	**644**	**685**	**919**
	KG 344	€ netto	255	470	541	575	772
13	**Innen-Türelement, einflüglig, 1.125x2.125** Holztürelement; Röhrenspan; 1.125x2.125mm, Dicke 40mm; einflüglig; innen; Klasse I						
	St	**€ brutto**	**419**	**677**	**764**	**784**	**1.118**
	KG 344	€ netto	352	569	642	659	939
14	**Innen-Türelement, Röhrenspan, zweiflüglig** Holztürelement; Röhrenspan; Türblattdicke 40mm; zweiflüglig; Klasse I						
	St	**€ brutto**	**1.122**	**1.554**	**1.744**	**2.103**	**2.702**
	KG 344	€ netto	943	1.306	1.466	1.767	2.271
15	**Türblatt, einflüglig, kunststoffbeschichtet, 750x2.000** Türblatt; Röhrenspan, Schichtpressstoffplatten; 750x2.000mm, Türblattdicke 42mm; für einflüglige Tür; Klimaklasse II						
	St	**€ brutto**	**111**	**196**	**235**	**280**	**382**
	KG 344	€ netto	93	165	198	236	321
16	**Türblatt, einflüglig, kunststoffbeschichtet, 875x2.000** Türblatt; Röhrenspan, Schichtpressstoffplatten; 875x2.000mm, Türblattdicke 42mm; für einflüglige Tür; Klimaklasse II						
	St	**€ brutto**	**122**	**186**	**225**	**290**	**389**
	KG 344	€ netto	103	156	189	243	327

Tischlerarbeiten						Preise €
Nr.	Kurztext / Stichworte Einheit / Kostengruppe	►	▷	brutto ø netto ø	◁	◄
17	**Wohnungstür, Holz, Blockzarge** Holztürelement, Blockzarge; U=1,1W/m²K; 0,80x0,80cm, Türblattdicke 78mm; RW 42dB, Klimaklasse III					
	St € brutto	**602**	**1.215**	**1.516**	**2.002**	**2.795**
	KG 344 € netto	506	1.021	1.274	1.682	2.348
18	**Massivholzzarge, innen** Holzblockzarge; für Türblatt Dicke 50mm; verschraubt/mit Anker; Mauerwerkswand, innen					
	St € brutto	**303**	**470**	**496**	**564**	**748**
	KG 344 € netto	254	395	417	474	629
19	**Holz-Umfassungszarge, innen, 760x2.000** Holzumfassungszarge; 760x2.000mm; Trockenbauwand					
	St € brutto	**137**	**162**	**176**	**222**	**291**
	KG 344 € netto	115	136	148	187	245
20	**Holz-Umfassungszarge, innen, 875x2.000** Holzumfassungszarge; 875x2.000mm; Trockenbauwand					
	St € brutto	**141**	**187**	**203**	**250**	**338**
	KG 344 € netto	118	157	170	210	284
21	**Schiebetürelement, innen** Schiebetürelement; Holztür-/Glastürblatt; Wanddicke 100-150mm, Ständertiefe 75-100mm; einflüglig					
	St € brutto	**557**	**951**	**1.061**	**1.345**	**2.009**
	KG 344 € netto	468	799	892	1.130	1.688
22	**Fensterbank, Holz, innen** Fensterbank, innen; Buche-Multiplex; Länge bis 3,00m; inkl. Ausgleich aus Sperrholz/Hartfaserplatten					
	m € brutto	**33**	**51**	**55**	**65**	**87**
	KG 334 € netto	27	43	46	54	73
23	**Holz-/Abdeckleisten** Deckleisten; 20x50mm, Länge 2,80m; gehobelt, feingeschliffen, Kanten gefast					
	m € brutto	**6,2**	**14,6**	**18,0**	**24,0**	**34,9**
	KG 334 € netto	5,2	12,2	15,1	20,2	29,3
24	**Verfugung, elastisch** Verfugung, elastisch; Silikon-/Acryldichtmasse; glatt gestrichen					
	m € brutto	**4,8**	**5,7**	**6,1**	**6,8**	**8,4**
	KG 334 € netto	4,1	4,8	5,1	5,7	7,1

 © BKI Baukosteninformationszentrum

Kosten: Stand 3.Quartal 2015, Bundesdurchschnitt

Tischlerarbeiten | **Preise €**

Nr.	Kurztext / Stichworte Einheit / Kostengruppe		▶	▷	brutto ø netto ø	◁	◀
25	**Sockel-/Fußleiste, Holz** Sockelleiste; Eiche/Buche; Viertelstab-/Rechteckprofil; Ecken mit Gehrungsschnitt, genagelt						
	m	**€ brutto**	**9,8**	**16,5**	**19,8**	**24,3**	**33,3**
	KG 352	€ netto	8,3	13,8	16,6	20,4	28,0
26	**Bodentreppe, ungedämmt** Bodentreppe; Holz; einschiebbar						
	St	**€ brutto**	**591**	**743**	**824**	**848**	**953**
	KG 359	€ netto	497	624	693	713	801
27	**Treppenstufe, Holz** Treppenstufe/Tritt- und Setzstufe; Eiche massiv, gehobelt, geschliffen; 42mm; schallentkoppelt						
	St	**€ brutto**	**65**	**134**	**166**	**250**	**417**
	KG 352	€ netto	54	113	140	210	350
28	**Handlauf, Holz** Handlauf; Holz, geschliffen, poliert, natur/transparent lackiert; Dicke 30/40mm						
	m	**€ brutto**	**37**	**64**	**73**	**89**	**116**
	KG 359	€ netto	31	54	61	75	97
29	**Geländer, gerade, Rundstabholz** Geländer; Eiche/Buche, Rundstab, geschliffen, poliert, lackiert; Durchmesser 42,4mm, Höhe 1,00m; verschrauben						
	m	**€ brutto**	**232**	**302**	**358**	**374**	**408**
	KG 359	€ netto	195	254	301	314	343
30	**Stundensatz Tischler-Facharbeiter** Stundenlohnarbeiter Vorarbeiter, Facharbeiter; Tischlerarbeiten						
	h	**€ brutto**	**41**	**49**	**53**	**55**	**60**
		€ netto	35	41	45	46	51
31	**Stundensatz Tischler-Helfer** Stundenlohnarbeiten Werker, Helfer; Tischlerarbeiten						
	h	**€ brutto**	**20**	**33**	**38**	**42**	**51**
		€ netto	17	28	32	35	43

328
Parkettarbeiten, Holzpflasterarbeiten

Parkettarbeiten, Holzpflasterarbeiten						Preise €
Nr.	**Kurztext** / Stichworte			**brutto ø**		
	Einheit / Kostengruppe	▶	▷	netto ø	◁	◀
1	**Parkettboden entfernen, Lagerholz** Parkettboden ausbauen; inkl. Schüttung; auf Lagerholz; Bauschutt entsorgen					
	m² € brutto	**7,0**	**11,7**	**17,2**	**20,7**	**23,8**
	KG 394 € netto	5,9	9,8	14,5	17,4	20,0
2	**Holzsockelleiste ausbauen** Sockelleiste ausbauen; Holz; Bauschutt entsorgen					
	m € brutto	**0,5**	**1,0**	**1,5**	**1,8**	**2,4**
	KG 394 € netto	0,4	0,9	1,3	1,5	2,0
3	**Parkett abdecken** Parkett abdecken; schützen					
	m² € brutto	**–**	**2,8**	**4,0**	**4,9**	**–**
	KG 395 € netto	–	2,3	3,4	4,1	–
4	**Parkettboden abdecken, Wellpappe** Holzbodenbelag abdecken; Wellpappe					
	m² € brutto	**–**	**1,7**	**2,5**	**3,0**	**–**
	KG 395 € netto	–	1,4	2,1	2,5	–
5	**Parkettboden abdecken, Filz und Folie** Parkettboden abdecken; Filz und Folie					
	m² € brutto	**–**	**2,0**	**3,0**	**3,6**	**–**
	KG 395 € netto	–	1,7	2,5	3,0	–
6	**Parkettboden abdecken, Holzwerkstoffplatten** Parkettboden abdecken; Holzwerkstoffplatten					
	m² € brutto	**–**	**4,7**	**6,9**	**8,3**	**–**
	KG 395 € netto	–	3,9	5,8	7,0	–
7	**Estrich spachteln, ausgleichen** Estrich spachteln; Spachtelmasse, kunstharzvergütet; Dicke: 1-5mm; Höhe ausgleichen					
	m² € brutto	**3,6**	**4,5**	**6,7**	**8,0**	**12,0**
	KG 395 € netto	3,0	3,8	5,6	6,7	10,1
8	**Trennlage, Parkett** Trennlage; Baumwollfilz; 5mm; einlagig verlegen; Parkettbelag					
	m² € brutto	**1,0**	**2,0**	**2,5**	**3,4**	**5,3**
	KG 352 € netto	0,8	1,7	2,1	2,9	4,4
9	**Unterboden, Holzspanplatte** Unterboden; Holzspanplatte, P4; Dicke 21mm; NF-Profil, versetzte Stöße; mit Schrauben befestigen					
	m² € brutto	**19**	**26**	**29**	**34**	**46**
	KG 352 € netto	16	22	25	29	38

 © BKI Baukosteninformationszentrum

Kosten: Stand 3.Quartal 2015, Bundesdurchschnitt

Parkettarbeiten, Holzpflasterarbeiten							**Preise €**
Nr.	**Kurztext** / Stichworte				**brutto ø**		
	Einheit / Kostengruppe		▶	▷	netto ø	◁	◀
10	**Blindboden, Nadelholz**						
	Blindboden; Nadelholz, S10, einseitig gehobelt; Dicke 24mm, Breite 150mm; gespundete Schalung; inkl. chemischem Holzschutz, Prüfprädikat Iv, P, W						
	m²	**€ brutto**	**37**	**53**	**53**	**62**	**74**
	KG 352	€ netto	31	44	45	52	62
11	**Dielenbodenbelag, Laubholzdielen**						
	Vollholz, Dielenboden; Buche; Dicke 25mm, lxb=1250x250mm, Parallelverband, verklebt/versenkt geschraubt; auf Lagerholz						
	m²	**€ brutto**	**48**	**70**	**80**	**90**	**107**
	KG 352	€ netto	40	58	67	76	90
12	**Fertigparkettbelag, beschichtet**						
	Fertigparkett, beschichtet; Holzdeckschicht mind. 4mm; 240x2.000mm; schwimmend verlegt, Parallelverband mit regelmäßigem Stoß; Estrich; mit Nut- und Feder						
	m²	**€ brutto**	**54**	**70**	**76**	**80**	**99**
	KG 352	€ netto	45	59	64	67	83
13	**Hochkantlamellenparkett, versiegelt**						
	Vollholz, Lamellenparkett; Eiche/Buche/.....; Dicke 22mm, Breite 18mm; inkl. schleifen, versiegeln						
	m²	**€ brutto**	**69**	**79**	**81**	**89**	**112**
	KG 352	€ netto	58	66	68	75	94
14	**Stabparkett, versiegelt**						
	Vollholz, Stabparkett; Eiche; Dicke 14-22mm, lxb=250x40mm; NF-Profil; Estrich						
	m²	**€ brutto**	**72**	**91**	**100**	**115**	**142**
	KG 352	€ netto	60	77	84	96	120
15	**Sockelleiste, Hartholz**						
	Sockelleiste; Buche, lackiert, Viertelstab-Profil; 16x16mm; Ecken mit Gehrungsschnitt, mit Nägel befestigen						
	m	**€ brutto**	**4,9**	**8,6**	**10,5**	**11,4**	**15,4**
	KG 352	€ netto	4,1	7,2	8,8	9,6	12,9
16	**Sockelleiste, Eiche**						
	Sockelleiste; Eiche, Rechteckprofil, lackiert; Ecken mit Gehrungsschnitt, mit Senkkopf-Schrauben befestigen						
	m	**€ brutto**	**6,2**	**10,5**	**12,3**	**15,8**	**28,9**
	KG 352	€ netto	5,2	8,8	10,3	13,3	24,3

Parkettarbeiten, Holzpflasterarbeiten						Preise €
Nr.	**Kurztext** / Stichworte **Einheit** / Kostengruppe	▶	▷	**brutto ø** netto ø	◁	◀
17	**Sockelleiste, Esche/Ahorn** Sockelleiste; Ahorn, Esche, Schmetterlingsprofil, lackiert; 25x25mm; Ecken mit Gehrungsschnitt, befestigen mit Senkkopf-Schrauben					
	m **€ brutto**	**4,9**	**8,8**	**10,8**	**12,5**	**16,4**
	KG 352 € netto	4,1	7,4	9,0	10,5	13,8
18	**Parkettboden schleifen** Parkettboden schleifen; bis Körnung 180; reinigen; Schleifgut entsorgen					
	m² **€ brutto**	**8,3**	**10,6**	**14,7**	**18,3**	**23,7**
	KG 395 € netto	7,0	8,9	12,3	15,4	19,9
19	**Parkettboden wachsen** Parkettboden wachsen; Hartwachs; polieren					
	m² **€ brutto**	**5,6**	**6,6**	**9,6**	**11,6**	**17,7**
	KG 395 € netto	4,7	5,5	8,1	9,7	14,8
20	**Parkettboden ölen** Parkettboden ölen					
	m² **€ brutto**	**–**	**11**	**17**	**20**	**–**
	KG 395 € netto	–	9,7	14	17	–
21	**Übergangsprofil/Abdeckschiene; Edelstahl** Übergangsprofil; Edelstahl; Belagwechsel					
	m **€ brutto**	**11**	**14**	**16**	**21**	**28**
	KG 352 € netto	9,2	11,8	13,2	17,9	23,4
22	**Übergangsprofil/Abdeckschiene; Aluminium** Übergangsprofil; Aluminium; Belagwechsel					
	m **€ brutto**	**11**	**16**	**17**	**19**	**23**
	KG 352 € netto	9,3	13,1	14,7	15,9	19,6
23	**Übergangsprofil/Abdeckschiene; Messing** Übergangsprofil; Messing; Belagwechsel					
	m **€ brutto**	**8,2**	**18,9**	**21,7**	**23,0**	**37,5**
	KG 352 € netto	6,9	15,9	18,2	19,3	31,5
24	**Stundensatz Parkettleger-Facharbeiter** Stundenlohnarbeiten, Vorarbeiter, Facharbeiter; Parkettleger					
	h **€ brutto**	**42**	**50**	**53**	**58**	**70**
	€ netto	36	42	45	49	59

 © BKI Baukosteninformationszentrum

Beschlagarbeiten **Preise €**

Nr.	Kurztext / Stichworte Einheit / Kostengruppe	▶	▷	brutto ø netto ø	◁	◀
1	**Fenstergriff, Aluminium** Fensterolive; Aluminium; Vier-Punkt-Kugelrastung, unsichtbar befestigt; Verschraubung M5					
	St € brutto	**14**	**32**	**38**	**57**	**93**
	KG 334 € netto	12	27	32	48	78
2	**Drückergarnitur, Stahl** Drückergarnitur; Stahlkern, Metallrosette; Türedicke 42mm; Metallrosette mit/ohne Hochhaltefeder					
	St € brutto	**19**	**41**	**50**	**61**	**88**
	KG 344 € netto	16	34	42	51	74
3	**Drückergarnitur, Aluminium** Drückergarnitur; Aluminium, Metallrosette; Metallrosette mit/ohne Hochhaltefeder; für Rauch-/Feuerschutztür					
	St € brutto	**26**	**63**	**80**	**98**	**156**
	KG 344 € netto	22	53	67	82	131
4	**Drückergarnitur, Edelstahl** Drückergarnitur; Edelstahl, Metallrosette; Metallrosette mit/ohne Hochhaltefeder; für Rauch-/Feuerschutztür					
	St € brutto	**112**	**176**	**200**	**240**	**360**
	KG 344 € netto	94	148	168	202	302
5	**Bad-/WC-Garnitur, Aluminium** Bad-WC-Garnitur; Aluminium, Metallrosette; Türdicke 42mm; Metallrosette mit/ohne Hochhaltefeder					
	St € brutto	**27**	**59**	**73**	**97**	**137**
	KG 344 € netto	22	50	61	81	115
6	**Stoßgriff, Tür, Aluminium** Türstange; Aluminium; Durchmesser 200mm; verdeckt verschraubt					
	St € brutto	**107**	**192**	**211**	**265**	**401**
	KG 344 € netto	90	161	177	222	337
7	**Obentürschließer, zweiflüglige Tür** Obentürschließer; zweiflüglige Tür; Schließgröße EN 2-4, Türflügel bis max. 1.100mm, Öffnungswinkel 180°, Feststellbereich 70-150°; Basisschließer, Normalgestänge; für Rauch-/Feuerschutztür					
	St € brutto	**95**	**192**	**239**	**298**	**433**
	KG 344 € netto	80	161	201	250	364
8	**Türstopper, Wandmontage** Türstopper, Wandmontage; Metall, poliert/gebürstet mit Gummipuffer; rund/eckig, geschraubt					
	St € brutto	**16**	**24**	**27**	**35**	**46**
	KG 344 € netto	13	20	23	30	39

 © BKI Baukosteninformationszentrum

Kosten: Stand 3.Quartal 2015, Bundesdurchschnitt

Beschlagarbeiten — Preise €

Nr.	Kurztext / Stichworte Einheit / Kostengruppe		▶	▷	brutto ø netto ø	◁	◀
9	**Türstopper, Bodenmontage** Türstopper, Bodenmontage; Metall, poliert/gebürstet mit Gummipuffer; rund/eckig, geschraubt						
	St	**€ brutto**	**11**	**24**	**28**	**43**	**79**
	KG 344	€ netto	9,2	20,3	23,5	36,0	66,8
10	**Lüftungsgitter, Türblatt** Lüftungsgitter; Aluminium/Kunststoff; stufenlos regulierbar, verschließbar; Holztürblatt						
	St	**€ brutto**	**16**	**30**	**34**	**46**	**70**
	KG 344	€ netto	14	25	29	39	59
11	**Doppel-Schließzylinder** Profil-Doppelzylinder; Messing, matt vernickelt; Länge 30,5mm/30,5mm; verschieden-/gleichschließend, inkl. Stulpschraube M5 vernickelt						
	St	**€ brutto**	**39**	**73**	**91**	**124**	**211**
	KG 344	€ netto	33	62	76	105	177
12	**Halb-Schließzylinder** Profil-Halbzylinder; Messing, matt vernickelt; Länge 30,5mm/10mm; verschieden-/gleichschließend, inkl. Stulpschraube M5 vernickelt						
	St	**€ brutto**	**18**	**46**	**56**	**69**	**100**
	KG 344	€ netto	15	38	47	58	84
13	**Profil-Zylinderverlängerung, je 10mm** Profil-Zylinderverlängerung; je angefangene 10mm						
	St	**€ brutto**	**1,9**	**3,9**	**4,6**	**6,3**	**9,2**
	KG 344	€ netto	1,6	3,2	3,9	5,3	7,8
14	**Profil-Blindzylinder** Profil-Blindzylinder; Messing, matt vernickelt; Länge 30,5mm/30,5mm; inkl. Stulpschraube M5 vernickelt						
	St	**€ brutto**	**6,9**	**11,4**	**13,5**	**19,5**	**30,0**
	KG 344	€ netto	5,8	9,6	11,4	16,4	25,2
15	**Generalhaupt-, Generalschlüssel** Generalhauptschlüssel; Profilzylinder; Schließanlage						
	St	**€ brutto**	**4,7**	**8,0**	**9,7**	**12,4**	**19,0**
	KG 344	€ netto	3,9	6,7	8,2	10,4	16,0
16	**Schlüssel, Buntbart** Schlüssel, Buntbart; Messing, verchromt, poliert; gleichschließend; Zimmertür; Türschlösser Klasse 1						
	St	**€ brutto**	**2,5**	**4,4**	**5,1**	**6,5**	**9,2**
	KG 344	€ netto	2,1	3,7	4,3	5,5	7,7

Beschlagarbeiten						Preise €
Nr.	Kurztext / Stichworte Einheit / Kostengruppe	▶	▷	brutto ø netto ø	◁	◀
17	**Gruppen-, Hauptschlüssel** Gruppen-, Hauptschlüssel; Profilzylinder					
	St € brutto	**3,9**	**6,8**	**8,1**	**10,9**	**16,0**
	KG 344 € netto	3,3	5,7	6,8	9,2	13,5
18	**Schlüsselschrank, wandhängend** Schlüsselschrank, wandhängend; Aluminium/Kunststoff; Türöffnung über 90°; inkl. zwei Schlüssel, farbig sortierte Musterbeutel					
	St € brutto	**81**	**203**	**279**	**361**	**587**
	KG 344 € netto	68	170	234	303	493
19	**WC-Symbol** Beschilderung; Edelstahl/Kunststoff; eingefrästes Symbol und Beschriftung, unsichtbare Befestigung					
	St € brutto	**11**	**25**	**30**	**44**	**60**
	KG 344 € netto	9,0	21,4	25,6	36,8	50,8
20	**Riegelschloss, Profil-Halbzylinder** Riegelschloss; vorgerichtet für Profil-Halbzylinder; inkl. Bohr- und Fräsarbeiten					
	St € brutto	**47**	**86**	**101**	**110**	**183**
	KG 344 € netto	39	72	85	92	153
21	**Absenkdichtung, Tür** Bodendichtung; Druckplatte, PVC-Dichtprofil, Befestigungswinkel; Zimmertür/Schallschutztür					
	St € brutto	**54**	**86**	**95**	**109**	**143**
	KG 344 € netto	45	72	80	91	120

 © BKI Baukosteninformationszentrum

Rollladenarbeiten **Preise €**

Nr.	Kurztext / Stichworte Einheit / Kostengruppe	▶	▷	brutto ø netto ø	◁	◀
1	**Rollladen entfernen** Rollladen ausbauen; Breite bis 1,50m, Höhe bis 2,50m; inkl. Deckel, Welle, Gurtband und Wickler; Bauschutt entsorgen					
	m² € brutto	**20**	**22**	**33**	**40**	**47**
	KG 394 € netto	16	19	28	33	39
2	**Markise entfernen** Markise ausbauen; Breite bis 4,00m, Ausstelltiefe bis 3,00m; inkl. Gelenkarm, Welle und Bedienelement; Bauschutt entsorgen					
	m² € brutto	**–**	**55**	**80**	**97**	**–**
	KG 394 € netto	–	46	68	81	–
3	**Außenjalousie entfernen** Außenjalousie ausbauen; Aluminiumlamellen; Breite bis 4,00m, Höhe bis 3,00m; inkl. Kurbel und Welle; Bauschutt entsorgen					
	m² € brutto	**–**	**15**	**23**	**27**	**–**
	KG 394 € netto	–	13	19	23	–
4	**Sonnenschutz, Stoff, innen, entfernen** Sonnenschutz ausbauen; Stoff, innen; Breite bis 4,00m, Höhe bis 3,00m; Bauschutt entsorgen					
	m² € brutto	**–**	**12**	**17**	**21**	**–**
	KG 394 € netto	–	10,0	15	18	–
5	**Rollladen-Gurtwickler ausbauen** Rollladen-Gurtwickler ausbauen; Abmessungen 19x11,5x23,8cm; aus Ziegelmauerwerk; Bauschutt entsorgen					
	St € brutto	**–**	**7,4**	**10**	**12**	**–**
	KG 394 € netto	–	6,2	8,7	10	–
6	**Baufuge abdichten, Rollladenkasten** Baufuge abdichten; Dichtband, Baufuge; Klebebereich 60mm; wind- und dampfdicht; Rollladenkasten/Zargenrahmen					
	m € brutto	**–**	**11**	**14**	**16**	**–**
	KG 395 € netto	–	9,1	12	13	–
7	**Rollladenkasten dämmen** Rollladenkasten dämmen; Dämmmatten; Dicke bis 40mm; flexible Dämmmatten					
	m² € brutto	**30**	**38**	**56**	**67**	**96**
	KG 395 € netto	25	32	47	56	80
8	**Klappendeckel abdichten, Rollladenkasten** Klappendeckel abdichten; Größe 2.000x250mm; Rollladenkasten					
	St € brutto	**–**	**20**	**29**	**35**	**–**
	KG 395 € netto	–	17	24	29	–

Kosten: Stand 3.Quartal 2015, Bundesdurchschnitt

Rollladenarbeiten							**Preise €**
Nr.	**Kurztext** / Stichworte				**brutto ø**		
	Einheit / Kostengruppe		▶	▷	netto ø	◁	◀
9	**Rollladenkastendeckel auswechseln** Rollladenkastendeckel austauschen; Deckel gedämmt; Länge bis 1,20mm, Höhe bis 0,30m; Bauschutt entsorgen						
	m	**€ brutto**	**–**	**17**	**25**	**29**	**–**
	KG 395	€ netto	–	14	21	24	–
10	**Rollladengurte auswechseln** Rollladengurte auswechseln; Länge bis 4,00m; Bauschutt entsorgen						
	St	**€ brutto**	**–**	**27**	**40**	**47**	**–**
	KG 395	€ netto	–	23	33	40	–
11	**Rollladenführungsschiene erneuern** Rollladenführungsschiene ersetzen; durch geräuscharme, eloxierte Führungsschiene; Länge bis 1.000mm; Bauschutt entsorgen						
	St	**€ brutto**	**–**	**27**	**38**	**43**	**–**
	KG 395	€ netto	–	22	32	36	–
12	**Rollladenwelle erneuern, bis 1.500mm** Rollladenwelle ausbauen; neue Welle einbauen; Länge bis 1.500mm; Bauschutt entsorgen						
	St	**€ brutto**	**–**	**54**	**79**	**95**	**–**
	KG 395	€ netto	–	45	66	80	–
13	**Rollladenwelle erneuern, bis 2.500mm** Rollladenwelle ausbauen; neue Welle einbauen; Länge bis 2.500mm; Bauschutt entsorgen						
	St	**€ brutto**	**–**	**75**	**110**	**132**	**–**
	KG 395	€ netto	–	63	92	111	–
14	**Vorbaurollladen, Führungsschiene** Vorbaurollladen; Aluminiumkasten, Aluminiumschiene; Profil hxb=50x35-50mm, WK 1/2; Ecken gerundet/scharfkantig						
	St	**€ brutto**	**157**	**304**	**358**	**411**	**570**
	KG 338	€ netto	132	256	301	345	479
15	**Rollladen, inkl. Führungsschiene, Gurt** Rollladen; Einzelrollladen; WK 1/2; in bauseitigen Kasten						
	St	**€ brutto**	**90**	**202**	**227**	**276**	**376**
	KG 338	€ netto	75	170	190	232	316
16	**Jalousie/Raffstore, außen** Außenjalousie; Aluminiumlamellen, Aluminium-/Edelstahlschiene; Lamellen 35mm, Dicke 0,22-0,30mm; elektrisch betrieben; Mauerwerk/WDVS mit Stahlbeton						
	St	**€ brutto**	**464**	**707**	**755**	**849**	**1.091**
	KG 338	€ netto	390	594	635	713	917

Rollladenarbeiten						Preise €
Nr.	**Kurztext** / Stichworte			**brutto ø**		
	Einheit / Kostengruppe	►	▷	netto ø	◁	◄
17	**Fensterladen, Holz, zweiteilig** Klappladen; Nadelholz/Eiche, S10, Aluminium-/Edelstahlschiene; Lamellen 45mm, Dicke 20-25mm					
	St **€ brutto**	**431**	**551**	**603**	**898**	**1.328**
	KG 338 € netto	362	463	507	754	1.116
18	**Stundensatz Facharbeiter, Rollladenarbeiten** Stundenlohnarbeiten, Vorarbeiter, Facharbeiter; Rollladenarbeiten					
	h **€ brutto**	**36**	**46**	**53**	**55**	**61**
	€ netto	30	39	44	46	52

© BKI Baukosteninformationszentrum

Metallbauarbeiten						Preise €
Nr.	Kurztext / Stichworte			brutto ø		
	Einheit / Kostengruppe	►	▷	netto ø	◁	◄
1	**Profilstahl-Konstruktion, Profile IPE** Stahlträger, HEB/IPE/HEA/HEM; S235JR, grundiert/beschichtet; Deckenkonstruktion					
	kg	**€ brutto**	**3,0**	**4,2**	**4,8**	**5,4**	**7,0**
	KG 351	€ netto	2,5	3,6	4,0	4,5	5,9
2	**Handlauf, Stahl** Handlauf; Stahl S235JR+AR, verzinkt; Durchmesser 25/33,7/42,4/60mm; Außen-/Innenbereich					
	m	**€ brutto**	**35**	**56**	**71**	**84**	**106**
	KG 359	€ netto	29	47	60	71	89
3	**Handlauf, Stahl, Wandhalterung** Handlaufhalter; Stahl S235JR/Flachstahl, beschichtet/feuerverzinkt; Durchmesser 12/16mm/Flachstahl 10mm; je Wandhalter 2 Klebedübel, Inbus M10; Wandmontage					
	St	**€ brutto**	**20**	**44**	**52**	**67**	**96**
	KG 359	€ netto	17	37	44	56	81
4	**Handlauf, Enden in diverse Ausführungen** Handlauf-Endstück; Stahl/Edelstahl; Durchmesser 25/33,7/42,4/60mm; flache Kappe/gewölbte Kappe/gekröpfte 90°					
	St	**€ brutto**	**12**	**32**	**40**	**48**	**65**
	KG 359	€ netto	10	27	33	40	55
5	**Handlauf, Ecken/Gehrungen** Handlauf-Eckstück; Stahl/Edelstahl/Holz; 30°/45°/90°					
	St	**€ brutto**	**17**	**36**	**47**	**59**	**73**
	KG 359	€ netto	14	30	40	49	61
6	**Treppengeländer, Flachstahlfüllung** Treppengeländer; Stahlkonstruktion, Handlauf Rundrohr, Flachstabstahl; Höhe 1,10m, Handlauf 42,4mm; Innenbereich					
	m	**€ brutto**	**157**	**252**	**289**	**325**	**406**
	KG 359	€ netto	132	212	243	273	342
7	**Stahl-Umfassungszarge, 875x2.000/2.125** Stahlumfassungszarge; brandverzinkt/grundiert; 875x2.000/2.125mm, MW 145mm, Tiefe 115mm; KS-Mauerwerk					
	St	**€ brutto**	**113**	**194**	**230**	**281**	**360**
	KG 344	€ netto	95	163	193	236	303
8	**Stahl-Umfassungszarge, 1.000x2.000/2.125** Stahlumfassungszarge; brandverzinkt/grundiert; 1.000x2.000/2.125mm, MW 145mm, Tiefe 115mm; KS-Mauerwerk					
	St	**€ brutto**	**174**	**262**	**300**	**341**	**452**
	KG 344	€ netto	146	220	252	286	379

Kosten: Stand 3.Quartal 2015, Bundesdurchschnitt

Metallbauarbeiten — Preise €

Nr.	Kurztext / Stichworte Einheit / Kostengruppe		▶	▷	brutto ø netto ø	◁	◀
9	**Stahltür, einflügig, 1.010x2.130** Metalltürelement; Stahl; 1.010x2.130mm, Dicke 50mm; einflüglig, gefalzt/flächenbündig; Normalraum/Nassraum						
	St	**€ brutto**	**536**	**805**	**907**	**1.041**	**1.365**
	KG 344	€ netto	450	677	762	875	1.147
10	**Stahltür, zweiflüglig** Metalltürelement; Stahl; Dicke 50mm; zweiflüglig, gefalzt/flächenbündig; Normalraum/Nassraum						
	St	**€ brutto**	**1.247**	**1.711**	**1.927**	**2.113**	**2.681**
	KG 344	€ netto	1.048	1.437	1.619	1.776	2.253
11	**Stahltür, Brandschutz, EI 30-C, 875x2.000/2.125** Brandschutztürelement, EI 30-C; Stahl; 875x2.000/2.125mm; einflüglig						
	St	**€ brutto**	**562**	**877**	**986**	**1.225**	**1.629**
	KG 344	€ netto	472	737	829	1.030	1.369
12	**Stahltür, Brandschutz, EI 30-C, 1.000x2.000/2.125** Brandschutztürelement, EI 30-C; Stahl; 1.000x2.000/2.125mm; einflüglig						
	St	**€ brutto**	**663**	**948**	**1.061**	**1.481**	**2.206**
	KG 344	€ netto	557	796	891	1.244	1.854
13	**Stahltür, Brandschutz, EI30-C, zweiflüglig** Brandschutztürelement EI30-C; Stahl; zweiflügelig						
	St	**€ brutto**	**1.465**	**2.516**	**2.909**	**3.350**	**4.177**
	KG 344	€ netto	1.231	2.114	2.444	2.816	3.510
14	**Stahltür, Brandschutz, EI 90-C, 875x2.000/2.125** Brandschutztürelement EI 90-C; Stahl; 875x2.000/2.125; einflüglig						
	St	**€ brutto**	**1.337**	**1.720**	**1.845**	**2.037**	**2.535**
	KG 344	€ netto	1.123	1.446	1.550	1.711	2.131
15	**Stahltür, EI 90-C, zweiflüglig** Brandschutztürelement T90-2; Stahl, verzinkt; zweiflügelig						
	St	**€ brutto**	**3.350**	**4.147**	**4.476**	**4.976**	**5.988**
	KG 344	€ netto	2.815	3.485	3.761	4.181	5.032
16	**Stahltreppe, gerade, einläufig, Trittbleche** Metalltreppe, einläufig; Stahl, S235JR, verzinkt; 16Stg, 17,2x28cm; freitragend						
	St	**€ brutto**	**1.130**	**4.272**	**5.321**	**6.967**	**11.000**
	KG 351	€ netto	949	3.590	4.472	5.854	9.244
17	**Stundensatz Schlosser-Facharbeiter** Stundenlohnarbeiten, Vorarbeiter, Facharbeiter; Schlosserarbeiten						
	h	**€ brutto**	**51**	**55**	**57**	**59**	**66**
		€ netto	43	46	48	50	55

Metallbauarbeiten							Preise €
Nr.	**Kurztext** / Stichworte				**brutto ø**		
	Einheit / Kostengruppe	▶		▷	netto ø	◁	◀
18	**Stundensatz Schlosser-Helfer**						
	Stundenlohnarbeiten Werker, Helfer; Schlosserarbeiten						
	h	**€ brutto**	**35**	**46**	**49**	**53**	**59**
		€ netto	29	39	41	44	50

 © **BKI** Baukosteninformationszentrum

Baureinigungsarbeiten — Preise €

Nr.	Kurztext / Stichworte Einheit / Kostengruppe		▶	▷	brutto ø netto ø	◁	◀
1	**Baureinigung, bei Baubetrieb** Bauzwischenreinigung; entfernen, grober Bauverschmutzung; inkl. Entsorgung						
	m²	**€ brutto**	**0,7**	**1,4**	**1,7**	**2,2**	**2,9**
	KG 397	€ netto	0,6	1,2	1,4	1,8	2,5
2	**Treppen/Podeste reinigen** Treppen reinigen; Betonbau-/Malerrückstände; mit Spatel, sowie abkehren, saugen, mit Reinigungsmittel abschrubben; inkl. Nachwischen der Treppengeländer, Brüstung und Handläufe						
	m²	**€ brutto**	**0,4**	**1,0**	**1,1**	**1,7**	**2,5**
	KG 397	€ netto	0,3	0,8	1,0	1,4	2,1
3	**Bodenbelag reinigen, Hartbeläge Lino/Kautschuk** Bodenbelag reinigen; Hartbelag; mit Reinigungs- und Pflegemittel; inkl. Sockelleisten						
	m²	**€ brutto**	**0,4**	**1,0**	**1,3**	**1,7**	**2,4**
	KG 397	€ netto	0,3	0,8	1,1	1,5	2,0
4	**Bodenbelag reinigen, Fliesen/Platten** Bodenbelag reinigen; Fliesen/Platten; mit Reinigungsmittel wischen; inkl. Sockelleisten						
	m²	**€ brutto**	**0,9**	**1,8**	**2,0**	**2,9**	**5,0**
	KG 397	€ netto	0,8	1,5	1,7	2,4	4,2
5	**Bodenbelag reinigen, Teppich** Bodenbelag reinigen; Teppich; mit Vakuum-/Bürstsaugen; inkl. Sockel						
	m²	**€ brutto**	**0,2**	**1,2**	**1,7**	**2,4**	**4,0**
	KG 397	€ netto	0,2	1,0	1,4	2,1	3,4
6	**Fassade reinigen, Hochdruckreiniger** Wandbelag reinigen; Fassade; Hochdruckreiniger; inkl. erf. Schutz und Abdeckarbeiten, Passantenschutz ja/nein						
	m²	**€ brutto**	**12**	**16**	**18**	**19**	**26**
	KG 397	€ netto	9,7	13,2	14,8	16,3	21,6
7	**Glasflächen reinigen, Fassadenelemente** Glasflächen reinigen; Fassadenelement; nass wischen, trocken ledern, polieren; inkl. Schutz- und Abdeckblechen						
	m²	**€ brutto**	**1,3**	**2,1**	**2,4**	**3,2**	**5,5**
	KG 397	€ netto	1,1	1,8	2,0	2,7	4,7
8	**Wandbelag reinigen, Fliesen** Wandbelag reinigen; Fliesen/Platten; mit Reinigungsmitteln; Entfernen von Zementschleier, Aufklebern						
	m²	**€ brutto**	**0,2**	**0,5**	**0,7**	**1,0**	**1,8**
	KG 397	€ netto	0,2	0,5	0,6	0,8	1,5

 © BKI Baukosteninformationszentrum

Kosten: Stand 3.Quartal 2015, Bundesdurchschnitt

Baureinigungsarbeiten | **Preise €**

Nr.	Kurztext / Stichworte Einheit / Kostengruppe		▶	▷	brutto ø netto ø	◁	◀
9	**Türen reinigen** Tür reinigen; Metall/Holz/Schichtstoff; mit Reinigungs- und Pflegemitteln; Entfernen von Verunreinigungen und Aufklebern						
	St	**€ brutto**	**0,6**	**2,3**	**3,1**	**4,4**	**7,5**
	KG 397	€ netto	0,5	1,9	2,6	3,7	6,3
10	**Heizkörper reinigen** Einrichtung reinigen; Heizkörper; mit Reinigungs- und Pflegemitteln; inkl. Armaturen, Zuleitungen						
	m²	**€ brutto**	**0,4**	**1,1**	**1,4**	**1,7**	**2,4**
	KG 397	€ netto	0,3	0,9	1,1	1,4	2,0
11	**Waschtisch/Duschwanne reinigen** Einrichtung reinigen; Waschtisch/Duschwanne; mit Reinigungs- und Pflegemitteln; inkl. Armaturen, Zu- und Abläufen						
	St	**€ brutto**	**0,6**	**3,0**	**3,5**	**3,7**	**6,6**
	KG 397	€ netto	0,5	2,5	2,9	3,1	5,5
12	**WC-Schüssel/Urinal reinigen** Einrichtung reinigen; WC-Schüssel/Urinal, Keramik; mit Reinigungs- und Pflegemitteln; inkl. Armaturen, Zu- und Abläufen						
	St	**€ brutto**	**0,6**	**2,8**	**3,2**	**4,5**	**6,6**
	KG 397	€ netto	0,5	2,4	2,7	3,8	5,5
13	**Geländer reinigen** Einrichtung reinigen; Geländer, Stahl/Holz; mit Reinigungs- und Pflegemitteln						
	m	**€ brutto**	**0,2**	**0,8**	**1,0**	**1,5**	**2,5**
	KG 397	€ netto	0,2	0,7	0,8	1,2	2,1
14	**Einzelfenster reinigen** Fenster reinigen; nass wischen mit Reinigungsmitteln, trocken ledern; inkl. Entfernen aller Aufkleber						
	St	**€ brutto**	**0,8**	**3,5**	**4,4**	**5,4**	**7,9**
	KG 397	€ netto	0,7	2,9	3,7	4,6	6,7
15	**Stundensatz Baureiniger-Facharbeiter** Stundenlohnarbeiten Vorarbeiter, Facharbeiter; Baureinigungsarbeiten						
	h	**€ brutto**	**22**	**27**	**29**	**31**	**34**
		€ netto	18	22	24	26	29
16	**Stundensatz Baureiniger-Helfer** Stundenlohnarbeiten Werker, Helfer; Baureinigungsarbeiten						
	h	**€ brutto**	**18**	**23**	**26**	**29**	**35**
		€ netto	15	20	22	24	29

Maler- und Lackierarbeiten - Beschichtungen — Preise €

Nr.	Kurztext / Stichworte Einheit / Kostengruppe		▶	▷	brutto ø netto ø	◁	◀
1	**Öffnungen abdecken, Strahlarbeiten** Öffnungen abdecken, Druckwasserreinigung; Plattenware, Folie; Anschlüsse abkleben; Fassade						
	m²	**€ brutto**	**5,6**	**10,3**	**15,2**	**17,3**	**19,2**
	KG 395	€ netto	4,7	8,7	12,7	14,5	16,2
2	**Trockenstrahlen, Fassade** Fassadenreinigung, Trockenstrahlen; festes Strahlmittel; Beschichtungen, haftmindernde Bestandteile entfernen; inkl. Abrieb- und Strahlmaterial entsorgen						
	m²	**€ brutto**	**8,8**	**9,8**	**13,2**	**15,0**	**16,8**
	KG 395	€ netto	7,4	8,2	11,1	12,6	14,1
3	**Strahlen mit Strahlmittel, Fassade** Fassadenreinigung, Nassstrahlen; festes Strahlmittel, Wasser; Beschichtungen, haftmindernde Bestandteile entfernen; inkl. Abrieb- und Strahlmaterial entsorgen						
	m²	**€ brutto**	**9,2**	**10,3**	**13,9**	**15,9**	**17,7**
	KG 395	€ netto	7,8	8,7	11,7	13,3	14,9
4	**Druckwasserstrahlen, Fassade** Fassadenreinigung, Druckwasserstrahlen; Beschichtungen, haftmindernde Bestandteile entfernen; inkl. Abrieb- und Strahlmaterial entsorgen						
	m²	**€ brutto**	**3,2**	**3,6**	**4,9**	**5,6**	**8,5**
	KG 395	€ netto	2,7	3,0	4,1	4,7	7,1
5	**Druckwasser temperiert, Fassade** Fassadenreinigung, temperiertes Druckwasserstrahlen; Verschmutzungen, Verunreinigungen entfernen; inkl. Abrieb- und Strahlmaterial entsorgen						
	m²	**€ brutto**	**1,3**	**2,4**	**3,2**	**3,7**	**7,0**
	KG 395	€ netto	1,1	2,0	2,7	3,1	5,9
6	**Dampfstrahlen temperiert, Fassade** Fassadenreinigung, temperiert Dampfstrahlen; inkl. Abrieb- und Strahlmaterial entsorgen						
	m²	**€ brutto**	**2,3**	**2,6**	**3,5**	**4,0**	**8,1**
	KG 395	€ netto	1,9	2,2	2,9	3,3	6,8
7	**Beschichtung entfernen, Außenputz** Beschichtung entfernen; Bauschutt entsorgen; Außenputz						
	m²	**€ brutto**	**7,6**	**8,4**	**11,4**	**13,0**	**21,8**
	KG 395	€ netto	6,4	7,1	9,6	10,9	18,3

 © BKI Baukosteninformationszentrum

Kosten: Stand 3.Quartal 2015, Bundesdurchschnitt

Maler- und Lackierarbeiten - Beschichtungen — Preise €

Nr.	Kurztext / Stichworte Einheit / Kostengruppe		▶	▷	brutto ø netto ø	◁	◀
8	**Holz schleifen/grundieren** Holzfläche vorbereiten, Beschichtung; zweimalig grundieren, zwischenschleifen; Außenbereich						
	m²	**€ brutto**	**2,0**	**3,7**	**4,9**	**5,6**	**7,7**
	KG 395	€ netto	1,7	3,1	4,2	4,7	6,5
9	**Holzfenster vorbereiten, Beschichtung** Holzfenster vorbereiten, Beschichtung; lose Farbe, Holzteile entfernen, schleifen; Außenbereich						
	St	**€ brutto**	**9,3**	**10,3**	**14,0**	**15,9**	**20,6**
	KG 395	€ netto	7,8	8,7	11,8	13,4	17,3
10	**Fenster abbeizen** Holzfenster abbeizen; Größe bis 1,35x1,35m						
	St	**€ brutto**	**9,3**	**10,4**	**14,1**	**16,0**	**22,6**
	KG 395	€ netto	7,8	8,7	11,8	13,5	19,0
11	**Hauseingangstür abbeizen** Hauseingangstür abbeizen; Holz; Größe bis 1,20x2,50m						
	m²	**€ brutto**	**51**	**57**	**77**	**88**	**112**
	KG 395	€ netto	43	48	65	74	94
12	**Gartenzaun abbeizen, Holz** Gartenzaun abbeizen; Holz; inkl. Türen						
	m²	**€ brutto**	**18**	**20**	**27**	**31**	**39**
	KG 395	€ netto	15	17	23	26	33
13	**Balkonbrett abbeizen, Holz** Bretter abbeizen; Abwicklung 30cm; Balkon						
	m	**€ brutto**	**2,7**	**3,6**	**4,9**	**5,6**	**9,4**
	KG 395	€ netto	2,3	3,1	4,1	4,7	7,9
14	**Metallflächen reinigen** Metallfläche reinigen; von Schmutz, Verunreinigungen; Außenbereich						
	m²	**€ brutto**	**1,5**	**1,7**	**2,3**	**2,6**	**4,4**
	KG 395	€ netto	1,3	1,4	1,9	2,2	3,7
15	**Metallflächen entrosten, Strahlen** Metallfläche entrosten, Trockenstrahlen; Außenbereich						
	m²	**€ brutto**	**3,7**	**4,1**	**5,6**	**6,4**	**9,6**
	KG 395	€ netto	3,1	3,5	4,7	5,4	8,0
16	**Metallflächen entrosten, Teilflächen** Metallfläche entrosten, Teilflächen; Fläche bis 30%; Außenbereich						
	m²	**€ brutto**	**2,9**	**3,3**	**4,4**	**5,0**	**6,9**
	KG 395	€ netto	2,5	2,7	3,7	4,2	5,8

Maler- und Lackierarbeiten - Beschichtungen **Preise €**

Nr.	Kurztext / Stichworte Einheit / Kostengruppe		▶	▷	brutto ø netto ø	◁	◀
17	**Metallflächen vorbereiten** Metallfläche vorbereiten, Überholungsbeschichtung; Beschichtung entfernen, Fehlstellen ausbessern; Außenbereich						
	m²	**€ brutto**	**7,2**	**8,1**	**10,9**	**12,4**	**17,3**
	KG 395	€ netto	6,1	6,8	9,2	10,5	14,5
18	**Metallflächen schleifen/grundieren** Metallfläche vorbereiten, Überholungsbeschichtung; schleifen, grundieren; Außenbereich						
	m²	**€ brutto**	**2,9**	**3,3**	**4,4**	**5,0**	**8,2**
	KG 395	€ netto	2,5	2,7	3,7	4,2	6,9
19	**Stahlgeländer abbeizen** Geländer abbeizen; Stahl						
	m²	**€ brutto**	**6,3**	**9,6**	**13,0**	**14,8**	**20,5**
	KG 395	€ netto	5,3	8,1	10,9	12,4	17,2
20	**Bodenflächen abdecken, Malervlies** Bodenfläche abdecken; Malerabdeckvlies, rutschsicher; lose, abkleben						
	m²	**€ brutto**	**0,8**	**1,4**	**1,9**	**2,4**	**2,7**
	KG 395	€ netto	0,7	1,2	1,6	2,0	2,3
21	**Bodenflächen abdecken, Krepppapier** Bodenfläche abdecken; Malerkrepppapier; lose, abkleben						
	m²	**€ brutto**	**1,5**	**1,7**	**2,3**	**2,6**	**2,9**
	KG 395	€ netto	1,3	1,4	1,9	2,2	2,4
22	**Bodenflächen abdecken, Folie** Bodenfläche abdecken; Malerfolie; lose, abkleben						
	m²	**€ brutto**	**0,9**	**1,3**	**1,8**	**2,1**	**2,3**
	KG 395	€ netto	0,7	1,1	1,5	1,7	1,9
23	**Gegenstände abdecken, Plane** Gegenstände abdecken; Malerabdeckplane; lose, abkleben						
	m²	**€ brutto**	**1,2**	**1,3**	**1,8**	**2,0**	**2,6**
	KG 395	€ netto	1,0	1,1	1,5	1,7	2,2
24	**Geländer abdecken, PE-Folie** Geländer abdecken; Polyethylen-Folie; lose, abkleben						
	m²	**€ brutto**	**2,5**	**2,8**	**3,7**	**4,3**	**4,7**
	KG 395	€ netto	2,1	2,3	3,1	3,6	4,0
25	**Beschichtungsflächen reinigen** Beschichtungsfläche reinigen; zur Aufnahme Überholungsbeschichtung						
	m²	**€ brutto**	**0,9**	**1,0**	**1,3**	**1,6**	**2,6**
	KG 395	€ netto	0,7	0,8	1,1	1,4	2,2

 © BKI Baukosteninformationszentrum

Kosten: Stand 3.Quartal 2015, Bundesdurchschnitt

Maler- und Lackierarbeiten - Beschichtungen — Preise €

Nr.	Kurztext / Stichworte Einheit / Kostengruppe		▶	▷	brutto ø netto ø	◁	◀
26	**Altbeschichtung reinigen, innen** Beschichtung reinigen; zur Aufnahmen Überholungsbeschichtung; Innenbereich						
	m²	**€ brutto**	**0,9**	**0,4**	**1,4**	**1,6**	**1,8**
	KG 395	€ netto	0,8	0,4	1,2	1,3	1,5
27	**Altbeschichtung entfernen, innen** Beschichtung entfernen; abkratzen, nachwaschen; Innenbereich						
	m²	**€ brutto**	**0,8**	**0,9**	**1,3**	**1,4**	**2,8**
	KG 394	€ netto	0,7	0,8	1,1	1,2	2,4
28	**Altbeschichtung ausbessern, innen** Beschichtung ausbessern; lose Beschichtung abkratzen, ausbessern, nachwaschen, zur Aufnahme Überholungsbeschichtung; Innenbereich						
	m²	**€ brutto**	**3,3**	**3,7**	**5,0**	**5,7**	**7,5**
	KG 395	€ netto	2,8	3,1	4,2	4,8	6,3
29	**Ölfarbe entfernen, Innenputz** Ölfarbenbeschichtung entfernen; abbeizen, nachwaschen; auf Innenputz						
	m²	**€ brutto**	**7,0**	**8,7**	**8,1**	**9,2**	**16,9**
	KG 395	€ netto	5,9	7,3	6,8	7,7	14,2
30	**Ölfarbbeschichtung anschleifen** Ölfarbenbeschichtung anschleifen; reinigen; auf Innenputz						
	m²	**€ brutto**	**0,6**	**1,1**	**1,4**	**1,7**	**2,6**
	KG 395	€ netto	0,5	0,9	1,2	1,4	2,2
31	**Dübel entfernen, schließen** Dübel entfernen; Löcher schließen						
	St	**€ brutto**	**0,7**	**1,1**	**1,4**	**1,7**	**2,4**
	KG 395	€ netto	0,6	0,9	1,2	1,4	2,0
32	**Fehlstellen schließen, innen** Fehlstellen schließen, punktuell; Mörtel/Gips; Wand- und Deckenflächen						
	St	**€ brutto**	**1,3**	**1,4**	**1,9**	**2,2**	**3,8**
	KG 395	€ netto	1,1	1,2	1,6	1,8	3,2
33	**Schadstellen abklopfen, innen** Schadstellen entfernen; lose, Teile abklopfen; Betonflächen, innen; Bauschutt entsorgen						
	m²	**€ brutto**	**2,4**	**2,6**	**3,6**	**4,1**	**5,0**
	KG 395	€ netto	2,0	2,2	3,0	3,4	4,2
34	**Betonflächen ausbessern, innen** Betonflächen ausbessern; Innenwände und Decken						
	m²	**€ brutto**	**9,1**	**10,1**	**13,7**	**15,6**	**17,4**
	KG 395	€ netto	7,6	8,5	11,5	13,1	14,6

Maler- und Lackierarbeiten - Beschichtungen — Preise €

Nr.	Kurztext / Stichworte Einheit / Kostengruppe		▶	▷	brutto ø netto ø	◁	◀
35	**Spachtelung, Dispersion, innen** Spachtelung; Kunststoff-Dispersionsspachtelmasse; innen						
	m²	**€ brutto**	**5,0**	**5,6**	**6,4**	**7,3**	**10,4**
	KG 395	€ netto	4,2	4,7	5,4	6,1	8,8
36	**Spachtelung, Dispersion, 2x innen** Spachtelung; Kunststoff-Dispersionsspachtelmasse; zwei Arbeitsgänge; innen						
	m²	**€ brutto**	**6,7**	**7,5**	**10,1**	**11,5**	**14,8**
	KG 395	€ netto	5,6	6,3	8,5	9,7	12,5
37	**Spachtelung quarzhaltig, innen** Spachtelung; Spachtelmasse, quarzhaltig; innen						
	m²	**€ brutto**	**5,4**	**6,0**	**8,2**	**9,3**	**11,9**
	KG 395	€ netto	4,6	5,1	6,9	7,8	10,0
38	**Spachtelung faserhaltig, innen** Spachtelung; Spachtelmasse, faserhaltig; innen						
	m²	**€ brutto**	**5,6**	**6,3**	**8,5**	**9,7**	**12,1**
	KG 395	€ netto	4,7	5,3	7,1	8,1	10,2
39	**Putzfläche reinigen, innen** Putzfläche reinigen; Wasser, Salmiak; Innenwand, Decke						
	m²	**€ brutto**	**1,0**	**1,7**	**2,3**	**2,7**	**4,7**
	KG 395	€ netto	0,8	1,5	2,0	2,2	3,9
40	**Putzschaden ausbessern, innen** Putzschaden ausbessern; lose, schadhafte Teile entfernen; außen; Bauschutt entsorgen						
	m²	**€ brutto**	**6,6**	**11,7**	**15,9**	**18,1**	**23,2**
	KG 395	€ netto	5,6	9,9	13,3	15,2	19,5
41	**Innentür abschleifen** Innentür abschleifen; Holz; Oberflächenbehandlung						
	m²	**€ brutto**	**6,2**	**8,3**	**11,2**	**12,8**	**19,4**
	KG 395	€ netto	5,2	7,0	9,4	10,7	16,3
42	**Innentür abbeizen** Innentür abbeizen, nachwaschen; 1,00x2,00m; inkl. Zarge						
	m²	**€ brutto**	**63**	**70**	**95**	**108**	**133**
	KG 395	€ netto	53	59	80	91	112
43	**Metallflächen anschleifen, innen** Metallfläche vorbereiten; anschleifen; innen						
	m²	**€ brutto**	**2,1**	**2,5**	**3,4**	**3,9**	**6,4**
	KG 395	€ netto	1,8	2,1	2,9	3,3	5,4

© BKI Baukosteninformationszentrum

Maler- und Lackierarbeiten - Beschichtungen						Preise €
Nr.	**Kurztext** / Stichworte **Einheit** / Kostengruppe		▶	▷	**brutto ø** netto ø	◁	◀

Nr.	Kurztext / Einheit		▶	▷	ø	◁	◀
44	**Metallflächen schleifen/grundieren** Metallfläche vorbereiten, Beschichtung; schleifen, grundieren; innen						
	m²	**€ brutto**	**4,9**	**5,9**	**8,0**	**9,1**	**11,8**
	KG 395	€ netto	4,2	5,0	6,7	7,6	9,9
45	**Heizkörper, abbeizen** Heizkörper abbeizen, nachwaschen; Guss; trocknen						
	m²	**€ brutto**	**7,2**	**8,6**	**11,7**	**13,3**	**18,3**
	KG 395	€ netto	6,1	7,2	9,8	11,2	15,4
46	**Imprägnierung, hydrophob, Außenputz** Imprägnierung; hydrophobierend, transparent; Außenputzfläche						
	m²	**€ brutto**	**3,4**	**3,8**	**5,2**	**5,9**	**6,5**
	KG 335	€ netto	2,9	3,2	4,3	4,9	5,5
47	**Beschichtung, Dispersion, gefüllt, Putz außen** Überholungsbeschichtung, Putzfläche; Dispersion, füllend, Deckvermögen Kl.1, weiß, matt; außen; inkl. Grundierung						
	m²	**€ brutto**	**9,4**	**10,5**	**14,2**	**16,2**	**18,1**
	KG 335	€ netto	7,9	8,8	12,0	13,6	15,2
48	**Beschichtung, Silikatfarbe, gefüllt, Putz außen** Überholungsbeschichtung, Putzfläche; Silikatfarbe mit Grundierung, füllend, Deckvermögen Kl.1, weiß, matt; außen						
	m²	**€ brutto**	**8,8**	**9,8**	**13,2**	**15,1**	**16,8**
	KG 335	€ netto	7,4	8,2	11,1	12,7	14,1
49	**Beschichtung, Silikonfarbe, gefüllt, Putz außen** Überholungsbeschichtung, Putzfläche; Silikonfarbe, diffusionsfähig mit Grundfestiger, Deckvermögen Kl.1, weiß, matt; außen						
	m²	**€ brutto**	**9,6**	**10,7**	**14,5**	**16,5**	**18,4**
	KG 335	€ netto	8,1	9,0	12,2	13,9	15,4
50	**Beschichtung, Acrylfarbe, gefüllt, Putz außen** Überholungsbeschichtung, Putzfläche; Acrylfarbe, Deckvermögen Kl.1, weiß, matt; außen; inkl. Schadstellen grundieren und gefüllter Zwischenschicht.						
	m²	**€ brutto**	**11**	**12**	**16**	**19**	**21**
	KG 335	€ netto	9,2	10,2	13,8	15,7	17,5
51	**Beschichtung, Dispersion-Silikat, gefüllt, Putz außen** Überholungsbeschichtung, Putzfläche; Dispersionssilikatfarbe, Deckvermögen Kl.1, weiß, matt; außen; inkl. Grundierung						
	m²	**€ brutto**	**11**	**12**	**17**	**19**	**21**
	KG 335	€ netto	9,4	10,4	14,1	16,1	17,9

Maler- und Lackierarbeiten - Beschichtungen **Preise €**

Nr.	Kurztext / Stichworte Einheit / Kostengruppe		▶	▷	brutto ø netto ø	◁	◀
52	**Zwischenbeschichtung, zusätzlich** Zwischenbeschichtung, zusätzlich; außen						
	m²	**€ brutto**	**5,5**	**6,2**	**8,3**	**9,5**	**10,6**
	KG 335	€ netto	4,6	5,2	7,0	8,0	8,9
53	**Lasur, Dispersion, Holz außen** Überholungsbeschichtung Lasur, Holzfläche; Dispersionsfarbe; außen; inkl. Grundierung						
	m²	**€ brutto**	**10,0**	**11,1**	**15,1**	**17,2**	**19,1**
	KG 335	€ netto	8,4	9,4	12,7	14,4	16,1
54	**Beschichtung, Dispersion, Holz außen** Überholungsbeschichtung deckend, Holzfläche; Dispersionsfarbe, Deckvermögen Kl.1; mit Zwischenbeschichtung; außen; inkl. Grundierung						
	m²	**€ brutto**	**11**	**12**	**16**	**18**	**20**
	KG 335	€ netto	9,0	10,0	13,6	15,2	17,2
55	**Beschichtung, Kunstharz, Holz außen** Überholungsbeschichtung deckend, Holzfläche; Kunstharz, Deckvermögen Kl.1; außen; inkl. Grundierung						
	m²	**€ brutto**	**13**	**15**	**20**	**23**	**25**
	KG 335	€ netto	11	12	17	19	21
56	**Beschichtung, Kunstharz, Holzkonstruktion außen** Überholungsbeschichtung deckend, Holzkonstruktion; Kunstharz, Deckvermögen Kl.1; Stützen, Sparren, Fachwerk; inkl. Grundierung						
	m²	**€ brutto**	**15**	**16**	**22**	**25**	**28**
	KG 335	€ netto	12	14	19	21	24
57	**Beschichtung, Kunstharz, Holzfenster außen** Überholungsbeschichtung deckend, Holzfenster; Kunstharz, Deckvermögen Kl.1; außen; inkl. Grundierung						
	m²	**€ brutto**	**9,2**	**10,3**	**13,9**	**15,9**	**17,7**
	KG 335	€ netto	7,8	8,7	11,7	13,3	14,9
58	**Dickschichtlasur, Holzfenster außen** Überholungsbeschichtung Dickschichtlasur, Holzfenster; Kunstharz, Deckvermögen Kl.1; außen; inkl. Grundierung						
	m²	**€ brutto**	**8,7**	**9,7**	**13,1**	**15,0**	**16,7**
	KG 335	€ netto	7,3	8,2	11,0	12,6	14,0
59	**Beschichtung, Kunstharz, Holz, n. maßhaltig, außen** Überholungsbeschichtung Holzflächen, nicht maßhaltig; Kunstharzlack; gegen rückwärtige Feuchte; außen; inkl. Grundierung						
	m²	**€ brutto**	**14**	**16**	**21**	**24**	**27**
	KG 335	€ netto	12	13	18	21	23

 © BKI Baukosteninformationszentrum

Kosten: Stand 3.Quartal 2015, Bundesdurchschnitt

Maler- und Lackierarbeiten - Beschichtungen — Preise €

Nr.	Kurztext / Stichworte Einheit / Kostengruppe		▶	▷	brutto ø netto ø	◁	◀
60	**Lasur, Holz, nicht maßhaltig, außen** Beschichtung Holzflächen nicht maßhaltig; Dünnschichtlasur; zweimaliges aufbringen; außen; inkl. Grundierung						
	m²	**€ brutto**	**15**	**17**	**22**	**26**	**29**
	KG 335	€ netto	13	14	19	22	24
61	**Lasur, Holz, fungizid, außen** Beschichtung Holzflächen, nicht maßhaltig; fungizid eingestellte Dünnschichtlasur; nicht schichtbildend; außen; inkl. Grundierung						
	m²	**€ brutto**	**11**	**12**	**16**	**19**	**21**
	KG 335	€ netto	9,1	10,1	13,7	15,6	17,3
62	**Beschichtung, Kunstharz, Metall außen** Überholungsbeschichtung Metallfläche; Kunstharzlack, Deckvermögen Kl.1; außen; inkl. Grundierung						
	m²	**€ brutto**	**14**	**15**	**21**	**24**	**26**
	KG 335	€ netto	12	13	18	20	22
63	**Beschichtung, Kunstharz, Stahlgitter außen** Überholungsbeschichtung Stahlgitter; Kunstharzlack, Deckvermögen Kl.1; außen; inkl. Grundierung und Zwischenbeschichtung						
	m²	**€ brutto**	**25**	**28**	**38**	**43**	**53**
	KG 335	€ netto	21	23	32	36	44
64	**Beschichtung, Kunstharz, Stahlgeländer außen** Überholungsbeschichtung Stahlgeländer; Kunstharzlack, Deckvermögen Kl.1; außen; inkl. Grundierung und Zwischenbeschichtung						
	m²	**€ brutto**	**13**	**15**	**20**	**23**	**27**
	KG 335	€ netto	11	12	17	19	23
65	**Beschichtung, Kunstharz, Stahlkonstruktion außen** Überholungsbeschichtung Stahlträgerkonstruktion; Kunstharzlack, Deckvermögen Kl.1; außen; inkl. Grundierung und Zwischenbeschichtung						
	m²	**€ brutto**	**37**	**41**	**55**	**63**	**70**
	KG 335	€ netto	31	34	47	53	59
66	**Beschichtung, Kunstharz, Kleineisenteile außen** Überholungsbeschichtung Kleineisenteile; entrosten, Grund-, Zwischen- und Schlussbeschichtung; außen						
	St	**€ brutto**	**2,5**	**2,8**	**3,8**	**4,3**	**5,9**
	KG 335	€ netto	2,1	2,4	3,2	3,6	4,9
67	**Beschichtung, Kunstharz, Dachrinne** Beschichtung Dachrinne, Stahlblech; Kunstharz; bis DN150; reinigen, entrosten, Grund- und Schlussbeschichtung						
	m	**€ brutto**	**8,8**	**9,8**	**13,2**	**15,1**	**18,5**
	KG 335	€ netto	7,4	8,2	11,1	12,7	15,6

Maler- und Lackierarbeiten - Beschichtungen **Preise €**

Nr.	Kurztext / Stichworte Einheit / Kostengruppe	▶	▷	brutto ø netto ø	◁	◀
68	**Beschichtung, Fallrohr** Beschichtung Fallrohr, Stahl; Kunstharz; bis DN100; reinigen, entrosten, Grund- und Schlussbeschichtung					
	m **€ brutto**	**6,5**	**7,3**	**9,9**	**11,3**	**15,2**
	KG 335 € netto	5,5	6,1	8,3	9,5	12,8
69	**Beschichtung, Dispersion gefüllt, Putz innen** Überholungsbeschichtung deckend, Putzfläche; Dispersion, füllend, Deckvermögen Kl.1, weiß, matt; innen; inkl. Grundierung					
	m² **€ brutto**	**5,9**	**7,2**	**9,7**	**11,0**	**12,8**
	KG 335 € netto	5,0	6,0	8,1	9,3	10,7
70	**Beschichtung, Dispersion, Papiertapete** Überholungsbeschichtung deckend, Papiertapete; Dispersion, Deckvermögen Kl.1, weiß, matt; innen; inkl. Grundierung					
	m² **€ brutto**	**5,9**	**7,2**	**9,7**	**11,0**	**12,8**
	KG 335 € netto	5,0	6,0	8,1	9,3	10,7
71	**Beschichtung, Dispersion, Glasfasertapete** Überholungsbeschichtung deckend, Glasfasertapete; Dispersion, Deckvermögen Kl.1, weiß, matt; innen; inkl. Grundierung					
	m² **€ brutto**	**5,9**	**7,2**	**9,7**	**11,0**	**12,8**
	KG 335 € netto	5,0	6,0	8,1	9,3	10,8
72	**Beschichtung, Silikatfarbe gefüllt, Putz innen** Beschichtung Putzfläche; Silikatfarbe, Deckvermögen Kl.1, weiß, matt; innen; inkl. Grundierung und Zwischenbeschichtung					
	m² **€ brutto**	**6,2**	**7,4**	**10,0**	**11,4**	**13,2**
	KG 335 € netto	5,2	6,2	8,4	9,6	11,1
73	**Beschichtung, Dispersion gefüllt, Beton innen** Überholungsbeschichtung deckend, Betonfläche; Dispersionsbeschichtung, füllend, Deckvermögen Kl.1, weiß, matt; innen; inkl. Grundierung					
	m² **€ brutto**	**5,8**	**6,9**	**9,4**	**10,7**	**12,4**
	KG 335 € netto	4,9	5,8	7,9	9,0	10,4
74	**Beschichtung, Kunstharz, Betonboden innen** Beschichtung Beton/Estrich; Kunstharz, zweikomponentig, steingrau; Grund-, Zwischen- und Schlussbeschichtung					
	m² **€ brutto**	**9,4**	**11,2**	**15,1**	**17,2**	**19,9**
	KG 335 € netto	7,9	9,4	12,7	14,5	16,7
75	**Lasur, Dispersion, Holz innen** Überholungsbeschichtung Lasur, Holzfläche; Kunststoffdispersion; innen; inkl. Grundierung					
	m² **€ brutto**	**5,9**	**7,1**	**9,6**	**10,9**	**12,6**
	KG 335 € netto	5,0	5,9	8,0	9,2	10,6

 © BKI Baukosteninformationszentrum

Kosten: Stand 3.Quartal 2015, Bundesdurchschnitt

Maler- und Lackierarbeiten - Beschichtungen **Preise €**

Nr.	Kurztext / Stichworte Einheit / Kostengruppe		►	▷	brutto ø netto ø	◁	◄
76	**Beschichtung, Dispersion, Holz innen** Überholungsbeschichtung deckend, Holzfläche; Kunststoffdispersion; mit Zwischenbeschichtung; innen; inkl. Grundierung						
	m²	**€ brutto**	**8,8**	**10,5**	**14,2**	**16,1**	**18,7**
	KG 335	€ netto	7,4	8,8	11,9	13,6	15,7
77	**Dickschichtlasur, Holz innen** Überholungsbeschichtung Dickschichtlasur, Holzfläche; Kunstharz; innen; inkl. Grundierung						
	m²	**€ brutto**	**7,8**	**9,3**	**12,6**	**14,4**	**16,6**
	KG 335	€ netto	6,6	7,8	10,6	12,1	14,0
78	**Beschichtung, Kunstharz, Holz innen** Überholungsbeschichtung deckend, Holzfläche; Kunstharz, Deckvermögen Kl.1; innen; inkl. Grundierung						
	m²	**€ brutto**	**9,8**	**11,7**	**15,8**	**18,0**	**20,9**
	KG 335	€ netto	8,3	9,8	13,3	15,2	17,6
79	**Beschichtung, Kunstharz, Holzfenster innen** Überholungsbeschichtung deckend, Holzfenster; Kunstharz, Deckvermögen Kl.1; innen; inkl. Grundierung						
	m²	**€ brutto**	**8,2**	**9,8**	**13,3**	**15,1**	**17,5**
	KG 335	€ netto	6,9	8,2	11,2	12,7	14,7
80	**Dickschichtlasur, Holzfenster innen** Überholungsbeschichtung Dickschichtlasur, Holzfenster; Kunstharz; innen; inkl. Grundierung						
	m²	**€ brutto**	**8,3**	**9,9**	**13,4**	**15,3**	**17,7**
	KG 335	€ netto	7,0	8,4	11,3	12,9	14,9
81	**Dickschichtlasur, Holzbekleidung innen** Überholungsbeschichtung Dickschichtlasur, Holzbekleidung; innen; inkl. Grundierung						
	m²	**€ brutto**	**9,0**	**10,8**	**14,6**	**16,6**	**19,2**
	KG 335	€ netto	7,6	9,1	12,2	14,0	16,2
82	**Beschichtung, Kunstharz, Holzbekleidung innen** Überholungsbeschichtung deckend, Holzbekleidung; Kunstharz; innen; inkl. Grundierung						
	m²	**€ brutto**	**12**	**14**	**19**	**21**	**24**
	KG 335	€ netto	9,7	11,5	15,6	17,8	19,8
83	**Dickschichtlasur, Holzdecke innen** Überholungsbeschichtung Dickschichtlasur, Holz-Deckenbekleidung; innen; inkl. Grundierung						
	m²	**€ brutto**	**10**	**12**	**17**	**19**	**22**
	KG 335	€ netto	8,7	10,3	13,9	15,9	18,4

Maler- und Lackierarbeiten - Beschichtungen **Preise €**

Nr.	Kurztext / Stichworte Einheit / Kostengruppe		▶	▷	brutto ø netto ø	◁	◀
84	**Beschichtung, Kunstharz, Holzdecke innen** Überholungsbeschichtung Dickschichtlasur, Holz-Deckenbekleidung; Kunstharz; innen; inkl. Grundierung						
	m²	**€ brutto**	**10**	**12**	**16**	**18**	**21**
	KG 335	€ netto	8,4	10,1	13,6	15,5	17,9
85	**Beschichtung, Kunstharz, Holz innen** Überholungsbeschichtung deckend, Holzbauteile; Kunstharz; Grund-, Zwischen- und Schlussbeschichtung; innen; inkl. anschleifen, reinigen						
	m²	**€ brutto**	**12**	**14**	**19**	**22**	**24**
	KG 335	€ netto	10	12	16	18	21
86	**Beschichtung, Kunstharz, Holztür/Zarge innen** Beschichtung Holztür, Zarge; Kunstharz, seidenglänzend, weiß; Grund-, Zwischen- und Schlussbeschichtung; innen; inkl. aufrauen, blätternde Teile entfernen						
	m²	**€ brutto**	**12**	**13**	**17**	**20**	**22**
	KG 335	€ netto	9,7	10,8	14,6	16,6	18,5
87	**Beschichtung, Kunstharz, Holztür innen** Beschichtung, Holztür; Kunstharz, seidenglänzend, weiß; Grund-, Zwischen- und Schlussbeschichtung; innen; inkl. aufrauen, blätternde Teile entfernen						
	m²	**€ brutto**	**10**	**12**	**17**	**19**	**21**
	KG 335	€ netto	8,7	10,3	14,0	15,9	17,7
88	**Beschichtung, Kunstharz, Holzfußboden innen** Beschichtung Holzdielenboden; Kunstharz; Grund-, Zwischen- und Schlussbeschichtung; innen; inkl. aufrauen, blätternde Teile entfernen						
	m²	**€ brutto**	**12**	**13**	**18**	**20**	**23**
	KG 335	€ netto	9,9	11,0	14,9	17,0	18,9
89	**Beschichtung, Kunstharz, Holztreppen innen** Beschichtung Holztreppenstufen; Kunstharz; Grund-, Zwischen- und Schlussbeschichtung; innen; inkl. aufrauen, blätternde Teile entfernen						
	m²	**€ brutto**	**16**	**17**	**24**	**27**	**31**
	KG 335	€ netto	13	15	20	23	26
90	**Beschichtung, Kunstharz, Holzfußleisten innen** Beschichtung Holzfußleisten; Kunstharz; Grund-, Zwischen- und Schlussbeschichtung; innen; inkl. Löcher schließen, abschleifen, reinigen						
	m	**€ brutto**	**3,3**	**3,7**	**5,0**	**5,7**	**6,3**
	KG 335	€ netto	2,8	3,1	4,2	4,8	5,3

 © BKI Baukosteninformationszentrum

Kosten: Stand 3.Quartal 2015, Bundesdurchschnitt

Maler- und Lackierarbeiten - Beschichtungen **Preise €**

Nr.	Kurztext / Stichworte Einheit / Kostengruppe		▶	▷	brutto ø netto ø	◁	◀
91	**Beschichtung, Kunstharz, Geländer, Holz, innen** Beschichtung Holztreppengeländer; Kunstharz; Stababstand 15cm, Durchmesser 30mm; Grund-, Zwischen- und Schlussbeschichtung; innen; inkl. loser Teile entfernen, spachteln, schleifen, reinigen						
	m²	**€ brutto**	**19**	**22**	**29**	**33**	**38**
	KG 335	€ netto	16	18	25	28	32
92	**Beschichtung, Kunstharz, Handlauf, Holz, innen** Beschichtung Holzhandlauf; Kunstharz; Grund- und Schlussbeschichtung; innen; inkl. loser Teile entfernen, spachteln, schleifen, reinigen						
	m	**€ brutto**	**6,5**	**7,7**	**10,5**	**11,9**	**13,8**
	KG 335	€ netto	5,5	6,5	8,8	10,0	11,6
93	**Beschichtung, Kunstharz, Stahl, innen** Überholungsbeschichtung deckend, Stahlkonstruktion; Kunstharz; Grund-, Zwischen- und Schlussbeschichtung; innen; inkl. anschleifen, reinigen						
	m²	**€ brutto**	**12**	**14**	**19**	**21**	**24**
	KG 335	€ netto	10	12	16	18	20
94	**Beschichtung, Kunstharz, Geländer innen** Überholungsbeschichtung Stahlgeländer; Kunstharz; Grund-, Zwischen- und Schlussbeschichtung; innen; inkl. anschleifen, reinigen						
	m²	**€ brutto**	**27**	**30**	**41**	**47**	**52**
	KG 335	€ netto	23	26	35	39	44
95	**Beschichtung, Kunstharz, Stahlzarge innen** Überholungsbeschichtung Stahlzarge; Kunstharz; Grund-, Zwischen- und Schlussbeschichtung; innen; inkl. anschleifen, reinigen						
	m	**€ brutto**	**10**	**12**	**17**	**19**	**22**
	KG 335	€ netto	8,8	10,5	14,2	16,2	18,7
96	**Beschichtung, Kunstharz, Stahltürelement** Überholungsbeschichtung Stahltürblatt, Zarge; Kunstharz; Fläche bis 5,00m²; Grund-, Zwischen- und Schlussbeschichtung; innen; inkl. anschleifen, reinigen						
	St	**€ brutto**	**49**	**55**	**74**	**84**	**94**
	KG 335	€ netto	41	46	62	71	79
97	**Beschichtung, Kunstharz, Metall beschichtet, innen** Überholungsbeschichtung, Metallkonstruktion, pulverbeschichtet; Kunstharz, glänzend, weiß; innen; inkl. anschleifen, reinigen						
	m²	**€ brutto**	**13**	**14**	**19**	**22**	**24**
	KG 335	€ netto	11	12	16	18	20

Maler- und Lackierarbeiten - Beschichtungen **Preise €**

Nr.	Kurztext / Stichworte Einheit / Kostengruppe	►	▷	brutto ø netto ø	◁	◄
98	**Beschichtung, rissüberbrückend** Beschichtung, rissüberbrückend; organisch; Rissbreite +/-0,1mm; Grund-, Zwischen- und Schlussbeschichtung; Außenwandputz					
	m² € brutto	**13**	**15**	**20**	**23**	**25**
	KG 395 € netto	11	12	17	19	21
99	**Grundierung, Riss** Riss grundieren; Grundieranstrich, wasserabweisend; Außenwandputz					
	m € brutto	**3,3**	**4,0**	**5,4**	**6,2**	**7,1**
	KG 395 € netto	2,8	3,4	4,5	5,2	6,0
100	**Rissfüllung, Verschlämmen** Riss vorbereiten; Streichfüller; Außenwandputz					
	m € brutto	**5,2**	**6,2**	**8,3**	**9,5**	**11,0**
	KG 395 € netto	4,3	5,2	7,0	8,0	9,3
101	**Beschichtung, rissüberbrückend, Gewebe** Beschichtung, rissüberbrückend; organisch, Gewebe; Grund-, Schluss- und Zwischenbeschichtung; Außenwandputz					
	m² € brutto	**13**	**16**	**21**	**24**	**28**
	KG 395 € netto	11	13	18	20	24
102	**Beschichtung, rissfüllend, Putz** Beschichtung, rissfüllend; Grund-, Schluss- und Zwischenbeschichtung; Außenwandputz					
	m² € brutto	**10**	**12**	**16**	**19**	**22**
	KG 395 € netto	8,6	10,2	13,8	15,7	18,2
103	**Oberputz, mineralisch, modifiziert** Oberputz; kunststoffmodifiziert; Außenwandputz; inkl. Grundierung					
	m² € brutto	**14**	**17**	**23**	**26**	**31**
	KG 395 € netto	12	14	19	22	26
104	**Oberputz, mineralisch, modifiziert, Gewebe** Oberputz; kunststoffmodifiziert; inkl. gewebearmierte Spachtelung, Grundierung					
	m² € brutto	**18**	**22**	**30**	**34**	**39**
	KG 395 € netto	16	19	25	29	33
105	**Stundensatz Geselle / Facharbeiter, Maler-/Lackierarbeiten** Stundenlohnarbeiten Vorarbeiter, Facharbeiter; Maler- und Lackierarbeiten					
	h € brutto	**34**	**42**	**49**	**50**	**54**
	€ netto	28	35	41	42	45
106	**Stundensatz Helfer, Maler-/Lackierarbeiten** Stundenlohnarbeiten Helfer; Maler- und Lackierarbeiten					
	h € brutto	**23**	**33**	**39**	**45**	**58**
	€ netto	20	28	33	38	49

 © BKI Baukosteninformationszentrum

Bodenbelagarbeiten						Preise €
Nr.	Kurztext / Stichworte Einheit / Kostengruppe	►	▷	brutto ø netto ø	◁	◄
1	**Sockelleiste entfernen** Sockelleiste entfernen; Bauschutt entsorgen					
	m **€ brutto**	**0,7**	**1,3**	**1,9**	**2,3**	**2,9**
	KG 394 € netto	0,6	1,1	1,6	1,9	2,5
2	**Bodenbelag entfernen, verklebt** Bodenbelag, verklebt, entfernen; PVC/Linoleum/Teppichboden/ ....., inkl. Sockelleiste; inkl. reinigen von Kleberesten; Bauschutt entsorgen					
	m² **€ brutto**	**3,2**	**5,0**	**7,3**	**8,8**	**10,9**
	KG 394 € netto	2,7	4,2	6,1	7,4	9,2
3	**PVC-Fliesen entfernen, verklebt** Fliesenbelag, verklebt, entfernen; PVC, inkl. Sockelleiste; inkl. reinigen von Kleberesten; Bauschutt entsorgen					
	m² **€ brutto**	**–**	**14**	**20**	**24**	**–**
	KG 394 € netto	–	11	17	20	–
4	**Laminatboden entfernen** Bodenbelag entfernen; Laminat, inkl. Sockelleiste; Bauschutt entsorgen					
	m² **€ brutto**	**–**	**6,9**	**10**	**12**	**–**
	KG 394 € netto	–	5,8	8,5	10	–
5	**Treppenbelag entfernen, verklebt** Treppenbelag, verklebt, entfernen; PVC/Linoleum/Teppichboden/ ....., inkl. Sockelleiste; inkl. reinigen von Kleberesten; Bauschutt entsorgen					
	St **€ brutto**	**–**	**5,3**	**7,8**	**9,3**	**–**
	KG 394 € netto	–	4,4	6,5	7,8	–
6	**Bodenbelag entfernen** Bodenbelag, lose verlegt, entfernen; Teppichboden; Bauschutt entsorgen					
	m² **€ brutto**	**2,8**	**4,2**	**6,1**	**7,3**	**10,2**
	KG 394 € netto	2,4	3,5	5,1	6,2	8,6
7	**Untergrund reinigen** Untergrund reinigen; Reste von Gips/Mörtel/Farbe/Öl					
	m² **€ brutto**	**0,7**	**1,2**	**1,8**	**2,1**	**2,9**
	KG 395 € netto	0,6	1,0	1,5	1,8	2,5
8	**Klebereste entfernen** Klebereste entfernen; Boden, mineralisch					
	m² **€ brutto**	**–**	**1,0**	**1,4**	**1,7**	**–**
	KG 395 € netto	–	0,8	1,2	1,4	–
9	**Untergrund schleifen** Untergrund anschleifen; absaugen; Abfall entsorgen					
	m² **€ brutto**	**0,9**	**2,0**	**3,0**	**3,6**	**5,0**
	KG 395 € netto	0,8	1,7	2,5	3,0	4,2

 © BKI Baukosteninformationszentrum

Kosten: Stand 3.Quartal 2015, Bundesdurchschnitt

Bodenbelagarbeiten — **Preise €**

Nr.	**Kurztext** / Stichworte **Einheit** / Kostengruppe		▶	▷	**brutto ø** netto ø	◁	◀
10	**Untergrund grundieren** Untergrund grundieren; vorbereiten; Bodenbelag						
	m²	**€ brutto**	**1,2**	**1,9**	**2,7**	**3,3**	**4,8**
	KG 395	€ netto	1,0	1,6	2,3	2,8	4,0
11	**Untergrund spachteln** Untergrund spachteln; Dicke bis 2mm; vorbereiten; Bodenbelag						
	m²	**€ brutto**	**–**	**3,3**	**4,9**	**5,8**	**–**
	KG 395	€ netto	–	2,8	4,1	4,9	
12	**Spachtelung, Gewebe** Spachtelung; Gewebe, armiert; zur Vorbereitung von Bodenbelagsarbeiten						
	m²	**€ brutto**	**–**	**4,9**	**7,3**	**8,7**	**–**
	KG 395	€ netto	–	4,2	6,1	7,3	–
13	**Ausgleichsspachtelung, bis 10mm** Spachtelung; Dicke 5-10mm; nivellieren; Estrich; inkl. Estrich reinigen						
	m²	**€ brutto**	**1,5**	**3,4**	**4,2**	**6,0**	**9,6**
	KG 395	€ netto	1,3	2,8	3,5	5,0	8,0
14	**Haftgrund, Bodenbelag** Voranstrich / Haftgrund; vorbereiten; Bodenbelag; inkl. Bodenflächen reinigen						
	m²	**€ brutto**	**0,7**	**1,4**	**1,7**	**2,4**	**4,1**
	KG 352	€ netto	0,6	1,2	1,4	2,0	3,5
15	**Boden kugelstrahlen** Boden kugelstrahlen; verschmutzter Untergrund; Abtragsdicke 5mm; vorbereiten; Zementestrich; inkl. absaugen						
	m²	**€ brutto**	**3,4**	**4,4**	**4,9**	**4,9**	**7,3**
	KG 352	€ netto	2,9	3,7	4,1	4,1	6,2
16	**Randstreifen abschneiden** Randstreifen abschneiden; Rippenpappe/Mineralwolle/Polystyrol; abschneiden; Abfall entsorgen						
	m	**€ brutto**	**0,1**	**0,5**	**0,6**	**1,3**	**2,7**
	KG 352	€ netto	0,1	0,4	0,5	1,1	2,3
17	**Textiler Oberbelag, Kunstfaser/Nadelvlies** Textilbelag; Nadelvlies, feinfasrig meliert, B1; Dicke 6mm; geklebt						
	m²	**€ brutto**	**21**	**28**	**31**	**42**	**64**
	KG 352	€ netto	17	24	26	36	53
18	**Textiler Oberbelag, Kunstfaser/Velour/Boucle** Textilbelag; Velours, vollsynthetisch, B1; Dicke 4mm; geklebt						
	m²	**€ brutto**	**24**	**42**	**46**	**56**	**76**
	KG 352	€ netto	20	36	38	47	64

Bodenbelagarbeiten | **Preise €**

Nr.	Kurztext / Stichworte Einheit / Kostengruppe		▶	▷	brutto ø netto ø	◁	◀
19	**Korkunterlage, Linoleum** Dämmunterlage für Linoleumbelag; Kork; Dicke 2mm; verklebt						
	m2	**€ brutto**	**12**	**17**	**19**	**20**	**24**
	KG 352	€ netto	10	14	16	17	20
20	**Linoleumbelag, bis 2,5mm** Bodenbelag; Linoleumbahn; Dicke 2,5mm; verlegen, verkleben						
	m2	**€ brutto**	**22**	**29**	**33**	**35**	**42**
	KG 352	€ netto	18	25	27	29	35
21	**Linoleumbelag, über 2,5mm** Bodenbelag; Linoleumbahn; Dicke 3,2/4,0mm; verlegen, verkleben						
	m2	**€ brutto**	**23**	**31**	**33**	**37**	**47**
	KG 352	€ netto	19	26	28	31	40
22	**Linoleumbelag verschweißen** Linoleumbahn verschweißen; Schweißschnur; Dicke 4mm; inkl. fräsen						
	m2	**€ brutto**	**0,1**	**1,5**	**2,1**	**2,7**	**3,7**
	KG 352	€ netto	0,1	1,3	1,8	2,3	3,1
23	**Bodenbelag, PVC** Bodenbelag; PVC, gewerblich geeignet; Dicke 3mm; verlegen, verkleben						
	m2	**€ brutto**	**17**	**30**	**36**	**41**	**57**
	KG 352	€ netto	14	25	30	34	48
24	**PVC-Bahnen verschweißen** PVC-Belag verschweißen; Schweißschnur; Dicke 4mm; fräsen, thermisch verschweißen						
	m2	**€ brutto**	**1,3**	**1,6**	**1,9**	**2,2**	**2,4**
	KG 352	€ netto	1,1	1,4	1,6	1,8	2,1
25	**Bodenbelag, Kautschukplatten** Bodenbelag; Kautschuk, mit/ohne Noppen; Dicke 4-10mm; verlegen, verkleben						
	m2	**€ brutto**	**32**	**45**	**50**	**58**	**90**
	KG 352	€ netto	27	38	42	49	76
26	**Bodenbelag, Laminat** Bodenbelag; Laminat, beansprucht; schwimmend verlegt; Stuhlrollen-geeignet, Zigarettenglutbeständig						
	m2	**€ brutto**	**25**	**39**	**40**	**44**	**57**
	KG 352	€ netto	21	32	33	37	48
27	**Treppenstufe, Elastischer Bodenbelag** Stufenbelag; elastisch; Stg: 17,5x28,0cm; verlegen, verkleben; inkl. Kantenschutzprofil						
	St	**€ brutto**	**20**	**34**	**38**	**38**	**73**
	KG 352	€ netto	16	28	32	32	61

 © BKI Baukosteninformationszentrum

Kosten: Stand 3.Quartal 2015, Bundesdurchschnitt

Bodenbelagarbeiten							**Preise €**
Nr.	**Kurztext** / Stichworte				brutto ø		
	Einheit / Kostengruppe		▶	▷	netto ø	◁	◀
28	**Treppenstufe, Textiler Belag**						
	Stufenbelag; textil; Stg: 17,5x28,0cm; verlegen, verkleben; inkl. Kantenschutzprofil						
	St	**€ brutto**	**19**	**31**	**37**	**41**	**56**
	KG 352	€ netto	16	26	31	35	47
29	**Treppenkantenprofil, Kunststoff**						
	Treppenkantenprofil; Kunststoff; Schenkellänge bis 45mm; verlegen, verkleben; Stufenkante						
	m	**€ brutto**	**7,6**	**13,1**	**16,1**	**19,1**	**26,8**
	KG 352	€ netto	6,4	11,0	13,5	16,0	22,5
30	**Trennprofil, Metall**						
	Trennprofil; Edelstahl/Aluminium; Höhe 3mm; Profilschiene						
	m	**€ brutto**	**6,7**	**11,0**	**12,5**	**15,3**	**22,8**
	KG 352	€ netto	5,7	9,3	10,5	12,9	19,1
31	**Übergangsprofil, Metall**						
	Übergangsprofil; Edelstahl/Aluminium, gebürstet; leicht gerundet; Belagwechsel						
	m	**€ brutto**	**5,0**	**8,7**	**10,7**	**11,5**	**15,0**
	KG 352	€ netto	4,2	7,3	9,0	9,7	12,6
32	**Verfugung, elastisch, Silikon**						
	Verfugung, elastisch; Silikon-Dichtstoff; inkl. erf. Flankenvorbehandlung						
	m	**€ brutto**	**1,6**	**3,4**	**4,2**	**5,2**	**8,0**
	KG 352	€ netto	1,4	2,9	3,5	4,4	6,8
33	**Sockelausbildung, Holzleisten**						
	Sockelleiste; Eiche, stoßfest, farblos lackiert; 60x16mm; Profilleisten; inkl. Senkkopfschrauben						
	m	**€ brutto**	**7,8**	**11,9**	**13,4**	**21,3**	**40,6**
	KG 352	€ netto	6,6	10,0	11,2	17,9	34,1
34	**Sockelausbildung, PVC-Leisten, Belag**						
	Sockelleiste für textilen Belag; PVC-Profil, Nadelvlies/Velours/Boucle; Profilleisten; inkl. Senkkopfschrauben						
	m	**€ brutto**	**2,1**	**4,0**	**4,7**	**5,7**	**8,6**
	KG 352	€ netto	1,8	3,4	3,9	4,8	7,2
35	**Sockelausbildung, PVC-Leisten, weich**						
	Sockelleiste; PVC; Höhe 60mm; verschweißt, geschraubt						
	m	**€ brutto**	**2,5**	**4,5**	**5,2**	**7,1**	**12,4**
	KG 352	€ netto	2,1	3,8	4,4	6,0	10,4

Bodenbelagarbeiten						Preise €
Nr.	Kurztext / Stichworte			brutto ø		
	Einheit / Kostengruppe	►	▷	netto ø	◁	◄
36	**Sockelausbildung, Linoleum**					
	Sockelleiste; Linoleum; Höhe 60mm; verschweißt, geschraubt					
	m € brutto	4,4	8,2	9,8	14,4	23,1
	KG 352 € netto	3,7	6,9	8,2	12,1	19,4
37	**Erstpflege PVC/Lino/Kautschuk**					
	Erstpflege PVC/Lino/Kautschuk; Pflegemittel					
	m² € brutto	0,6	1,2	1,5	2,0	3,1
	KG 325 € netto	0,5	1,0	1,2	1,7	2,6
38	**Stundensatz Bodenleger-Facharbeiter**					
	Stundenlohnarbeiten Vorarbeiter, Facharbeiter; Bodenlegerarbeiten					
	h € brutto	36	47	51	55	66
	€ netto	31	39	43	46	55
39	**Stundensatz Bodenleger-Helfer**					
	Stundenlohnarbeiten Werker, Helfer; Bodenlegerarbeiten					
	h € brutto	25	36	43	48	54
	€ netto	21	30	36	40	46

 © BKI Baukosteninformationszentrum

Tapezierarbeiten **Preise €**

Nr.	Kurztext / Stichworte Einheit / Kostengruppe	▶	▷	brutto ø netto ø	◁	◀
1	**Tapete, 1-lagig, entfernen** Tapete; 1-lagig; Wand/Decke; entfernen/entsorgen					
	m2 € brutto	**1,2**	**1,8**	**2,1**	**2,6**	**3,9**
	KG 394 € netto	1,0	1,5	1,8	2,2	3,3
2	**Tapete beschichtet, 1-lagig, entfernen** Tapete; beschichtet; 1-lagig; Wand/Decke; entfernen/entsorgen					
	m2 € brutto	**1,5**	**2,0**	**2,4**	**2,9**	**4,4**
	KG 394 € netto	1,2	1,6	2,0	2,5	3,7
3	**Tapete, mehrlagig, entfernen** Tapete; mehrlagig; Wand/Decke; entfernen/entsorgen					
	m2 € brutto	**1,8**	**2,2**	**2,9**	**3,8**	**5,2**
	KG 394 € netto	1,5	1,9	2,5	3,2	4,3
4	**Schutzabdeckung, Inneneinrichtung** Abdeckarbeiten; Textil/Folie; staubdicht abkleben; Inneneinrichtung					
	m2 € brutto	**0,6**	**1,3**	**1,5**	**1,6**	**2,1**
	KG 397 € netto	0,5	1,1	1,3	1,4	1,8
5	**Schutzabdeckung, Boden, Folie / Schutzvlies** Bodenflächen abdecken; Folie, reißfest / Schutzvlies; staubdicht abkleben					
	m2 € brutto	**1,0**	**1,6**	**1,7**	**2,5**	**3,5**
	KG 397 € netto	0,8	1,4	1,4	2,1	2,9
6	**Schutzabdeckung, Boden, Pappe** Bodenflächen abdecken; Pappe / Karton; staubdicht abkleben					
	m2 € brutto	**1,9**	**2,2**	**2,3**	**2,7**	**3,0**
	KG 397 € netto	1,6	1,8	1,9	2,2	2,5
7	**Spachtelung/Armiervlies, Putz** Untergrundvorbereitung; Armiervlies, Spachtelung; Putzflächen; Innenwand/Decke					
	m2 € brutto	**3,5**	**5,3**	**6,2**	**6,8**	**8,1**
	KG 345 € netto	3,0	4,4	5,2	5,7	6,8
8	**Putzuntergrund vorbehandeln, spachteln/grundieren** Spachtelung, Grundierung; für Tapezierarbeiten; Wand/Decke, Untergrund: Putz/Gipskarton					
	m2 € brutto	**0,6**	**1,3**	**1,8**	**2,6**	**4,3**
	KG 345 € netto	0,5	1,1	1,5	2,2	3,6
9	**Gipskartonflächen vorbehandeln, spachteln/grundieren** Wand-/Deckenfläche vorbehandeln; Gipsplattenflächen; spachteln, schleifen; für Tapezierung					
	m2 € brutto	**0,6**	**1,0**	**1,1**	**1,2**	**1,6**
	KG 345 € netto	0,5	0,9	0,9	1,0	1,4

© BKI Baukosteninformationszentrum

Kosten: Stand 3.Quartal 2015, Bundesdurchschnitt

Tapezierarbeiten — Preise €

Nr.	Kurztext / Stichworte Einheit / Kostengruppe		▶	▷	brutto ø netto ø	◁	◀
10	**Untergrund vorbehandeln, teilspachteln/schleifen** Spachtelung; Teilflächen spachteln, schleifen; Wand/Decke, Untergrund: Putz, Gipskarton						
	m²	**€ brutto**	**1,3**	**2,4**	**2,7**	**3,2**	**4,3**
	KG 345	€ netto	1,1	2,1	2,3	2,7	3,6
11	**Raufasertapete, Wand** Tapezieren; Raufasertapete, Körnung; auf Stoß; Wände						
	m²	**€ brutto**	**3,0**	**4,8**	**5,5**	**7,2**	**11,5**
	KG 345	€ netto	2,6	4,0	4,6	6,1	9,7
12	**Raufasertapete, Decke** Tapezieren; Raufasertapete, Körnung; auf Stoß; Decke						
	m²	**€ brutto**	**3,4**	**5,5**	**6,4**	**8,8**	**13,5**
	KG 353	€ netto	2,9	4,6	5,4	7,4	11,4
13	**Raufaser, Dispersionsbeschichtung** Tapezieren, Beschichtung; Raufasertapete, Dispersionsfarbe; auf Stoß, inkl. Grundierung; Wand/Decke						
	m²	**€ brutto**	**5,4**	**7,2**	**8,0**	**10,0**	**15,1**
	KG 345	€ netto	4,5	6,1	6,7	8,4	12,7
14	**Glasfasergewebe, Wand/Decke** Tapezieren; Glasfasertapete; auf Stoß; Wand, Decke						
	m²	**€ brutto**	**5,4**	**8,3**	**8,8**	**9,6**	**11,3**
	KG 345	€ netto	4,5	7,0	7,4	8,1	9,5
15	**Glasfasergewebe, Dispersionsbeschichtung** Tapezieren, Beschichtung; Glasfasertapete, Dispersionsfarbe; Struktur fein/grob; auf Stoß, inkl. Grundierung; Wand/Decke						
	m²	**€ brutto**	**9,2**	**12,9**	**13,5**	**17,5**	**22,8**
	KG 345	€ netto	7,8	10,8	11,4	14,7	19,2
16	**Tapezieren, Kleinflächen** Tapezieren von Kleinflächen; bis 2,50m²; Nischenrückflächen, Pfeiler, Stützen, Lisenen						
	m	**€ brutto**	**0,4**	**1,1**	**1,4**	**1,7**	**2,4**
	KG 345	€ netto	0,3	1,0	1,2	1,5	2,0
17	**Stundensatz Geselle / Facharbeiter, Tapezierarbeiten** Stundenlohnarbeiten Vorarbeiter, Facharbeiter; Tapezierarbeiten						
	h	**€ brutto**	**25**	**32**	**36**	**38**	**46**
		€ netto	21	27	30	32	38

Vorgehängte hinterlüftete Fassaden						Preise €
Nr.	Kurztext / Stichworte Einheit / Kostengruppe	▶	▷	brutto ø netto ø	◁	◀
1	**Wanddämmung entfernen, MW** Wanddämmung entfernen; Mineralwolle; außen; Bauschutt entsorgen					
	m² € brutto	**4,0**	**5,5**	**8,1**	**9,7**	**11,5**
	KG 394 € netto	3,4	4,6	6,8	8,1	9,7
2	**Außenwandbekleidung entfernen, Holz** Wandbekleidung entfernen; Holz; inkl. Unterkonstruktion; außen; Bauschutt entsorgen					
	m² € brutto	**–**	**11**	**16**	**19**	**–**
	KG 394 € netto	–	9,0	13	16	–
3	**Außenwandbekleidung entfernen, Faserzementplatten** Wandbekleidung entfernen; Faserzementplatten; kleinformatig; inkl. Unterkonstruktion; außen; Bauschutt entsorgen					
	m² € brutto	**–**	**8,8**	**12**	**16**	**–**
	KG 394 € netto	–	7,4	10	13	–
4	**Unterkonstruktion, Traglattung** Unterkonstruktion, Traglattung; Nadelholz, S10; 30x50 / 40x60mm; Außenwandbekleidung					
	m² € brutto	**6,4**	**9,5**	**10,7**	**13,1**	**17,8**
	KG 335 € netto	5,4	8,0	9,0	11,0	14,9
5	**Unterkonstruktion, Holz-UK zweilagig** Unterkonstruktion, Traglattung; Nadelholz, S10; 50x30mm; zweilagig; Außenwandbekleidung					
	m² € brutto	**9,2**	**20,5**	**26,3**	**34,3**	**57,9**
	KG 335 € netto	7,7	17,2	22,1	28,8	48,6
6	**Fassadendämmung, Mineralwolle, VHF** Fassadendämmung, VHF; Mineralwolle, WLG 035, A1/A2; Dicke 60-160mm; einlagig; zwischen Unterkonstruktion					
	m² € brutto	**17**	**21**	**23**	**27**	**35**
	KG 335 € netto	14	18	20	22	30
7	**Unterkonstruktion, Leichtmetall** Unterkonstruktion; Aluminium; Wandwinkel, Tragprofile; Außenwandbekleidung					
	m² € brutto	**18**	**43**	**53**	**73**	**109**
	KG 335 € netto	15	36	45	61	91
8	**Winddichtung, Polyestervlies** Abdichtung, Fassade; Polyestervlies, UV-beständig, diffusionsoffen; verkleben, winddicht; Außenwandbekleidung					
	m² € brutto	**8,3**	**10,6**	**11,2**	**12,0**	**13,8**
	KG 335 € netto	7,0	8,9	9,4	10,1	11,6

 © BKI Baukosteninformationszentrum

Kosten: Stand 3.Quartal 2015, Bundesdurchschnitt

Vorgehängte hinterlüftete Fassaden — Preise €

Nr.	Kurztext / Stichworte Einheit / Kostengruppe		▶	▷	brutto ø netto ø	◁	◀
9	**Fassadenbekleidung, Holz, Stülpschalung** Fassadenwandbekleidung; Nadelholz, dreiseitig gehobelt, sägerau natur; als Stülpschalung, sichtbar befestigt; außen; inkl. Befestigungsmitteln						
	m²	**€ brutto**	**70**	**82**	**87**	**107**	**143**
	KG 335	€ netto	59	69	73	90	120
10	**Fassadenbekleidung, Faserzement-Tafeln** Fassadenwandbekleidung; Faserzement-Fassadentafeln, großformatig; mit vorgebohrten Befestigungspunkten; außen; inkl. Befestigungsmitteln						
	m²	**€ brutto**	**75**	**107**	**126**	**142**	**186**
	KG 335	€ netto	63	90	105	119	156
11	**Fassadenbekleidung, Metall, Wellblech** Fassadenwandbekleidung; Wellblech, feuerverzinkt, Sichtseite Kunststofffarbbeschichtet; 18x76mm; vertikal, sichtbar befestigt; außen; inkl. erf. Befestigungsmittel, Schneide- und Bohrarbeiten						
	m²	**€ brutto**	**45**	**53**	**56**	**59**	**66**
	KG 335	€ netto	38	45	47	49	56
12	**Stundensatz Facharbeiter, vorgehängte Fassaden** Stundenlohnarbeiten Vorarbeiter, Facharbeiter; vorgehängte Fassaden						
	h	**€ brutto**	**50**	**55**	**58**	**63**	**72**
		€ netto	42	46	48	53	61

Trockenbauarbeiten						Preise €
Nr.	Kurztext / Stichworte Einheit / Kostengruppe ►		▷	brutto ø netto ø	◁	◄
1	**Montagewand abbrechen, GK** Montagewand abbrechen; Metallständer, beidseitig mit GK-Platten beplankt; Bauschutt entsorgen					
	m² **€ brutto**	**10**	**12**	**19**	**23**	**30**
	KG 394 € netto	8,7	10,3	16,1	19,3	25,1
2	**Deckenkleidung abbrechen, GK** Deckenbekleidung abbrechen; Gipskartonplatten, einlagig; Bekleidungsdicke 12,5mm; inkl. Unterkonstruktion; Bauschutt entsorgen					
	m² **€ brutto**	**8,8**	**12,3**	**18,2**	**21,8**	**25,0**
	KG 394 € netto	7,4	10,4	15,3	18,3	21,0
3	**Unterdecke abbrechen, GK** Unterdecke, abgehängt, abbrechen; Gipskartonplatten auf Metallprofilen; Bauschutt entsorgen					
	m² **€ brutto**	**7,6**	**9,9**	**14,5**	**17,4**	**22,4**
	KG 394 € netto	6,4	8,3	12,2	14,7	18,9
4	**Verkofferung abbrechen, GK** Verkofferung von Rohrleitungen abbrechen; Gipskartonplatte; inkl. Unterkonstruktion; Bauschutt entsorgen					
	m² **€ brutto**	**11**	**13**	**20**	**24**	**28**
	KG 394 € netto	9,1	11,1	17,0	20,4	23,7
5	**Zwischensparrendämmung, MW 035, 100mm** Zwischensparrendämmung DZ; Mineralwolle WLG 035, A1; Dicke 100mm; einlagig, nachträglich von innen					
	m² **€ brutto**	**11**	**12**	**18**	**22**	**24**
	KG 363 € netto	9,0	10,3	15,2	18,2	20,3
6	**Zwischensparrendämmung, MW 035, 120mm** Zwischensparrendämmung DZ; Mineralwolle WLG 035, A1; Dicke 120mm; einlagig, nachträglich von innen					
	m² **€ brutto**	**12**	**14**	**21**	**25**	**28**
	KG 363 € netto	10	12	17	21	23
7	**Zwischensparrendämmung, MW 035, 140mm** Zwischensparrendämmung DZ; Mineralwolle WLG 035, A1; Dicke 140mm; einlagig, nachträglich von innen					
	m² **€ brutto**	**14**	**16**	**23**	**28**	**31**
	KG 363 € netto	11	13	19	23	26
8	**Zwischensparrendämmung, MW 032, 100mm** Zwischensparrendämmung DZ; Mineralwolle WLS 032, A1; Dicke 100mm; einlagig, nachträglich von innen					
	m² **€ brutto**	**12**	**14**	**21**	**25**	**28**
	KG 363 € netto	10	12	17	21	23

 © BKI Baukosteninformationszentrum

Kosten: Stand 3.Quartal 2015, Bundesdurchschnitt

Trockenbauarbeiten **Preise €**

Nr.	Kurztext / Stichworte Einheit / Kostengruppe		▶	▷	brutto ø netto ø	◁	◀
9	**Zwischensparrendämmung, MW 032, 120mm** Zwischensparrendämmung DZ; Mineralwolle WLS 032, A1; Dicke 120mm; einlagig, nachträglich von innen						
	m²	**€ brutto**	**14**	**16**	**24**	**28**	**32**
	KG 363	€ netto	12	13	20	24	27
10	**Zwischensparrendämmung, MW 032, 140mm** Zwischensparrendämmung DZ; Mineralwolle WLS 032, A1; Dicke 140mm; einlagig, nachträglich von innen						
	m²	**€ brutto**	**16**	**18**	**27**	**32**	**36**
	KG 363	€ netto	13	15	23	27	30
11	**Decke, abgehängt, GK, einlagig** Decke abgehängt; GK-Platten, inkl. Metallunterkonstruktion; Plattendicke 12,5mm; einlagig, verspachteln, schleifen; Stahlbetondecke						
	m²	**€ brutto**	**31**	**40**	**45**	**50**	**65**
	KG 353	€ netto	26	34	37	42	55
12	**Decke, abgehängt, GK, doppellagig** Decke, abgehängt; GK-Platten, doppellagig, inkl. Unterkonstruktion; Dicke 2x12,5mm; zweilagig, spachteln, schleifen; Stahlbetondecke						
	m²	**€ brutto**	**35**	**44**	**49**	**55**	**68**
	KG 353	€ netto	29	37	41	46	57
13	**Montagewand, Holz, 100mm, GK einlagig, MW** Montagewand; Holz, GK-Platte, Mineralwolle; Dicke 100mm, GF-Platten 12,5mm, MW 40mm; beidseitig beplankt; inkl. verspachteln, schleifen						
	m²	**€ brutto**	**56**	**64**	**68**	**68**	**72**
	KG 342	€ netto	47	53	57	57	60
14	**Montagewand, Metall, 100mm, GK einlagig, MW** Montagewand; Stahlblech-Profil, GK-Platte, Mineralwolle WLG 040; Dicke 100mm, GK-Platte 12,5mm, MW 40mm; beidseitig beplankt; inkl. verspachteln, schleifen						
	m²	**€ brutto**	**45**	**55**	**60**	**66**	**81**
	KG 342	€ netto	38	47	50	56	68
15	**Montagewand, Metall, 125mm, GK zweilagig, MW, EI 30** Montagewand, EI 30; Stahlblech-Profil, GK-Platte, Mineralwolle WLG 040; Dicke 125mm, GK-Platte 12,5mm, MW 60mm; beidseitig doppelt beplankt; inkl. verspachteln, schleifen						
	m²	**€ brutto**	**43**	**59**	**64**	**78**	**122**
	KG 342	€ netto	37	49	54	65	103

Trockenbauarbeiten **Preise €**

Nr.	Kurztext / Stichworte Einheit / Kostengruppe		▶	▷	brutto ø netto ø	◁	◀
16	**Montagewand, Metall, 150mm, GK zweilagig, MW, EI 30** Montagewand, EI 30; Stahlblech-Profil, GK-Platten, Mineralwolle WLG 040; Dicke 150mm, GK-Platte 12,5mm, MW 40mm; beidseitig doppelt beplankt; inkl. verspachteln, schleifen						
	m²	**€ brutto**	**47**	**59**	**63**	**75**	**100**
	KG 342	€ netto	40	49	53	63	84
17	**Montagewand, Metall, 100mm, GKF zweilagig, MW, EI 90** Montagewand, EI 90; Stahlblech-Profil, GKF-Platten, Mineralwolle WLG 040; Dicke 100mm, GKF-Platte 12,5mm, MW 50mm; beidseitig doppelt beplankt; inkl. verspachteln, schleifen						
	m²	**€ brutto**	**42**	**62**	**69**	**82**	**122**
	KG 342	€ netto	35	52	58	69	102
18	**Montagewand, Metall, 200mm, GKF zweilagig, Ständerwerk doppelt, EI 90** Montagewand, EI 90; Stahlblech-Profil, GKF-Platte, Mineralwolle WLG 040; Dicke 200mm, GKF-Platte 12,5mm, MW 40mm; doppeltes Ständerwerk, beidseitig doppelt beplankt; inkl. verspachteln, schleifen						
	m²	**€ brutto**	**37**	**63**	**76**	**83**	**100**
	KG 342	€ netto	31	53	64	70	84
19	**Montagewand, Metall, 125mm, GKF einlagig, Ständerwerk doppelt, MW, EI 30** Montagewand; Stahlblech-Profil, GKF-Platte, Mineralwolle WLG 040; Dicke 125mm, GKF-Platten 12,5mm, MW 80mm; beidseitig, einlagig beplankt; inkl. verspachteln, schleifen						
	m²	**€ brutto**	**65**	**87**	**95**	**104**	**127**
	KG 342	€ netto	54	74	80	87	107
20	**Innenwand, Gipsbauplatte** Innenwand, nichttragend; GK-Platten; Dicke 80-100mm; Q2, für Putzauftrag						
	m²	**€ brutto**	**44**	**56**	**60**	**62**	**69**
	KG 342	€ netto	37	47	50	52	58
21	**Anschluss, Montagewand, Dach-/Wandschräge** Randanschluss, Montagewand; GK-Platten; Plattendicke 12,5mm; beidseitig einfach/doppelt beplankt						
	m	**€ brutto**	**2,4**	**6,9**	**8,5**	**10,4**	**14,0**
	KG 342	€ netto	2,0	5,8	7,1	8,7	11,8
22	**Anschluss, Montagewand, gleitend** Wandanschluss, gleitend; bis 20mm; Montagewand; inkl. aller notwendiger Profilschienen						
	m	**€ brutto**	**5,8**	**12,6**	**17,2**	**26,3**	**47,0**
	KG 342	€ netto	4,9	10,6	14,4	22,1	39,5

 © BKI Baukosteninformationszentrum

Kosten: Stand 3.Quartal 2015, Bundesdurchschnitt

Trockenbauarbeiten							**Preise €**
Nr.	**Kurztext** / Stichworte				brutto ø		
	Einheit / Kostengruppe		▶	▷	netto ø	◁	◀
23	**Ecken, Kantenprofil, Montagewand**						
	Eckausbildung; Eck-/Kantenprofil; rechtwinklig; Montagewand						
	m	**€ brutto**	**3,6**	**7,6**	**9,0**	**12,3**	**22,1**
	KG 342	€ netto	3,1	6,4	7,6	10,4	18,6
24	**Türöffnung, Montagewand**						
	Türöffnung herstellen; Ständerwand, GK-Platten; bxh=750x200mm/ 1.000x2.125mm; Montagewand; inkl. Türpfostenwinkelprofile						
	St	**€ brutto**	**28**	**50**	**57**	**72**	**116**
	KG 342	€ netto	24	42	48	60	97
25	**Fensteröffnung, Montagewand**						
	Fensteröffnung herstellen; GK-Platten; bxh=750x2.000mm/ 1.000x2.125mm, Dicke 75-150mm; Montagewand; inkl. Spezialprofile						
	St	**€ brutto**	**25**	**50**	**60**	**67**	**82**
	KG 342	€ netto	21	42	50	57	68
26	**Vorsatzschale, GK/GF, Feuchträume**						
	Vorsatzschale; Stahlblech-Profile, GK-/GF-Platten; Höhe 2,75m, Dicke 62,5/75/87,5/112,5mm, Plattendicke 12,5mm, Dämmung 20-60mm; freistehend, einseitig ein-/zweilagig beplankt; Nassbereich; inkl. verspachteln, schleifen						
	m²	**€ brutto**	**30**	**47**	**53**	**66**	**94**
	KG 345	€ netto	25	39	45	55	79
27	**Vorsatzschale, GK/GF**						
	Vorsatzschale; GK-/GF-Platten, Schall-und Dämmplatten, WLG 040; Plattendicke 12,5mm; einseitig ein-/zweilagig beplankt; frei gespannt zwischen Stb-Decke und Boden; inkl. verspachteln, schleifen						
	m²	**€ brutto**	**30**	**45**	**52**	**69**	**111**
	KG 345	€ netto	25	37	43	58	93
28	**Vorsatzschale, GK/GF**						
	Vorsatzschale; GK-/GF-Platten; Plattendicke 12,5mm; einseitig ein-/ zweilagig beplankt; inkl. spachteln, schleifen						
	m²	**€ brutto**	**18**	**43**	**51**	**62**	**91**
	KG 345	€ netto	15	36	43	52	77
29	**Verkofferung/Bekleidung, Rohrleitungen**						
	Rohrbekleidung; Metall-/Holzunterkonstruktion, GK-/GF-Platten, Mineralwolle; Plattendicke 12,5mm; verschrauben; inkl. verspachteln, schleifen						
	m	**€ brutto**	**39**	**52**	**59**	**72**	**92**
	KG 345	€ netto	33	44	49	61	77

Trockenbauarbeiten						Preise €
Nr.	**Kurztext** / Stichworte **Einheit** / Kostengruppe	▶	▷	**brutto ø** netto ø	◁	◀
30	**Installationskanal, GKF-Platte, EI 30** Kabelkanal EI 30; Stahlblech-Profil, GKF-Platten; doppelt beplankt, 15mm; verspachtelt und geschliffen; Deckenraum					
	m **€ brutto**	**52**	**65**	**71**	**80**	**93**
	KG 353 € netto	44	55	60	67	78
31	**Trockenputz, GK-Verbundplatte, Dämmung** Innenwandbekleidung; GK-Verbundplatte mit Wärmedämmung, Mineralwolle/Polystyrol; GK-Platte 12,5mm, Dämmung 40/60/80mm; inkl. verspachteln, schleifen					
	m² **€ brutto**	**27**	**34**	**37**	**50**	**69**
	KG 345 € netto	22	29	31	42	58
32	**Trockenputz, GK-Platte 12,5mm** Trockenputz; GK-Platte; Dicke 12,5mm; ein-/zweilagig beplankt; Mauerwerk/Stahlbeton; inkl. verspachteln, schleifen					
	m² **€ brutto**	**18**	**28**	**34**	**41**	**59**
	KG 345 € netto	15	24	28	35	50
33	**GK-/GF-Bekleidung, einlagig, auf Unterkonstruktion** Bekleidung; GK-/GF-Platten; Dicke 12,5mm; einlagig; Wand, Decke; inkl. verspachteln, schleifen					
	m² **€ brutto**	**16**	**25**	**28**	**35**	**49**
	KG 364 € netto	13	21	24	30	41
34	**GKF-Bekleidung, doppelt, EI 90, vorh. Unterkonstruktion** Bekleidung EI90; GKF-Platten; Dicke 12,5mm; zweilagig beplankt; Wand, Decke; inkl. verspachteln, schleifen					
	m² **€ brutto**	**62**	**81**	**88**	**113**	**164**
	KG 364 € netto	52	68	74	95	138
35	**Fensterleibung, GK** Fensterleibung; GK-Platte; Dicke 12,5mm; Q2					
	m **€ brutto**	**6,6**	**14,7**	**17,9**	**25,9**	**42,2**
	KG 336 € netto	5,5	12,3	15,0	21,7	35,4
36	**GK-Platte imprägniert** GK-Platte; imprägniert; Dicke 12,5mm; Nassräume					
	m² **€ brutto**	**0,7**	**2,5**	**3,0**	**4,0**	**6,0**
	KG 342 € netto	0,6	2,1	2,5	3,3	5,0
37	**Trockenestrich, GF-Platten** Trockenestrich; GF-Platte, Klasse A1; Dicke 18/23mm; einlagig einbauen; Beton/Holzbalkendecke/Fußbodenheizung; inkl. Ausgleichsschüttung					
	m² **€ brutto**	**25**	**35**	**39**	**46**	**57**
	KG 352 € netto	21	29	33	39	48

 © BKI Baukosteninformationszentrum

Kosten: Stand 3.Quartal 2015, Bundesdurchschnitt

Trockenbauarbeiten						Preise €
Nr.	**Kurztext** / Stichworte **Einheit** / Kostengruppe	▶	▷	**brutto ø** netto ø	◁	◀
38	**Spachtelung, GK-Platten, Qualitätserhöhung** Spachtelung zur Qualitätserhöhung; GK-Platten Q2; Q3/Q4; Wand					
	m² € brutto	**1,6**	**3,9**	**5,4**	**7,4**	**9,8**
	KG 345 € netto	1,4	3,3	4,5	6,3	8,2
39	**Stundensatz Facharbeiter, Trockenbau** Stundenlohnarbeiten Vorarbeiter, Facharbeiter; Trockenbau					
	h € brutto	**34**	**44**	**51**	**54**	**62**
	€ netto	29	37	43	46	52
40	**Stundensatz Helfer, Trockenbau** Stundenlohnarbeiten Werker, Helfer; Trockenbau					
	h € brutto	**36**	**43**	**46**	**48**	**54**
	€ netto	30	36	38	41	45

C

Gebäudetechnik

Titel des Leistungsbereichs	LB-Nr.
Wärmeversorgungsanlagen - Betriebseinrichtungen	340
Wärmeversorgungsanlagen - Leitungen ...	341
Gas- und Wasseranlagen - Leitungen, Armaturen	342
Abwasseranlagen - Leitungen, Abläufe, Armaturen	344
Gas-, Wasser-, und Entwässerungsanlagen	345
Dämm- und Brandschutzarbeiten an techn. Anlagen	347

Wärmeversorgungsanlagen - Betriebseinrichtungen — Preise €

Nr.	Kurztext / Stichworte Einheit / Kostengruppe		▶	▷	brutto ø netto ø	◁	◀
1	**Heizkessel ausbauen, Stahl, bis 50kW** Heizkessel ausbauen; Stahl; bis 50kW; Bauschutt entsorgen						
	St	**€ brutto**	**–**	**188**	**245**	**282**	**–**
	KG 394	€ netto	–	158	206	237	–
2	**Gas-Brennwerttherme, Wand, bis 15kW** Gas-Brennwerttherme; Edelstahl/Aluminium; 9-15KW; Wandmontage						
	St	**€ brutto**	**2.842**	**3.192**	**3.356**	**3.501**	**3.844**
	KG 421	€ netto	2.388	2.683	2.820	2.942	3.230
3	**Gas-Brennwerttherme, Wand, bis 25kW** Gasbrennwerttherme; Edelstahl/Aluminium; 16-25kW; Wandmontage						
	St	**€ brutto**	**3.244**	**3.638**	**3.875**	**4.231**	**4.851**
	KG 421	€ netto	2.726	3.057	3.257	3.556	4.076
4	**Gas-Brennwerttherme, Wand, bis 50kW** Gas-Brennwerttherme; Edelstahl/Aluminium; 26-50kW; Wandmontage						
	St	**€ brutto**	**3.675**	**4.258**	**4.360**	**4.521**	**4.974**
	KG 421	€ netto	3.088	3.578	3.664	3.799	4.180
5	**Gas-Niedertemperaturkessel, bis 25kW** Gas-Niedertemperaturkessel; Stahl/Guss; 15-25kW; stehende Montage						
	St	**€ brutto**	**3.962**	**4.600**	**4.846**	**5.164**	**6.379**
	KG 421	€ netto	3.330	3.866	4.072	4.340	5.361
6	**Gas-Niedertemperaturkessel, bis 50kW** Gas-Niedertemperaturkessel; Stahl/Guss; 26-50kW; stehende Montage						
	St	**€ brutto**	**4.259**	**4.979**	**5.151**	**5.775**	**8.057**
	KG 421	€ netto	3.579	4.184	4.328	4.853	6.770
7	**Gas-Niedertemperaturkessel, bis 70kW** Gas-Niedertemperaturkessel; Stahl/Guss; 51-70kW; stehende Montage						
	St	**€ brutto**	**5.231**	**6.065**	**6.275**	**7.863**	**9.934**
	KG 421	€ netto	4.396	5.097	5.273	6.608	8.348
8	**Gas-Brennwertkessel, bis 150kW** Gas-Brennwertkessel; 71-150kW; Kessel wärmegedämmt						
	St	**€ brutto**	**7.930**	**9.653**	**10.642**	**13.098**	**16.130**
	KG 421	€ netto	6.664	8.112	8.943	11.007	13.555
9	**Gas-Brennwertkessel, bis 225kW** Gas-Brennwertkessel; 151-225kW; Kessel wärmegedämmt						
	St	**€ brutto**	**10.359**	**12.164**	**13.111**	**13.978**	**16.247**
	KG 421	€ netto	8.705	10.222	11.018	11.746	13.653

 © BKI Baukosteninformationszentrum

Kosten: Stand 3.Quartal 2015, Bundesdurchschnitt

Wärmeversorgungsanlagen - Betriebseinrichtungen **Preise €**

Nr.	Kurztext / Stichworte Einheit / Kostengruppe		▶	▷	brutto ø netto ø	◁	◀
10	**Gas-Brennwertkessel, bis 400kW** Gas-Brennwertkessel; 226-400kW; Kessel wärmegedämmt						
	St	**€ brutto**	**16.652**	**18.247**	**18.967**	**21.367**	**24.365**
	KG 421	€ netto	13.993	15.334	15.939	17.956	20.475
11	**Öl-Niedertemperaturkessel, bis 50kW** Öl-Niedertemperaturkessel; Stahl; bis 50kW; Kessel wärmegedämmt						
	St	**€ brutto**	**3.897**	**4.747**	**4.968**	**5.287**	**6.722**
	KG 421	€ netto	3.275	3.990	4.175	4.443	5.649
12	**Öl-Niedertemperaturkessel, bis 150kW** Öl-Niedertemperaturkessel; Stahl; 51-150kW; Kessel wärmegedämmt						
	St	**€ brutto**	**5.213**	**6.136**	**6.361**	**7.273**	**8.539**
	KG 421	€ netto	4.381	5.156	5.345	6.112	7.175
13	**Heizöltank, stehend** Heizöllagerbehälter; Stahl/GKF; stehende Ausführung, oberirdische Lagerung						
	St	**€ brutto**	**1.427**	**6.495**	**8.112**	**13.542**	**23.124**
	KG 421	€ netto	1.199	5.458	6.817	11.380	19.433
14	**Heizöltank, stehend, 3.000l** Heizöllagerbehälter; Stahl/GKF; 3.000l; stehende Ausführung, oberirdische Lagerung						
	St	**€ brutto**	**–**	**5.520**	**7.667**	**8.587**	**–**
	KG 421	€ netto	–	4.639	6.443	7.216	–
15	**Holz/Pellet-Heizkessel, bis 25kW** Holz/Pellet-Heizkessel; Stahl/Guss; bis 25kW; stehende Montage						
	St	**€ brutto**	**5.514**	**8.320**	**10.233**	**11.195**	**13.251**
	KG 421	€ netto	4.634	6.992	8.599	9.408	11.136
16	**Holz/Pellet-Heizkessel, bis 50kW** Holz/Pellet-Heizkessel; Stahl/Guss; 26-50kW; stehende Montage						
	St	**€ brutto**	**6.964**	**10.117**	**12.645**	**13.140**	**16.293**
	KG 421	€ netto	5.853	8.502	10.626	11.043	13.692
17	**Holz/Pellet-Heizkessel, bis 120kW** Holz/Pellet-Heizkessel; Stahl/Guss; 51-120kW; stehende Montage						
	St	**€ brutto**	**15.944**	**23.061**	**25.650**	**27.810**	**33.931**
	KG 421	€ netto	13.399	19.379	21.555	23.370	28.514
18	**Pellet-Fördersystem, Förderschnecke** Pellet-Fördersystem, Förderschnecke; Stahl; Durchmesser 120mm, 5/10kg/h; Stirnradgetriebemotor						
	St	**€ brutto**	**804**	**876**	**913**	**935**	**1.006**
	KG 421	€ netto	676	736	767	786	846

Wärmeversorgungsanlagen - Betriebseinrichtungen						Preise €
Nr.	**Kurztext** / Stichworte			**brutto ø**		
	Einheit / Kostengruppe	►	▷	netto ø	◁	◄
19	**Flach-Solarkollektoranlage, thermisch, bis 10m²** Flach-Solarkollektoranlage, thermisch; für Heizung und Trinkwassererwärmung; bis 10m²; Aufdachmontage; mit Solarpumpenregelgruppe					
	St € brutto	**–**	**5.857**	**7.680**	**9.985**	**–**
	KG 421 € netto	–	4.922	6.454	8.391	–
20	**Flach-Solarkollektoranlage, thermisch, 10-20m²** Flach-Solarkollektoranlage, thermisch; für Heizung und Trinkwassererwärmung; bis 20m²; Aufdachmontage; mit Solarpumpenregelgruppe					
	St € brutto	**–**	**6.544**	**10.473**	**13.406**	**–**
	KG 421 € netto	–	5.499	8.801	11.266	–
21	**Flach-Solarkollektoranlage, thermisch, 20-30m²** Flach-Solarkollektoranlage, thermisch; für Heizung und Trinkwassererwärmung; bis 30m²; Aufdachmontage; mit Solarpumpenregelgruppe					
	St € brutto	**–**	**12.325**	**16.237**	**20.296**	**–**
	KG 421 € netto	–	10.357	13.644	17.056	–

© BKI Baukosteninformationszentrum

Heizflächen, Rohrleitungen, Armaturen — Preise €

Nr.	Kurztext / Stichworte Einheit / Kostengruppe		▶	▷	brutto ø netto ø	◁	◀
1	**Röhrenradiator ausbauen, bis 50kg** Röhrenradiator entleeren und ausbauen; Gewicht bis 50kg; inkl. Verschließen der Anschlussleitung; Bauschutt entsorgen						
	St	**€ brutto**	**11**	**18**	**24**	**28**	**53**
	KG 394	€ netto	9,0	14,8	20,5	23,6	44,3
2	**Röhrenradiator ausbauen, 50-100kg** Röhrenradiator entleeren und ausbauen; Gewicht von 50-100kg; inkl. Verschließen der Anschlussleitung; Bauschutt entsorgen						
	St	**€ brutto**	**–**	**26**	**36**	**41**	**–**
	KG 394	€ netto	–	22	30	35	–
3	**Flachheizkörper ausbauen, bis 50kg** Flachheizkörper entleeren und ausbauen; Gewicht bis 50kg; inkl. Verschließen der Anschlussleitung; Bauschutt entsorgen						
	St	**€ brutto**	**9,1**	**15,8**	**21,8**	**25,1**	**46,6**
	KG 394	€ netto	7,6	13,3	18,3	21,1	39,2
4	**Gewinderohrleitung, ausbauen, DN15-25** Gewinderohrleitung, entleert, ausbauen; inkl. Befestigung; DN15-25; inkl. Verschließen der Anschlussleitung; Bauschutt entsorgen						
	m	**€ brutto**	**2,5**	**4,9**	**6,7**	**7,8**	**14,5**
	KG 394	€ netto	2,1	4,1	5,7	6,5	12,2
5	**Gewinderohrleitung, ausbauen, DN65-100** Gewinderohrleitung, entleert, ausbauen; inkl. Befestigung; DN65-100; inkl. Verschließen der Anschlussleitung; Bauschutt entsorgen						
	m	**€ brutto**	**2,7**	**10,5**	**14,5**	**16,6**	**22,0**
	KG 394	€ netto	2,3	8,8	12,2	14,0	18,5
6	**Kupferrohrleitung, ausbauen, 18-22mm** Kupferrohrleitung, entleert ausbauen; inkl. Befestigung; Durchmesser 18-20mm; inkl. Verschließen der Anschlussleitung; Bauschutt entsorgen						
	m	**€ brutto**	**–**	**4,1**	**5,6**	**6,5**	**–**
	KG 394	€ netto	–	3,4	4,7	5,5	–
7	**Kompaktheizkörper, Stahl, hxl=500xbis700mm** Kompaktheizkörper; Stahl; Höhe 500mm, Länge bis 700mm; inkl. Montageset, Anschlussarbeiten						
	St	**€ brutto**	**53**	**159**	**202**	**388**	**620**
	KG 423	€ netto	44	134	169	326	521
8	**Kompaktheizkörper, Stahl, hxl=600xbis700mm** Kompaktheizkörper; Stahl; Höhe 600mm, Länge bis 700mm; inkl. Montageset, Anschlussarbeiten						
	St	**€ brutto**	**105**	**161**	**187**	**193**	**264**
	KG 423	€ netto	88	135	157	162	222

 © **BKI** Baukosteninformationszentrum

Kosten: Stand 3.Quartal 2015, Bundesdurchschnitt

Heizflächen, Rohrleitungen, Armaturen — **Preise €**

Nr.	Kurztext / Stichworte			brutto ø		
	Einheit / Kostengruppe	▶	▷	netto ø	◁	◀
9	**Kompaktheizkörper, Stahl, hxl=900xbis700mm** Kompaktheizkörper; Stahl; Höhe 900mm, Länge bis 700mm; inkl. Montageset, Anschlussarbeiten					
	St **€ brutto**	**105**	**166**	**188**	**276**	**442**
	KG 423 € netto	88	139	158	232	371
10	**Kompaktheizkörper, Stahl, hxl=900xbis2.100mm** Kompaktheizkörper; Stahl; Höhe 900mm, Länge 1.401-2.100mm; inkl. Montageset, Anschlussarbeiten					
	St **€ brutto**	**335**	**507**	**566**	**729**	**902**
	KG 423 € netto	281	426	475	613	758
11	**Rohrleitung, C-Stahlrohr, DN50** Rohrleitung; C-Stahlrohr; DN50; in Stangen, inkl. Fittings					
	m **€ brutto**	**22**	**37**	**46**	**49**	**69**
	KG 422 € netto	18	31	39	41	58
12	**Rohrleitung, C-Stahlrohr, DN40** Rohrleitung; C-Stahlrohr; DN40; in Stangen, inkl. Fittings					
	m **€ brutto**	**21**	**28**	**33**	**42**	**52**
	KG 422 € netto	18	24	28	35	44
13	**Rohrleitung, C-Stahlrohr, DN32** Rohrleitung; C-Stahlrohr; DN32; in Stangen, inkl. Fittings					
	m **€ brutto**	**22**	**28**	**28**	**29**	**33**
	KG 422 € netto	19	23	24	24	27
14	**Rohrleitung, C-Stahlrohr, DN25** Rohrleitung; C-Stahlrohr; DN25; in Stangen, inkl. Fittings					
	m **€ brutto**	**18**	**22**	**23**	**25**	**27**
	KG 422 € netto	15	19	19	21	23
15	**Rohrleitung, C-Stahlrohr, DN20** Rohrleitung; C-Stahlrohr; DN20; in Stangen, inkl. Fittings					
	m **€ brutto**	**15**	**17**	**18**	**19**	**22**
	KG 422 € netto	12	14	15	16	19
16	**Rohrleitung, C-Stahlrohr, DN15** Rohrleitung; C-Stahlrohr; DN15; in Stangen, inkl. Fittings					
	m **€ brutto**	**8,8**	**12,9**	**14,4**	**15,5**	**18,5**
	KG 422 € netto	7,4	10,8	12,1	13,0	15,5

Gas- und Wasseranlagen; Leitungen, Armaturen — Preise €

Nr.	Kurztext / Stichworte Einheit / Kostengruppe		▶	▷	brutto ø netto ø	◁	◀
1	**Stahlrohrleitung ausbauen, 12-25mm** Stahlrohrleitungen, entleert, ausbauen; Durchmesser 12-25mm; inkl. Verschließen der Anschlussleitung; Bauschutt entsorgen						
	m	€ brutto	**1,9**	**4,4**	**6,1**	**7,0**	**15,1**
	KG 394	€ netto	1,6	3,7	5,1	5,9	12,7
2	**Stahlrohrleitung ausbauen, 32-50mm** Stahlrohrleitungen, entleert, ausbauen; inkl. Befestigung; Durchmesser 32-50mm; inkl. Verschließen der Anschlussleitung; Bauschutt entsorgen						
	m	€ brutto	**2,5**	**6,0**	**8,3**	**9,6**	**16,1**
	KG 394	€ netto	2,1	5,1	7,0	8,1	13,5
3	**Stahlrohrleitung ausbauen, 65-100mm** Stahlrohrleitungen, entleert, ausbauen; inkl. Befestigung; Durchmesser 65-100mm; inkl. Verschließen der Anschlussleitung; Bauschutt entsorgen						
	m	€ brutto	**3,8**	**7,8**	**10,8**	**12,4**	**20,1**
	KG 394	€ netto	3,2	6,6	9,1	10,4	16,9
4	**Leitung, Metallverbundrohr, DN40** Trinkwasserleitung, Metallverbundrohr; Mehrschichtverbundwerkstoff; DN40, Dicke 4mm; inkl. Dichtungs-/Befestigungsmittel, Fittings						
	m	€ brutto	**34**	**40**	**40**	**43**	**49**
	KG 412	€ netto	29	33	34	36	41
5	**Leitung, Metallverbundrohr, DN32** Trinkwasserleitung, Metallverbundrohr; Mehrschichtverbundwerkstoff; DN32, Dicke 3,5mm; inkl. Dichtungs-/Befestigungsmittel, Fittings						
	m	€ brutto	**14**	**22**	**26**	**29**	**38**
	KG 412	€ netto	12	18	21	25	32
6	**Leitung, Metallverbundrohr, DN25** Trinkwasserleitung, Metallverbundrohr; Mehrschichtverbundwerkstoff; DN25, Dicke 3mm; inkl. Dichtungs-/Befestigungsmittel, Fittings						
	m	€ brutto	**12**	**18**	**22**	**26**	**31**
	KG 412	€ netto	10	16	19	21	26
7	**Leitung, Metallverbundrohr, DN20** Trinkwasserleitung, Metallverbundrohr; Mehrschichtverbundwerkstoff; DN20, Dicke 3mm; inkl. Dichtungs-/Befestigungsmittel, Fittings						
	m	€ brutto	**12**	**19**	**22**	**30**	**40**
	KG 412	€ netto	10	16	18	25	34

 © BKI Baukosteninformationszentrum

Kosten: Stand 3.Quartal 2015, Bundesdurchschnitt

Gas- und Wasseranlagen; Leitungen, Armaturen **Preise €**

Nr.	Kurztext / Stichworte Einheit / Kostengruppe		▶	▷	brutto ø netto ø	◁	◀
8	**Leitung, Metallverbundrohr, DN15** Trinkwasserleitung, Metallverbundrohr; Mehrschichtverbundwerkstoff; DN15, Dicke 2mm; inkl. Dichtungs-/Befestigungsmittel, Fittings						
	m	**€ brutto**	**11**	**18**	**21**	**21**	**31**
	KG 412	€ netto	9,1	15,3	17,8	18,0	26,1
9	**Leitung, Metallverbundrohr, DN10** Trinkwasserleitung, Metallverbundrohr; Mehrschichtverbundwerkstoff; DN10, Dicke 2mm; inkl. Dichtungs-/Befestigungsmittel, Fittings						
	m	**€ brutto**	**6,0**	**8,7**	**10,8**	**12,2**	**14,9**
	KG 412	€ netto	5,0	7,3	9,1	10,3	12,5
10	**Leitung, Kupferrohr, 35mm** Leitung, Kupferrohr; Stangen; 35x1,5mm; inkl. löten/pressen						
	m	**€ brutto**	**25**	**31**	**34**	**35**	**47**
	KG 412	€ netto	21	26	29	29	39
11	**Leitung, Kupferrohr, 54mm** Leitung, Kupferrohr; Stangen; 54x2,0mm; inkl. löten/pressen						
	m	**€ brutto**	**37**	**50**	**53**	**59**	**68**
	KG 412	€ netto	31	42	45	49	57
12	**Leitung, Kupferrohr, 28mm** Leitung, Kupferrohr; Stangen; 28x1,5mm; inkl. löten/pressen						
	m	**€ brutto**	**18**	**24**	**26**	**31**	**38**
	KG 412	€ netto	15	20	22	26	32
13	**Leitung, Kupferrohr, 22mm** Leitung, Kupferrohr; Stangen; 22x1,0mm; inkl. löten/pressen						
	m	**€ brutto**	**10**	**16**	**19**	**29**	**43**
	KG 412	€ netto	8,8	13,6	16,3	24,7	36,3
14	**Leitung, Kupferrohr, 18mm** Leitung, Kupferrohr; Stangen; 18x1,0mm; inkl. löten/pressen						
	m	**€ brutto**	**15**	**18**	**20**	**22**	**26**
	KG 412	€ netto	12	15	17	19	22
15	**Leitung, Kupferrohr, 15mm** Leitung, Kupferrohr; Stangen; 15x1,0mm; inkl. löten/pressen						
	m	**€ brutto**	**12**	**17**	**19**	**20**	**24**
	KG 412	€ netto	10	14	16	17	20

Abwasseranlagen - Leitungen, Abläufe, Armaturen **Preise €**

Nr.	Kurztext / Stichworte Einheit / Kostengruppe		▶	▷	brutto ø netto ø	◁	◀
1	**Gussrohrleitung ausbauen, DN40-100** Gussrohrleitungen ausbauen; DN40-100; inkl. Befestigung; Bauschutt entsorgen						
	m	**€ brutto**	**10**	**11**	**15**	**17**	**22**
	KG 394	€ netto	8,6	9,0	12,5	14,3	18,5
2	**Gussrohrleitung ausbauen, DN125-200** Gussrohrleitungen ausbauen; DN125-200; inkl. Befestigung; Bauschutt entsorgen						
	m	**€ brutto**	**13**	**15**	**20**	**23**	**27**
	KG 394	€ netto	11	12	17	19	23
3	**Stahlrohrleitung ausbauen, DN40-100** Stahlrohrleitungen ausbauen; DN40-100; inkl. Befestigung; Bauschutt entsorgen						
	m	**€ brutto**	**6,5**	**9,6**	**13,2**	**15,2**	**19,1**
	KG 394	€ netto	5,5	8,0	11,1	12,8	16,1
4	**Kunststoff-Rohrleitung, ausbauen, DN40-100** Rohrleitungen ausbauen; Kunststoff; DN40-100; inkl. Befestigung; Bauschutt entsorgen						
	m	**€ brutto**	**3,7**	**6,1**	**8,5**	**9,7**	**16,8**
	KG 394	€ netto	3,1	5,1	7,1	8,2	14,1
5	**Abwasserleitung, Guss, DN70** Abwasserleitung; Gussrohr; DN70; inkl. Verbindungsmitteln; innen						
	m	**€ brutto**	**29**	**33**	**35**	**37**	**40**
	KG 411	€ netto	24	28	30	31	33
6	**Abwasserleitung, Guss, DN100** Abwasserrohr; Gussrohr; DN100; inkl. Verbindungsmitteln; innen						
	m	**€ brutto**	**36**	**44**	**49**	**55**	**66**
	KG 411	€ netto	30	37	41	46	56
7	**Abwasserleitung, Guss, DN125** Abwasserrohr; Gussrohr; DN125; inkl. Verbindungsmitteln; innen						
	m	**€ brutto**	**37**	**55**	**57**	**59**	**69**
	KG 411	€ netto	31	46	48	50	58
8	**Abwasserleitung, Guss, DN150** Abwasserrohr; Gussrohr; DN150; inkl. Verbindungsmitteln; innen						
	m	**€ brutto**	**54**	**67**	**71**	**76**	**96**
	KG 411	€ netto	45	57	60	64	80
9	**Abwasserleitung, HT-Rohr, DN50** Abwasserrohr; HT-Rohr; DN50, Dicke 1,8mm; innen						
	m	**€ brutto**	**10**	**13**	**13**	**14**	**16**
	KG 411	€ netto	8,8	10,6	11,1	11,8	13,4

 © BKI Baukosteninformationszentrum

Abwasseranlagen - Leitungen, Abläufe, Armaturen						**Preise €**
Nr.	**Kurztext** / Stichworte **Einheit** / Kostengruppe	▶	▷	**brutto ø** netto ø	◁	◀
10	**Abwasserleitung, HT-Rohr, DN70** Abwasserrohr; HT-Rohr; DN70, Dicke 1,9mm; innen					
	m € brutto	**17**	**20**	**21**	**27**	**35**
	KG 411 € netto	14	17	18	22	29
11	**Abwasserleitung, HT-Rohr, DN100** Abwasserrohr; HT-Rohr; DN100, Dicke 2,7mm; innen					
	m € brutto	**20**	**25**	**26**	**32**	**42**
	KG 411 € netto	17	21	22	27	35
12	**Abwasserleitung, PE-Rohr, DN70** Abwasserleitung; PE-Rohr; DN70; schallgedämmt, inkl. Rohrbefestigungen; innen					
	m € brutto	**16**	**20**	**21**	**23**	**32**
	KG 411 € netto	13	16	18	19	27
13	**Abwasserleitung, PE-Rohr, DN100** Abwasserrohr; PE-Rohr; DN100; schallgedämmt, inkl. Rohrbefestigungen; innen					
	m € brutto	**18**	**22**	**23**	**25**	**34**
	KG 411 € netto	15	19	20	21	29
14	**Abflussleitung, PP-Rohre, DN50, schallgedämmt** Abwasserrohr, schallgedämmt; Polypropylen; DN50					
	m € brutto	**12**	**15**	**22**	**29**	**33**
	KG 411 € netto	10,0	12,6	18,3	24,5	27,5
15	**Abflussleitung, PP-Rohre, DN75, schallgedämmt** Abwasserrohr, schallgedämmt; Polypropylen; DN75					
	m € brutto	**14**	**19**	**25**	**35**	**39**
	KG 411 € netto	12	16	21	30	33
16	**Abflussleitung, PP-Rohre, DN90, schallgedämmt** Abwasserrohr, schallgedämmt; Polypropylen; DN90					
	m € brutto	**16**	**22**	**30**	**39**	**44**
	KG 411 € netto	13	18	25	33	37
17	**Abflussleitung, PP-Rohre, DN110, schallgedämmt** Abwasserrohr, schallgedämmt; Polypropylen; DN110, Länge 1,00m					
	m € brutto	**19**	**25**	**34**	**42**	**50**
	KG 411 € netto	16	21	29	36	42
18	**Abwasserkanal, PVC-U, DN100** Abwasserkanal; PVC-U; DN100, Länge 0,50-5,00m, Tiefe bis 1,00m					
	m € brutto	**17**	**27**	**30**	**37**	**50**
	KG 411 € netto	14	23	25	31	42
19	**Abwasserkanal, PVC-U, DN150** Abwasserkanal; PVC-U; DN150, Länge 0,50-5,00m, Tiefe bis 1,00m					
	m € brutto	**27**	**37**	**39**	**47**	**62**
	KG 411 € netto	23	31	33	40	52

GWE; Einrichtungsgegenstände, Sanitärausstattungen **Preise €**

Nr.	Kurztext / Stichworte Einheit / Kostengruppe		►	▷	brutto ø netto ø	◁	◄
1	**Montageelement ausbauen** Montageelement für Sanitärausstattung ausbauen; Bauschutt entsorgen						
	St	**€ brutto**	**–**	**29**	**41**	**47**	**–**
	KG 394	€ netto	–	25	34	39	–
2	**Badewanne ausbauen** Badewanne ausbauen; inkl. Ablaufgarnitur; Bauschutt entsorgen						
	St	**€ brutto**	**42**	**42**	**58**	**66**	**108**
	KG 394	€ netto	35	35	48	56	91
3	**Duschwanne ausbauen** Duschwanne ausbauen; inkl. Ablaufgarnitur; Bauschutt entsorgen						
	St	**€ brutto**	**–**	**28**	**38**	**44**	**–**
	KG 394	€ netto	–	23	32	37	–
4	**Waschtisch ausbauen** Waschtisch ausbauen; inkl. Zu- und Ablaufgarnitur; Bauschutt entsorgen						
	St	**€ brutto**	**16**	**20**	**27**	**31**	**37**
	KG 394	€ netto	13	16	23	26	31
5	**WC-Anlage ausbauen** WC-Anlage ausbauen; inkl. Verschließen der Anschlussleitung; Bauschutt entsorgen						
	St	**€ brutto**	**16**	**22**	**30**	**35**	**42**
	KG 394	€ netto	14	18	25	29	36
6	**Waschtischbatterie ausbauen** Waschtischbatterie ausbauen; inkl. Verschließen der Anschlussleitung; Bauschutt entsorgen						
	St	**€ brutto**	**–**	**7,7**	**11**	**12**	**–**
	KG 394	€ netto	–	6,5	8,9	10	–
7	**Handwaschbecken, Keramik** Handwaschbecken; Sanitärporzellan; inkl. Befestigung, Schallschutzset						
	St	**€ brutto**	**58**	**106**	**123**	**195**	**342**
	KG 412	€ netto	49	89	104	164	287
8	**Waschtisch, Keramik 500x400mm** Waschtisch; Sanitärporzellan; Größe 500x400mm; inkl. Befestigung, Schallschutzset						
	St	**€ brutto**	**76**	**174**	**218**	**355**	**560**
	KG 412	€ netto	64	146	183	298	471
9	**Waschtisch, Keramik, 600x500mm** Waschtisch; Sanitärporzellan; Größe 600x500mm						
	St	**€ brutto**	**112**	**221**	**242**	**403**	**651**
	KG 412	€ netto	94	185	203	339	547

 © BKI Baukosteninformationszentrum

GWE; Einrichtungsgegenstände, Sanitärausstattungen — Preise €

Nr.	Kurztext / Stichworte Einheit / Kostengruppe		▶	▷	brutto ø netto ø	◁	◀
10	**Einhebel-Mischbatterie** Einhand-Waschtischbatterie; inkl. Schnellmontagesystem						
	St	**€ brutto**	**128**	**179**	**206**	**276**	**381**
	KG 412	€ netto	107	150	173	232	320
11	**Badewanne, Stahl, 170cm** Badewanne; Stahl; Länge 170cm						
	St	**€ brutto**	**204**	**306**	**348**	**443**	**603**
	KG 412	€ netto	171	257	293	372	507
12	**Einhebelbatterie, Badewanne** Einhandmischbatterie, Badewanne; Metall verchromt; Wandmontage, inkl. Befestigung und Schallschutz						
	St	**€ brutto**	**54**	**170**	**238**	**362**	**495**
	KG 412	€ netto	45	143	200	304	416
13	**WC, wandhängend** Tiefspül-WC; Sanitärporzellan; Wandmontage, inkl. Befestigung und Schallschutz						
	St	**€ brutto**	**160**	**233**	**253**	**318**	**441**
	KG 412	€ netto	134	196	213	268	371
14	**WC-Sitz** WC-Sitz; inkl. Deckel und Scharniere						
	St	**€ brutto**	**46**	**88**	**96**	**116**	**156**
	KG 412	€ netto	39	74	81	98	131
15	**Duschwanne, Stahl, 80x80cm** Duschwanne; Stahl; Größe 80x80x6cm						
	St	**€ brutto**	**146**	**205**	**227**	**253**	**329**
	KG 412	€ netto	123	172	191	212	277
16	**Duschwanne, Stahl 100x100** Duschwanne; Stahl; Größe 100x100x6cm						
	St	**€ brutto**	**257**	**391**	**422**	**520**	**701**
	KG 412	€ netto	216	328	355	437	589
17	**Einhandmischarmatur, Dusche** Einhandmischarmatur, Dusche; Metall, verchromt; DN15; Wandmontage						
	St	**€ brutto**	**142**	**365**	**380**	**471**	**654**
	KG 412	€ netto	119	307	320	395	550
18	**Montageelement, WC** WC-Montageelement; Stahlrahmen; Unterputz, Wandmontage, inkl. Betätigungsplatte						
	St	**€ brutto**	**172**	**221**	**247**	**277**	**329**
	KG 419	€ netto	144	186	208	233	276

GWE; Einrichtungsgegenstände, Sanitärausstattungen						Preise €
Nr.	**Kurztext** / Stichworte			**brutto ø**		
	Einheit / Kostengruppe	▶	▷	netto ø	◁	◀
19	**Montageelement, Waschtisch**					
	Waschtisch-Montageelement; Stahlrahmen; DN40/50; Wandmontage					
	St **€ brutto**	**104**	**149**	**162**	**206**	**279**
	KG 419 € netto	87	125	136	173	235

© BKI Baukosteninformationszentrum

Dämm- und Brandschutzarbeiten an techn. Anlagen — Preise €

Nr.	Kurztext / Stichworte		brutto ø			
	Einheit / Kostengruppe	▶	▷	netto ø	◁	◀
1	**Kompaktdämmhülse, Rohrleitung DN15** Kompaktdämmhülse; Polyethylen, Gittergewebe, WLG 040, B2; DN15, Dicke 13mm; Rohfußboden					
	m — € brutto	**5,5**	**7,3**	**8,2**	**10,6**	**13,5**
	KG 422 — € netto	4,6	6,2	6,9	8,9	11,3
2	**Kompaktdämmhülse, Rohrleitung DN20** Kompaktdämmhülse, Rohrleitung; Polyethylen, Gittergewebe, WLG 040, B2; DN20, Dicke 13mm; Rohfußboden					
	m — € brutto	**6,9**	**11,4**	**11,9**	**13,3**	**16,5**
	KG 422 — € netto	5,8	9,5	10,0	11,2	13,8
3	**Kompaktdämmhülse, Rohrleitung DN25** Kompaktdämmhülse, Rohrleitung; Polyethylen, Gittergewebe, WLG 040, B2; DN25, Dicke 20mm; Rohfußboden					
	m — € brutto	**5,8**	**11,4**	**14,5**	**18,7**	**25,3**
	KG 422 — € netto	4,9	9,6	12,2	15,7	21,2
4	**Rohrdämmung, MW-alukaschiert, DN15** Rohrdämmung; Mineralwolle, alukaschiert; DN15, Dicke 20mm; Heizungsrohre					
	m — € brutto	**4,2**	**7,2**	**9,6**	**11,9**	**23,5**
	KG 422 — € netto	3,6	6,0	8,0	10,0	19,8
5	**Rohrdämmung, MW-alukaschiert, DN20** Rohrdämmung; Mineralwolle, alukaschiert; DN20, Dicke 20mm; Heizungsrohre					
	m — € brutto	**5,5**	**15,5**	**17,9**	**23,3**	**32,3**
	KG 422 — € netto	4,6	13,1	15,0	19,5	27,1
6	**Rohrdämmung, MW-alukaschiert, DN25** Rohrdämmung; Mineralwolle, alukaschiert; DN25, Dicke 30mm; Heizungsrohre					
	m — € brutto	**9,1**	**15,1**	**19,1**	**26,0**	**36,5**
	KG 422 — € netto	7,6	12,7	16,1	21,9	30,7
7	**Rohrdämmung, MW-alukaschiert, DN32** Rohrdämmung; Mineralwolle, alukaschiert; DN32, Dicke 40mm; Heizungsrohre					
	m — € brutto	**12**	**20**	**25**	**26**	**37**
	KG 422 — € netto	9,7	16,5	20,9	22,1	30,7
8	**Rohrdämmung, MW-alukaschiert, DN50** Rohrdämmung; Mineralwolle, alukaschiert; DN50, Dicke 50mm; Heizungsrohre					
	m — € brutto	**17**	**25**	**29**	**33**	**42**
	KG 422 — € netto	14	21	25	28	35

 © BKI Baukosteninformationszentrum

Kosten: Stand 3.Quartal 2015, Bundesdurchschnitt

Dämm- und Brandschutzarbeiten an techn. Anlagen **Preise €**

Nr.	Kurztext / Stichworte Einheit / Kostengruppe		▶	▷	brutto ø netto ø	◁	◀
9	**Rohrdämmung, MW-alukaschiert, DN65** Rohrdämmung; Mineralwolle, alukaschiert; DN65, Dicke 70mm; Heizungsrohre						
	m	**€ brutto**	**25**	**32**	**38**	**43**	**60**
	KG 422	€ netto	21	27	32	36	51
1	**Brandschutzabschottung, R90, DN65** Brandschutzabschottung, Rohrleitung, R90; Mineralwolle; DN65, Länge 1,00m; Wanddurchbruch						
	St	**€ brutto**	**95**	**102**	**109**	**114**	**125**
	KG 422	€ netto	79	86	92	96	105
11	**Brandschutzabschottung, R90, DN50** Brandschutzabschottung, Rohrleitung, R90; Mineralwolle; DN50, Länge 1,00m; Wanddurchbruch						
	St	**€ brutto**	**88**	**93**	**98**	**102**	**113**
	KG 422	€ netto	74	78	83	86	95
12	**Brandschutzabschottung, R90, DN40** Brandschutzabschottung, Rohrleitung, R90; Mineralwolle; DN40, Länge 1,00m; Wanddurchbruch						
	St	**€ brutto**	**52**	**57**	**62**	**65**	**79**
	KG 422	€ netto	44	48	52	55	66
13	**Brandschutzabschottung, R90, DN32** Brandschutzabschottung, Rohrleitung, R90; Mineralwolle; DN32, Länge 1,00m; Wanddurchbruch						
	St	**€ brutto**	**–**	**45**	**51**	**59**	**–**
	KG 422	€ netto	–	38	43	50	–
14	**Brandschutzabschottung, R90, DN25** Brandschutzabschottung, Rohrleitung, R90; Mineralwolle; DN25, Länge 1,00m; Wanddurchbruch						
	St	**€ brutto**	**34**	**39**	**42**	**43**	**48**
	KG 422	€ netto	29	33	35	36	41
15	**Brandschutzabschottung, R90, DN20** Brandschutzabschottung, Rohrleitung, R90; Mineralwolle; DN20, Länge 1,00m; Wanddurchbruch						
	St	**€ brutto**	**35**	**38**	**39**	**41**	**46**
	KG 422	€ netto	29	32	33	35	39
16	**Brandschutzabschottung, R90, DN15** Brandschutzabschottung R90; Mineralfaser, nicht brennbar; DN15, Länge 1000mm; Wanddurchbruch						
	St	**€ brutto**	**7,7**	**14,3**	**16,8**	**21,2**	**31,4**
	KG 422	€ netto	6,5	12,0	14,1	17,9	26,4

Dämm- und Brandschutzarbeiten an techn. Anlagen **Preise €**

Nr.	Kurztext / Stichworte Einheit / Kostengruppe	►	▷	brutto ø netto ø	◁	◄
17	**Wärmedämmung, Schrägsitzventil, DN15** Wärmedämmung Schrägsitzventile; Polyethylen, WLG 034, B1; DN15, lxbxh=130x70x112mm					
	St **€ brutto**	**–**	**15**	**18**	**22**	**–**
	KG 422 € netto	–	12	15	18	–
18	**Wärmedämmung, Schrägsitzventil, DN20** Wärmedämmung Schrägsitzventile; Polyethylen, WLG 034, B1; DN20, lxbxh=130x70x112mm					
	St **€ brutto**	**–**	**20**	**24**	**28**	**–**
	KG 422 € netto	–	17	20	23	–
19	**Wärmedämmung, Schrägsitzventil, DN25** Wärmedämmung Schrägsitzventile; Polyethylen, WLG 034, B1; DN25, lxbxh=145x80x130mm					
	St **€ brutto**	**–**	**24**	**29**	**36**	**–**
	KG 422 € netto	–	20	24	31	–
20	**Wärmedämmung, Schrägsitzventil, DN32** Wärmedämmung Schrägsitzventile; Polyethylen, WLG 034, B1; DN32, lxbxh=195x137x203mm					
	St **€ brutto**	**–**	**27**	**31**	**40**	**–**
	KG 422 € netto	–	23	26	34	–
21	**Wärmedämmung, Schrägsitzventil, DN40** Wärmedämmung Schrägsitzventile; Polyethylen, WLG 034, B1; DN40, lxbxh=196x163x230mm					
	St **€ brutto**	**–**	**35**	**41**	**47**	**–**
	KG 422 € netto	–	29	35	40	–

 © BKI Baukosteninformationszentrum

D

Freianlagen

Titel des Leistungsbereichs	LB-Nr.
Landschaftsbauarbeiten	303
Landschaftsbauarbeiten - Pflanzen	304
Straßen, Wege, Plätze	380

Landschaftsbauarbeiten						Preise €
Nr.	**Kurztext** / Stichworte **Einheit** / Kostengruppe		▶	▷ **brutto ø** netto ø	◁	◀
1	**Baugelände abräumen** Baugelände abräumen; Sträucher, Bäume, Beton; StD bis 15cm; inkl. unterirdische Bauwerke, Fundamente; Räumgut entsorgen					
	m² **€ brutto**	**3,0**	**4,1**	**4,8**	**5,1**	**6,2**
	KG 214 € netto	2,5	3,5	4,0	4,2	5,2
2	**Metallzaun abbrechen, entsorgen** Metallzaun abbrechen; Stahlpfosten; Bauschutt inkl. Stahlpfosten entsorgen; Bauschutt entsorgen					
	m **€ brutto**	**7,0**	**10,2**	**10,9**	**13,2**	**16,5**
	KG 212 € netto	5,9	8,6	9,2	11,1	13,9
3	**Maschendrahtzaun abbrechen, entsorgen** Maschendrahtzaun abbrechen; Metall, kunststoffummantelt, Stahlpfosten; Bauschutt entsorgen					
	m **€ brutto**	**6,0**	**7,9**	**8,7**	**10,2**	**13,8**
	KG 212 € netto	5,0	6,6	7,3	8,6	11,6
4	**Bauzaun aufstellen** Bauzaun; Baustahlgewebe; Höhe 2,00m; aufstellen, vorhalten, abbauen					
	m **€ brutto**	**5,3**	**7,6**	**8,4**	**9,1**	**12,1**
	KG 591 € netto	4,5	6,4	7,0	7,7	10,2
5	**Baum fällen, bis StD 15cm, entsorgen** Baum fällen, Wurzelstock roden; StD bis 15cm; Räumgut entsorgen					
	St **€ brutto**	**33**	**52**	**61**	**69**	**85**
	KG 214 € netto	28	44	51	58	71
6	**Baum fällen, bis StD 30cm, entsorgen** Baum fällen, Wurzelstock roden; StD bis 30cm; Räumgut entsorgen					
	St **€ brutto**	**83**	**108**	**119**	**163**	**236**
	KG 214 € netto	69	91	100	137	198
7	**Baum fällen, bis StD 50cm, entsorgen** Baum fällen, Wurzelstock roden; StD bis 50cm; Räumgut entsorgen					
	St **€ brutto**	**94**	**150**	**172**	**197**	**275**
	KG 214 € netto	79	126	145	166	231
8	**Baum fällen, über StD 50cm, entsorgen** Baum fällen, Wurzelstock roden; StD über 50cm; Räumgut entsorgen					
	St **€ brutto**	**140**	**186**	**212**	**253**	**330**
	KG 214 € netto	118	157	178	213	277
9	**Baugelände roden** Baugelände roden; Busch-, Hecken- und Baumbestand; StD bis 10cm; Räumgut entsorgen					
	m² **€ brutto**	**6,4**	**10,3**	**11,7**	**14,4**	**18,8**
	KG 214 € netto	5,4	8,7	9,9	12,1	15,8

 © BKI Baukosteninformationszentrum

Kosten: Stand 3.Quartal 2015, Bundesdurchschnitt

Landschaftsbauarbeiten **Preise €**

Nr.	Kurztext / Stichworte Einheit / Kostengruppe		▶	▷	brutto ø netto ø	◁	◀
10	**Baugelände abräumen, entsorgen** Baugelände abräumen; Steine, Schutt, Unrat unbelastet; Räumgut entsorgen						
	t	**€ brutto**	**94**	**127**	**145**	**174**	**214**
	KG 212	€ netto	79	107	122	146	180
11	**Grasnarbe abschälen** Grasnarbe abtragen; BK 3-5; Dicke bis 5cm; Stoffe entsorgen						
	m²	**€ brutto**	**1,6**	**2,5**	**2,8**	**3,5**	**4,6**
	KG 214	€ netto	1,3	2,1	2,3	2,9	3,9
12	**Aufwuchs entfernen** Aufwuchs mähen; Gräser, Kräuter; Höhe bis 0,70m; Schnittgut entsorgen						
	m²	**€ brutto**	**0,9**	**1,1**	**1,3**	**1,3**	**1,5**
	KG 214	€ netto	0,8	0,9	1,1	1,1	1,3
13	**Oberboden abtragen, entsorgen** Oberboden abtragen; laden, abfahren; inkl. Vegetationsdecke						
	m³	**€ brutto**	**12**	**15**	**16**	**19**	**24**
	KG 511	€ netto	10	13	14	16	20
14	**Oberboden lösen, lagern** Oberboden abtragen; in Mieten aufsetzen, lagern; inkl. Vegetationsschicht						
	m³	**€ brutto**	**4,0**	**6,4**	**7,5**	**9,6**	**14,2**
	KG 512	€ netto	3,4	5,4	6,3	8,1	11,9
15	**Oberboden liefern, einbauen** Oberboden liefern; BK 1; einbauen						
	m³	**€ brutto**	**22**	**27**	**29**	**30**	**33**
	KG 571	€ netto	19	22	24	25	28
16	**Oberboden liefern, andecken** Oberboden liefern; BK 1; andecken						
	m³	**€ brutto**	**9,5**	**22,2**	**26,6**	**29,3**	**35,6**
	KG 571	€ netto	8,0	18,7	22,4	24,6	29,9
17	**Oberboden auftragen, lagernd** Oberboden auftragen; Lagermaterial, BK 1; laden, fördern, einbauen; bis 500m						
	m³	**€ brutto**	**4,1**	**7,0**	**8,5**	**9,9**	**13,5**
	KG 571	€ netto	3,4	5,9	7,2	8,3	11,3
18	**Feinplanum, Rasenfläche** Feinplanum, Rasenfläche; Abweichung +/-3cm; Fremdkörper, Pflanzenteile, Unkraut abräumen; anfallende Stoffe entsorgen						
	m²	**€ brutto**	**1,2**	**1,4**	**1,5**	**1,6**	**2,0**
	KG 574	€ netto	1,0	1,2	1,2	1,3	1,7

Landschaftsbauarbeiten **Preise €**

Nr.	Kurztext / Stichworte Einheit / Kostengruppe		▶	▷	brutto ø netto ø	◁	◀
19	**Ansaat, Spielrasen** Rasenansaat; Spielrasen; 25g/m²; aufbringen, zwei Arbeitsgänge						
	m²	**€ brutto**	**0,7**	**1,2**	**1,4**	**1,5**	**1,8**
	KG 575	€ netto	0,6	1,0	1,2	1,2	1,5
20	**Ansaat, Gebrauchsrasen** Rasenansaat; Gebrauchsrasen; 25g/m²; aufbringen, zwei Arbeitsgänge						
	m²	**€ brutto**	**0,4**	**0,6**	**0,7**	**0,8**	**1,2**
	KG 575	€ netto	0,3	0,5	0,6	0,7	1,0
21	**Feinplanum, Pflanzfläche** Feinplanum Pflanzfläche; Abweichung +/-3cm; Fremdkörper, Pflanzenteile, Unkraut abräumen; anfallende Stoffe entsorgen						
	m²	**€ brutto**	**0,6**	**1,0**	**1,2**	**1,5**	**2,0**
	KG 574	€ netto	0,5	0,8	1,0	1,2	1,7
22	**Pflanzgrube ausheben, bis 0,80x0,80m** Pflanzgrube ausheben; Solitär, Hochstamm, BK 3-5; 0,80x0,80m; Aushub lagern, Sohle lockern, Gießrand anlegen, überschüssigen Boden seitlich einbauen						
	St	**€ brutto**	**14**	**20**	**23**	**25**	**34**
	KG 571	€ netto	12	17	19	21	28
23	**Pflanzgrube ausheben, bis 1,00x1,00m** Pflanzgrube ausheben; Solitär, Hochstamm, BK 3-5; 1,00x1,00m; Aushub lagern, Sohle lockern, Gießrand anlegen, überschüssigen Boden seitlich einbauen						
	St	**€ brutto**	**16**	**22**	**25**	**30**	**41**
	KG 571	€ netto	13	19	21	25	34
24	**Pflanzgrube ausheben, bis 1,50x1,50m** Pflanzgrube ausheben; Solitär, Hochstamm, BK 3-5; 1,50x1,50m; Aushub lagern, Sohle lockern, Gießrand anlegen, überschüssigen Boden seitlich einbauen						
	St	**€ brutto**	**24**	**37**	**43**	**62**	**84**
	KG 571	€ netto	20	31	36	52	71
25	**Pflanzgrube ausheben, bis 2,00x2,00m** Pflanzgrube ausheben; Solitär, Hochstamm, BK 3-5; 2,00x2,00m; Aushub lagern, Sohle lockern, Gießrand anlegen, überschüssigen Boden seitlich einbauen						
	St	**€ brutto**	**43**	**47**	**50**	**57**	**66**
	KG 571	€ netto	36	40	42	48	55

 © BKI Baukosteninformationszentrum

Kosten: Stand 3.Quartal 2015, Bundesdurchschnitt

Landschaftsbauarbeiten **Preise €**

Nr.	**Kurztext** / Stichworte **Einheit** / Kostengruppe		▶	▷	**brutto ø** netto ø	◁	◀
26	**Pflanzgrube verfüllen, Pflanzsubstrat** Pflanzgrube verfüllen; Pflanzsubstrat; Dicke bis 50cm						
	St	**€ brutto**	**23**	**31**	**36**	**38**	**47**
	KG 574	€ netto	19	26	30	32	40
27	**Pflanzgrube verfüllen, Baumsubstrat** Pflanzgrube verfüllen; Humus-Basis 0/16; Dicke 30m						
	St	**€ brutto**	**37**	**43**	**46**	**55**	**66**
	KG 574	€ netto	31	36	39	46	55
28	**Hochstamm/Solitär, liefern/pflanzen, 100-125cm** Hochstamm/Solitär pflanzen; mDb., BK 3-5; Höhe 100-125cm; Pflanzgrube ausheben, wiederverfüllen, wässern; inkl. Baumscheibe						
	St	**€ brutto**	**17**	**40**	**45**	**60**	**94**
	KG 574	€ netto	15	34	38	51	79
29	**Hochstamm/Solitär, liefern/pflanzen, 150-200cm** Hochstamm/Solitär pflanzen; mDb., BK 3-5; Höhe 150-200cm; Pflanzgrube ausheben, wiederverfüllen, wässern; inkl. Baumscheibe						
	St	**€ brutto**	**235**	**244**	**248**	**253**	**264**
	KG 574	€ netto	197	205	209	213	222
30	**Fertigstellungspflege, Baum** Fertigstellungspflege Bäume; Pflanzfläche lockern, unerwünschten Aufwuchs entfernen, Unrat ablesen, tote Triebe entfernen, Wunden behandeln; 5 Arbeitsgänge pro Jahr						
	St	**€ brutto**	**12**	**26**	**36**	**42**	**52**
	KG 574	€ netto	10	22	31	35	44
31	**Fertigstellungspflege, Sträucher** Entwicklungspflege Sträucher; zwei Vegetationsperioden mit 5 Pflegegängen je Vegetationsperiode						
	St	**€ brutto**	**33**	**47**	**55**	**57**	**67**
	KG 574	€ netto	28	39	46	48	56
32	**Pflanzflächen wässern** Pflanzfläche wässern; je 25l/m²; Wasser aus bauseits vorhandenen Zapfstellen						
	m²	**€ brutto**	**1,2**	**1,4**	**1,5**	**1,8**	**2,2**
	KG 574	€ netto	1,0	1,1	1,2	1,5	1,8
33	**Pflanzenverankerung, Pfahl-Zweibock** Pflanzenverankerung Pfahl-Zweibock; Baumpfähle senkrecht, unbehandelt, geschält, Kokosstrick; Länge 300cm						
	St	**€ brutto**	**29**	**37**	**41**	**49**	**62**
	KG 574	€ netto	24	31	34	42	52

Landschaftsbauarbeiten **Preise €**

Nr.	Kurztext / Stichworte Einheit / Kostengruppe		►	▷	brutto ø netto ø	◁	◄
34	**Pflanzenverankerung, Pfahl-Dreibock** Pflanzenverankerung Pfahl-Dreibock; Baumpfähle senkrecht, unbehandelt, geschält, Kokosstrick; Länge 300cm						
	St	**€ brutto**	**39**	**53**	**61**	**78**	**100**
	KG 574	€ netto	33	45	51	65	84
35	**Maschendrahtzaun, 0,80m** Maschendrahtzaun; kunststoffummantelt, Rundrohrpfosten; Höhe 0,80m; Vierdrahtgeflecht; inkl. Fundament-, Verspannarbeiten						
	m	**€ brutto**	**14**	**19**	**22**	**23**	**29**
	KG 531	€ netto	12	16	18	19	24
36	**Maschendrahtzaun, 1,25m** Maschendrahtzaun; kunststoffummantelt, Rundrohrpfosten; Höhe 1,25m; Vierdrahtgeflecht; inkl. Fundament-, Verspannarbeiten						
	m	**€ brutto**	**25**	**28**	**31**	**32**	**35**
	KG 531	€ netto	21	24	26	27	29
37	**Maschendrahtzaun, 2,00m** Maschendrahtzaun; kunststoffummantelt, Rundrohrpfosten; Höhe 2,00m; Vierdrahtgeflecht; inkl. Fundament-, Verspannarbeiten						
	m	**€ brutto**	**40**	**50**	**55**	**58**	**79**
	KG 531	€ netto	33	42	47	49	66
38	**Stabgitterzaun, 0,80m** Stabgitterzaun; Stahlgittermatten, Doppelstab, verzinkt; Höhe 0,80m, MW 50x200mm, Dicke 8mm						
	m	**€ brutto**	**35**	**43**	**51**	**62**	**74**
	KG 531	€ netto	30	36	43	52	62
39	**Stabgitterzaun, 1,40m** Stabgitterzaun; Stahlgittermatten, Doppelstab, verzinkt; Höhe 1,40m, MW 50x200mm, Dicke 8mm						
	m	**€ brutto**	**47**	**54**	**63**	**72**	**86**
	KG 531	€ netto	39	46	53	60	73
40	**Stabgitterzaun, 1,80m** Stabgitterzaun; Stahlgittermatten, Doppelstab, verzinkt; Höhe 1,80m, MW 50x200mm, Dicke 8mm						
	m	**€ brutto**	**55**	**63**	**73**	**83**	**93**
	KG 531	€ netto	46	53	62	70	78
41	**Stahltor, einflüglig, beschichtet** Tor, einflüglig; Stahl, verzinkt, beschichtet; 1,50x 1,20m; liefern und montieren; komplette Leistung						
	St	**€ brutto**	**785**	**954**	**1.078**	**1.131**	**1.416**
	KG 531	€ netto	660	802	906	951	1.190

 © BKI Baukosteninformationszentrum

Kosten: Stand 3.Quartal 2015, Bundesdurchschnitt

Landschaftsbauarbeiten							**Preise €**
Nr.	**Kurztext** / Stichworte **Einheit** / Kostengruppe		▶	▷	**brutto ø** netto ø	◁	◀
42	**Stahltor, zweiflüglig, beschichtet** Drehtor; Stahl, verzinkt, beschichtet; 5,00x1,60m; zweiflüglig						
	St	**€ brutto**	**1.089**	**1.327**	**1.378**	**1.536**	**1.863**
	KG 531	€ netto	915	1.115	1.158	1.291	1.566
43	**Zaunpfosten, Stahlrohr** Zaunpfosten; Stahlrohr, verzinkt; Höhe 2,00m, Durchmesser 40mm; inkl. Fundamentarbeiten						
	St	**€ brutto**	**19**	**34**	**41**	**43**	**59**
	KG 531	€ netto	16	29	35	36	50
44	**Spielgerät, Wippe** Spielgerät Federwipptier; einbauen						
	St	**€ brutto**	**976**	**1.920**	**2.085**	**2.726**	**4.454**
	KG 552	€ netto	820	1.613	1.752	2.291	3.743
45	**Spielgerät, Einfachschaukel** Spielgerät Gerüstschaukel, Einfachschaukel; Gummisitz, Edelstahlkette; einbauen; Fundamente bauseits						
	St	**€ brutto**	**1.813**	**2.359**	**2.423**	**2.636**	**3.026**
	KG 552	€ netto	1.524	1.982	2.036	2.215	2.543

Landschaftsbauarbeiten - Pflanzen Preise €

Nr.	Kurztext / Stichworte Einheit / Kostengruppe ►		▷	brutto ø netto ø	◁	◄
1	**Heckenpflanze, Hainbuche** Hainbuche - Carpinus betulus; Heckenpflanze; Str 2xv mB, Höhe 100-150cm; pflanzen					
	St **€ brutto**	**9,2**	**11,3**	**11,9**	**13,4**	**16,2**
	KG 574 € netto	7,7	9,5	10,0	11,3	13,6
2	**Heckenpflanze, Buchsbaum** Buchsbaum - Buxus sempervierens; Heckenpflanze; Str 2xv mB/Co, Höhe 20-25cm; pflanzen					
	St **€ brutto**	**2,7**	**4,6**	**5,7**	**7,7**	**9,9**
	KG 574 € netto	2,2	3,9	4,8	6,5	8,3
3	**Heckenpflanze, Liguster** Liguster - Ligustrum vulgare; Heckenpflanze; Str 2xv 5-7 Tr., Höhe 20-25cm; pflanzen					
	St **€ brutto**	**2,9**	**3,9**	**4,6**	**5,4**	**7,0**
	KG 574 € netto	2,4	3,3	3,8	4,5	5,9
4	**Heckenpflanze, Lorbeerkirsche** Kirschlorbeer - Prunus laurocerrasus; Heckenpflanze; Str 2xv 5-7 Tr., Höhe 80-100cm; pflanzen					
	St **€ brutto**	**20**	**29**	**33**	**40**	**54**
	KG 574 € netto	17	24	27	34	46
5	**Solitärbaum, Säulen-Hainbuche** Säulen-Hainbuche - Carpinus betulus; Solitär; Hst 3xv mDb, StU 10-12cm; in herzustellender Pflanzgrube pflanzen; inkl. Zweibockverankerung					
	St **€ brutto**	**100**	**130**	**137**	**139**	**187**
	KG 574 € netto	84	109	115	117	157
6	**Solitärbaum, Rotblühende Rosskastanie** Rotblühende-Rosskastanie - Aesculus carnea; Solitär; Hst 4xv mDb, StU 18-20cm; pflanzen					
	St **€ brutto**	**286**	**357**	**368**	**376**	**465**
	KG 574 € netto	240	300	309	316	390
7	**Solitärbaum, Spitz-Ahorn** Spitz-Ahorn - Acer platanoides; Solitär; Hst 4xv mDb, StU 18-20cm; in herzustellender Pflanzgrube pflanzen					
	St **€ brutto**	**263**	**318**	**337**	**357**	**427**
	KG 574 € netto	221	267	283	300	359
8	**Solitärbaum, Feld-Ahorn** Feld-Ahorn - Acer campestre; Solitär; Hst 3xv mDb, StU 18-20cm; in herzustellender Pflanzgrube pflanzen					
	St **€ brutto**	**197**	**280**	**320**	**342**	**431**
	KG 574 € netto	165	236	269	287	362

 © BKI Baukosteninformationszentrum

Kosten: Stand 3.Quartal 2015, Bundesdurchschnitt

Landschaftsbauarbeiten - Pflanzen — Preise €

Nr.	Kurztext / Stichworte Einheit / Kostengruppe		▶	▷	brutto ø netto ø	◁	◀
9	**Solitärbaum, Vogelkirsche** Vogelkirsche - Prunus avium; Solitär; Hst 4xv mDb, StU 20-22cm; in herzustellender Pflanzgrube pflanzen						
	St	**€ brutto**	**221**	**248**	**260**	**267**	**309**
	KG 574	€ netto	185	209	219	224	260
10	**Solitärbaum, Winterlinde** Winterlinde - Tilia cordata; Solitär; Hst 4xv mDb, StU 25-30cm, Höhe 400-500cm; in herzustellender Pflanzgrube pflanzen						
	St	**€ brutto**	**258**	**313**	**349**	**382**	**441**
	KG 574	€ netto	216	263	293	321	371
11	**Solitärbaum, Wald-Kiefer** Wald-Kiefer - Pinus sylvestris; Solitär; Hst 4xv mDb, StU 18-20cm, Höhe 100-150cm; in herzustellender Pflanzgrube pflanzen						
	St	**€ brutto**	**227**	**419**	**445**	**461**	**561**
	KG 574	€ netto	191	352	374	387	471
12	**Solitärbaum, Hänge-Birke** Hänge-Birke - Betula pendula; Solitär; 3xv, StU 16-18cm; in herzustellender Pflanzgrube pflanzen						
	St	**€ brutto**	**224**	**265**	**274**	**296**	**343**
	KG 574	€ netto	188	222	231	249	288
13	**Solitärbaum, Hainbuche** Hainbuche-Carpinus betulus; Solitär; Hst 3xv, StU 16-18cm; in herzustellender Pflanzgrube pflanzen						
	St	**€ brutto**	**163**	**221**	**252**	**315**	**403**
	KG 574	€ netto	137	186	212	265	339
14	**Solitärbaum, gemeine Esche** Gemeine Esche - Fraxinus excelsior; Solitär; Hst 3xv mDb, StU 16-18cm; in herzustellender Pflanzgrube pflanzen						
	St	**€ brutto**	**191**	**233**	**240**	**258**	**309**
	KG 574	€ netto	160	196	201	217	260
15	**Solitärbaum, gemeine Eberesche** Eberesche - Sorbus aucuparia; Solitär; Hst 3xv mDb, StU 16-18cm; in herzustellender Pflanzgrube pflanzen						
	St	**€ brutto**	**151**	**190**	**212**	**233**	**281**
	KG 574	€ netto	127	160	178	196	236
16	**Solitärbaum, Baum-Hasel** Baumhasel - Corylus colurna; Solitär; Hst 3xv mDb, StU 16-18cm; in herzustellender Pflanzgrube pflanzen						
	St	**€ brutto**	**203**	**245**	**267**	**309**	**351**
	KG 574	€ netto	170	206	225	259	295

Landschaftsbauarbeiten - Pflanzen | **Preise €**

Nr.	**Kurztext** / Stichworte **Einheit** / Kostengruppe ▶		▷	brutto ø netto ø	◁	◀
17	**Solitärbaum, Scharlach-Blühende Rosskastanie** Scharlach - Blühende Rosskastanie - Aesculus carnea; Solitär 3xv mDb; Hst 3xv mDb, StU 16-18cm; in herzustellender Pflanzgrube pflanzen					
	St	**€ brutto**	**286**	**354**	**363**	**364**	**465**
	KG 574	€ netto	240	297	305	306	390
18	**Obstgehölz, Apfel in Sorten** Apfelbaum - Malus; Obstgehölz; Hst 3xv mDb, StU 16-18cm; in herzustellender Pflanzgrube pflanzen					
	St	**€ brutto**	**143**	**221**	**239**	**298**	**380**
	KG 574	€ netto	121	185	201	250	319
19	**Obstgehölz, Zier-Apfel \`Evereste\`** Zier-Apfel - Malus Evereste; Obstgehölz; Hst 3xv mDb, StU 16-18cm; in herzustellender Pflanzgrube pflanzen					
	St	**€ brutto**	**139**	**223**	**280**	**343**	**438**
	KG 574	€ netto	117	188	236	288	368
20	**Obstgehölz, Zier-Apfel \`Eleyi\`** Zier-Apfel - Malus Eleyi; Obstgehölz; Hst 3xv mDb, StU 16-18cm; in herzustellender Pflanzgrube pflanzen					
	St	**€ brutto**	**32**	**45**	**50**	**51**	**67**
	KG 574	€ netto	27	38	42	43	56
21	**Obstgehölz, Stadt-Birne, StU 16-18** Stadt-Stadtbirne - Pyruy Calleryana; Obstgehölz; Hst 3xv mDb, StU 16-18cm; in herzustellender Pflanzgrube pflanzen					
	St	**€ brutto**	**280**	**343**	**370**	**375**	**473**
	KG 574	€ netto	235	288	311	315	398
22	**Obstgehölz, japanische Blütenkirsche, StU 12-14** Japanische Blütenkirsche - Prunus serrulata; Obstgehölz; Hst 3xv mDb, StU 12-14cm; in herzustellender Pflanzgrube pflanzen					
	St	**€ brutto**	**224**	**262**	**280**	**296**	**320**
	KG 574	€ netto	188	220	235	249	269
23	**Weidentunnel, Silber-Weide** Silber-Weide - Salix alba; zweijährig, biegsam; Länge 3,00m; pflanzen; für Weidentunnel					
	St	**€ brutto**	**1,9**	**3,1**	**3,9**	**4,6**	**7,0**
	KG 574	€ netto	1,6	2,6	3,2	3,9	5,9
24	**Strauchpflanze, Purpur-Weide** Purpur-Weide - Salix purpurea; Str 4 Tr. oB, Höhe 100-150cm; in herzustellender Pflanzgrube pflanzen					
	St	**€ brutto**	**1,3**	**1,8**	**2,1**	**2,4**	**3,6**
	KG 574	€ netto	1,1	1,5	1,7	2,0	3,0

 © **BKI** Baukosteninformationszentrum

Kosten: Stand 3.Quartal 2015, Bundesdurchschnitt

Landschaftsbauarbeiten - Pflanzen — Preise €

Nr.	Kurztext / Stichworte Einheit / Kostengruppe		▶	▷	brutto ø netto ø	◁	◀
25	**Strauchpflanze, Kupfer-Felsenbirne** Kupfer-Felsenbirne - Amelanchier lamarckii; Str 3xv 3-5 Tr. mB, Höhe 100-150cm; in herzustellender Pflanzgrube pflanzen						
	St	€ brutto	27	33	37	38	51
	KG 574	€ netto	23	28	31	32	43
26	**Strauchpflanze, Hängende Felsenbirne** Hängende Felsenbirne - Amelanchier laevis; Str 3xv mDb, Höhe 125-150cm; in herzustellender Pflanzgrube pflanzen						
	St	€ brutto	74	82	83	87	95
	KG 574	€ netto	62	69	69	73	80
27	**Strauchpflanze, Gewöhnliche Haselnuss** Gewöhnliche Haselnuss - Corylus avellana; Str 3xv mB, Höhe 125-150cm; in herzustellender Pflanzgrube pflanzen						
	St	€ brutto	16	19	21	22	27
	KG 574	€ netto	14	16	17	18	22
28	**Strauchpflanze, Rhododendron in Sorten** Rhododendron; Str im Co, Höhe 40-50cm; in herzustellender Pflanzgrube pflanzen						
	St	€ brutto	28	34	36	41	49
	KG 574	€ netto	23	29	30	34	41
29	**Strauchpflanze, Hortensie in Sorten** Hortensie - Hydrangea; Str 2xv im Co 3l, Höhe 40-60cm; in herzustellender Pflanzgrube pflanzen						
	St	€ brutto	8,6	11,0	12,6	14,9	20,1
	KG 574	€ netto	7,2	9,3	10,6	12,5	16,9
30	**Strauchpflanze, Flieder in Sorten** Gemeiner Flieder - Syringa vulgaris; Str 3xv mB, Höhe 125-150cm; in herzustellender Pflanzgrube pflanzen						
	St	€ brutto	26	42	48	51	68
	KG 574	€ netto	22	35	40	43	57
31	**Strauchpflanze, Kornelkirsche** Kornelkirsche - Cornus mas; Str 3xv mB, Höhe 150-175; in herzustellender Pflanzgrube pflanzen						
	St	€ brutto	16	25	30	34	41
	KG 574	€ netto	13	21	26	29	34
32	**Strauchpflanze, Europäische Eibe** Europäische Eibe - Taxus baccata; Str 5xv mDb, Höhe 80-100cm; in herzustellender Pflanzgrube pflanzen						
	St	€ brutto	50	79	94	109	147
	KG 574	€ netto	42	66	79	92	124

Landschaftsbauarbeiten - Pflanzen							Preise €
Nr.	**Kurztext** / Stichworte			**brutto ø**			
	Einheit / Kostengruppe		►	▷	netto ø	◁	◄
33	**Strauchpflanze, Heckeneibe** Heckeneibe - Taxus media; Str 5xv mDb; Str 5xv mDb, Höhe 80-100cm; in herzustellender Pflanzgrube pflanzen						
	St	**€ brutto**	**22**	**48**	**48**	**65**	**88**
	KG 574	€ netto	19	41	41	54	74
34	**Strauchpflanze, Berberitze in Sorten** Berberitze - Berberis; Str 2xv mB, Höhe 40-50cm; in herzustellender Pflanzgrube pflanzen						
	St	**€ brutto**	**11**	**14**	**16**	**16**	**20**
	KG 574	€ netto	9,5	12,1	13,6	13,7	16,6
35	**Strauchpflanze, Zwergmispel in Sorten** Zwergmispel - Cotoneaster; Str 2xv Co 2l; Höhe 40-60cm; in herzustellender Pflanzgrube pflanzen						
	St	**€ brutto**	**1,5**	**2,3**	**2,7**	**3,3**	**5,0**
	KG 574	€ netto	1,3	2,0	2,3	2,8	4,2
36	**Strauchpflanze, Rotdorn in Sorten** Rotdorn - Crataegus; Str 4xv mDb, StU 20-25cm; in herzustellender Pflanzgrube pflanzen						
	St	**€ brutto**	**205**	**267**	**275**	**318**	**405**
	KG 574	€ netto	172	225	231	267	340
37	**Strauchpflanze, Immergrüne Heckenkirsche** Immergrüne Heckenkirsche - Lonicera nitida; Str 2xv mTb, Höhe 40-60cm; in herzustellender Pflanzgrube pflanzen						
	St	**€ brutto**	**1,3**	**2,0**	**2,3**	**3,3**	**4,9**
	KG 574	€ netto	1,1	1,7	1,9	2,8	4,1
38	**Strauchpflanze, rote Heckenkirsche** Rote Heckenkirsche - Lonicera xylosteum; Str .....xv 5 Tr. oB, Höhe 100-150cm; in herzustellender Pflanzgrube pflanzen						
	St	**€ brutto**	**1,5**	**3,6**	**3,9**	**5,4**	**8,7**
	KG 574	€ netto	1,3	3,0	3,3	4,5	7,3
39	**Staude, Ziergräser in Sorten** Ziergras; Staude; Topfballen; pflanzen						
	St	**€ brutto**	**1,2**	**1,9**	**2,2**	**2,7**	**3,4**
	KG 574	€ netto	1,0	1,6	1,8	2,2	2,9
40	**Staude, Feinhalm-Chinaschilf** Feinhalm-Chinaschilf - Miscanthus sinensis; Staude; Topfballen; pflanzen						
	St	**€ brutto**	**3,3**	**4,0**	**4,0**	**4,3**	**5,0**
	KG 574	€ netto	2,8	3,3	3,3	3,6	4,2

 © BKI Baukosteninformationszentrum

Landschaftsbauarbeiten - Pflanzen — **Preise €**

Nr.	Kurztext / Stichworte Einheit / Kostengruppe		►	▷	brutto ø netto ø	◁	◄
41	**Staude, Heckenrose** Heckenrose - Rosa canina; Str 1xv 3-4 Tr. oB, Höhe 60-100cm; pflanzen						
	St	**€ brutto**	**1,2**	**2,0**	**2,1**	**2,7**	**3,6**
	KG 574	€ netto	1,0	1,7	1,7	2,3	3,1
42	**Staude, wilde Rosen in Sorten** Wilde Rosen - Rosa in Sorten; Str 1xv 3-4Tr. oB, Höhe 40-60cm; pflanzen						
	St	**€ brutto**	**3,0**	**3,5**	**3,7**	**3,9**	**4,8**
	KG 574	€ netto	2,5	2,9	3,1	3,3	4,0
43	**Staude, Kleines Immergrün** Kleinblättriges Immergrün - Vinca minor; Staude; 2xv 6-10 Tr. mB; pflanzen						
	St	**€ brutto**	**1,4**	**1,6**	**1,7**	**2,0**	**2,3**
	KG 574	€ netto	1,2	1,3	1,4	1,7	2,0
44	**Staude, Frauenmantel** Frauenmantel - Alchemilla mollis; Staude; Topfballen; pflanzen						
	St	**€ brutto**	**1,4**	**1,7**	**1,8**	**1,9**	**2,2**
	KG 574	€ netto	1,2	1,4	1,5	1,6	1,8
45	**Staude, Balkan-Storchenschnabel** Balkan Storchschnabel - Geranium macororrhizum; Staude; Topfballen; pflanzen						
	St	**€ brutto**	**1,2**	**1,6**	**1,7**	**1,9**	**2,3**
	KG 574	€ netto	1,0	1,3	1,4	1,6	2,0
46	**Staude, Weißer Blut-Storchenschnabel** Weißer Blut-Storchenschnabel - Geranium sanguineum; Staude; Topfballen; pflanzen						
	St	**€ brutto**	**1,2**	**1,6**	**1,6**	**1,7**	**2,3**
	KG 574	€ netto	1,0	1,3	1,4	1,4	1,9
47	**Staude, Pracht-Storchenschnabel** Pracht-Storchenschnabel - Geranium x magnificum; Staude; Topfballen; pflanzen						
	St	**€ brutto**	**1,1**	**1,9**	**2,5**	**2,7**	**3,2**
	KG 574	€ netto	0,9	1,6	2,1	2,2	2,7

Straßen, Wege, Plätze						Preise €
Nr.	Kurztext / Stichworte Einheit / Kostengruppe	►	▷	brutto ø netto ø	◁	◄
1	**Asphaltbelag aufbrechen, entsorgen** Asphaltbelag aufbrechen, unbelastet; Tiefe bis 15cm, Breite 70-100cm; inkl. Unterbau; Bauschutt entsorgen					
	m² € brutto	**11**	**15**	**15**	**16**	**18**
	KG 594 € netto	9,2	12,2	12,6	13,6	15,5
2	**Betonplatten aufnehmen, entsorgen** Plattenbelag im Sandbett aufnehmen; Beton; 50x50x5cm, Bettung bis 10cm; Stoffe verwerten, recyceln					
	m² € brutto	**3,0**	**4,5**	**5,0**	**6,3**	**9,7**
	KG 594 € netto	2,5	3,8	4,2	5,3	8,1
3	**Betonpflaster aufnehmen, lagern** Pflasterdecke im Sandbett aufnehmen; Beton; Pflaster Dicke 8cm; reinigen, zur Wiederverwendung stapeln; Förderweg bis 50m					
	m² € brutto	**4,0**	**5,3**	**5,9**	**7,3**	**10,1**
	KG 594 € netto	3,3	4,4	4,9	6,1	8,5
4	**Betonbordstein aufnehmen, entsorgen** Bordstein aufnehmen; Beton; 15x30cm; inkl. Rückenstützen, Bettung C12/15; Bauschutt entsorgen					
	m € brutto	**8,1**	**9,4**	**10,0**	**10,7**	**12,3**
	KG 594 € netto	6,8	7,9	8,4	9,0	10,3
5	**Befestigte Flächen aufnehmen, lagern** Pflasterdecke im Sandbett aufnehmen; Naturstein/Betonwerkstein; Dicke 8cm; reinigen, zur Wiederverwendung stapeln; Förderweg bis 50m					
	m² € brutto	**4,0**	**5,9**	**6,9**	**8,3**	**11,9**
	KG 594 € netto	3,4	5,0	5,8	7,0	10,0
6	**Treppen/Bordsteine/Kantensteine aufnehmen, entsorgen** Fertigteile aufnehmen; Beton; inkl. Fundamente; Bauschutt sortenrein entsorgen					
	m € brutto	**4,3**	**6,2**	**7,0**	**8,5**	**13,3**
	KG 594 € netto	3,6	5,2	5,8	7,2	11,2
7	**Schotter entsorgen** Tragschicht zwischengelagert, aufnehmen; Schotter; Dicke bis 40cm; entsorgen					
	m³ € brutto	**10**	**17**	**18**	**20**	**24**
	KG 594 € netto	8,7	13,9	15,2	16,8	20,3
8	**Untergrund verdichten, Wegeflächen** Untergrund verdichten; BK 3-5; DPr 100%, Abweichung +/-3cm; Wegeflächen					
	m² € brutto	**0,4**	**0,7**	**0,8**	**1,0**	**1,4**
	KG 520 € netto	0,3	0,6	0,7	0,9	1,2

 © BKI Baukosteninformationszentrum

Kosten: Stand 3.Quartal 2015, Bundesdurchschnitt

Straßen, Wege, Plätze — Preise €

Nr.	Kurztext / Stichworte Einheit / Kostengruppe		▶	▷	brutto ø netto ø	◁	◀
9	**Untergrund verdichten, Fundamente** Untergrund verdichten, Fundamente; BK 3-5; DPr 97%, Abweichung +/-2cm; inkl. Planum						
	m²	**€ brutto**	**0,8**	**1,0**	**1,2**	**1,2**	**1,4**
	KG 533	€ netto	0,7	0,9	1,0	1,0	1,2
10	**Schotter aufnehmen, lagern** Tragschicht aufbrechen; Schotter 0/56; Dicke bis 30cm; Material säubern						
	m²	**€ brutto**	**3,2**	**4,3**	**4,4**	**4,8**	**5,6**
	KG 594	€ netto	2,7	3,6	3,7	4,0	4,7
11	**Planum herstellen** Planum herstellen, befestigte Flächen; BK 3-5; Auf-/Abtrag bis 5cm, Abweichung +/-2cm; überschüssigen Boden entsorgen						
	m²	**€ brutto**	**0,7**	**0,9**	**1,0**	**1,2**	**1,6**
	KG 520	€ netto	0,6	0,8	0,8	1,0	1,3
12	**Frostschutzschicht, Schotter 0/16, bis 30cm** Frostschutzschicht; Schotter 0/16; Dicke bis 30cm; einbauen, verdichten						
	m²	**€ brutto**	**8,2**	**10,1**	**11,0**	**13,0**	**16,4**
	KG 520	€ netto	6,9	8,5	9,2	10,9	13,8
13	**Frostschutzschicht, Schotter 0/32, bis 30cm** Frostschutzschicht; Schotter 0/32; Dicke bis 30cm; einbauen, verdichten						
	m²	**€ brutto**	**8,4**	**11,2**	**12,5**	**13,3**	**17,9**
	KG 520	€ netto	7,0	9,4	10,5	11,2	15,1
14	**Frostschutzschicht, Schotter 0/45, bis 30cm** Frostschutzschicht; Schotter 0/45; Dicke bis 30cm; einbauen, verdichten						
	m²	**€ brutto**	**10**	**13**	**14**	**15**	**19**
	KG 520	€ netto	8,6	10,7	11,5	12,6	15,8
15	**Frostschutzschicht, RCL 0/56, bis 30cm** Frostschutzschicht; Recyclingmaterial 0/56; einbauen, verdichten; Fahr- und Parkstreifen						
	m²	**€ brutto**	**7,5**	**9,6**	**10,5**	**10,7**	**13,6**
	KG 520	€ netto	6,3	8,1	8,8	9,0	11,5
16	**Frostschutzschicht, Kies 0/16, bis 30cm** Frostschutzschicht; Kies 0/16; Dicke bis 30cm; einbauen, verdichten						
	m²	**€ brutto**	**8,8**	**10,1**	**10,8**	**11,7**	**13,4**
	KG 520	€ netto	7,4	8,5	9,1	9,8	11,2
17	**Frostschutzschicht, Kies 0/32, bis 30cm** Frostschutzschicht; Kies 0/32; Dicke bis 30cm; einbauen, verdichten						
	m²	**€ brutto**	**9,9**	**11,3**	**12,1**	**13,3**	**14,9**
	KG 520	€ netto	8,3	9,5	10,1	11,1	12,5

Straßen, Wege, Plätze | **Preise €**

Nr.	Kurztext / Stichworte Einheit / Kostengruppe	►	▷	brutto ø netto ø	◁	◄
18	**Frostschutzschicht, Kies 0/45, bis 30cm** Frostschutzschicht; Kies 0/45; Dicke bis 30cm; profilgerecht einbauen, verdichten					
	m² € brutto	**11**	**13**	**14**	**15**	**17**
	KG 520 € netto	9,3	11,0	12,1	12,9	14,1
19	**Tragschicht, Schotter 0/16, bis 30cm** Tragschicht; Schotter 0/16; Dicke bis 30cm, Abweichung +/-1,5cm; einbauen, DPr mind. 95%					
	m² € brutto	**8,5**	**9,3**	**9,9**	**11,0**	**12,5**
	KG 520 € netto	7,1	7,8	8,3	9,2	10,5
20	**Tragschicht, Schotter 0/32, bis 30cm** Tragschicht; Schotter 0/32; Dicke bis 30cm, Abweichung +/-1,5cm; einbauen, DPr mind. 95%					
	m² € brutto	**8,6**	**10,5**	**10,6**	**11,7**	**13,2**
	KG 520 € netto	7,2	8,8	8,9	9,8	11,1
21	**Tragschicht, Schotter 0/45, bis 30cm** Tragschicht; Schotter 0/45; Dicke bis 30cm, Abweichung +/-1,5cm; einbauen, verdichten, DPr mind. 95%					
	m² € brutto	**11**	**12**	**12**	**12**	**14**
	KG 520 € netto	9,1	9,7	9,9	10,3	11,4
22	**Tragschicht, Kies 0/16, bis 30cm** Tragschicht; Kies 0/16, frostbeständig; Dicke bis 30cm, Abweichung +/-2cm; einbauen, DPr mind. 103%					
	m² € brutto	**8,4**	**9,4**	**9,4**	**10,1**	**11,5**
	KG 520 € netto	7,1	7,9	7,9	8,5	9,7
23	**Tragschicht, Kies 0/32, bis 30cm** Tragschicht; Kies 0/32, frostbeständig; Dicke bis 30cm, Abweichung +/-2cm; einbauen, DPr mind. 103%					
	m² € brutto	**9,1**	**10,1**	**10,1**	**10,9**	**12,4**
	KG 520 € netto	7,7	8,5	8,5	9,2	10,5
24	**Tragschicht, Kies 0/45, bis 30cm** Tragschicht; Kies 0/45, frostbeständig; Dicke bis 30cm, Abweichung +/-2cm; einbauen, DPr mind. 103%					
	m² € brutto	**9,1**	**11,2**	**12,4**	**12,9**	**15,3**
	KG 520 € netto	7,7	9,4	10,4	10,9	12,9
25	**Asphalttragschicht, 10cm** Asphalttragschicht; Mischgut CS, 0/32; Dicke 10cm; einbauen, verdichten DPr 98%					
	m² € brutto	**15**	**17**	**18**	**19**	**21**
	KG 520 € netto	12	14	15	16	17

 © BKI Baukosteninformationszentrum

Kosten: Stand 3.Quartal 2015, Bundesdurchschnitt

Straßen, Wege, Plätze **Preise €**

Nr.	Kurztext / Stichworte Einheit / Kostengruppe		▶	▷	brutto ø netto ø	◁	◀
26	**Betonplattenbelag, 40x40cm** Plattenbelag; Beton, Sandbettung 0/4; 40x40cm; verlegen, 20mm breiten Rasenfugen; inkl. Unterbau						
	m²	**€ brutto**	**40**	**45**	**49**	**50**	**58**
	KG 520	€ netto	34	38	41	42	49
27	**Betonplattenbelag, großformatig** Plattenbelag, großformatig; Beton, Brechsand-Splitt-Gemisch 0/5mm; Dicke bis 8cm; verlegen, abrütteln; ohne Lieferung						
	m²	**€ brutto**	**50**	**55**	**56**	**58**	**62**
	KG 520	€ netto	42	47	47	49	52
28	**Pflasterdecke, Betonpflaster** Pflasterdecke; Beton, Sandbettung 0/4; verlegen, abrütteln; ohne Lieferung						
	m²	**€ brutto**	**28**	**32**	**34**	**38**	**45**
	KG 520	€ netto	24	27	29	32	38
29	**Rasenpflaster aus Beton** Rasenpflaster; Beton-Rasenfugenstein, Splitt 3/5, Lava 3/5; verlegen, verfüllen mit Splitt, Lava; inkl. Rasenschnittarbeiten						
	m²	**€ brutto**	**37**	**41**	**43**	**45**	**49**
	KG 524	€ netto	31	34	36	37	41
30	**Pflasterdecke, Granit, 8x8** Pflasterdecke; Granit; 8x8x8cm; im Mörtelbett verlegen						
	m²	**€ brutto**	**78**	**86**	**89**	**91**	**97**
	KG 521	€ netto	65	72	74	76	81
31	**Pflasterdecke, Granit 9x9** Pflasterdecke; Granit; 9x9x9cm; im Mörtelbett verlegen						
	m²	**€ brutto**	**83**	**88**	**95**	**99**	**104**
	KG 521	€ netto	70	74	80	83	88
32	**Pflasterdecke, Granit, 10x10** Pflasterdecke; Granit; 10x10x10cm; im Mörtelbett verlegen; Fußgängerfläche						
	m²	**€ brutto**	**85**	**93**	**101**	**105**	**110**
	KG 521	€ netto	72	78	85	88	93
33	**Pflasterdecke, Granit, 11x11** Pflasterdecke; Granit; 11x11x11cm; im Mörtelbett verlegen						
	m²	**€ brutto**	**82**	**98**	**103**	**109**	**125**
	KG 521	€ netto	69	82	86	92	105

Straßen, Wege, Plätze | **Preise €**

Nr.	Kurztext / Stichworte Einheit / Kostengruppe	▶	▷	brutto ø netto ø	◁	◀
34	**Pflasterzeile, Granit, einzeilig, 15x17x17** Pflasterstreifen; Granitgroßsteine; 15x17x17cm; im Verband, einzeilig, gebunden verlegen; Wegeeinfassung					
	m **€ brutto**	**30**	**34**	**37**	**44**	**59**
	KG 520 € netto	25	29	31	37	49
35	**Pflasterzeile, Granit, dreizeilig** Pflasterzeile; Granit; 15x17x17cm, dreizeilig; im Mörtelbett verlegen					
	m **€ brutto**	**38**	**48**	**50**	**67**	**86**
	KG 521 € netto	32	40	42	56	72
36	**Pflasterzeile, Großformat, einzeilig** Pflasterstreifen; Naturstein gebraucht, Basalt-Bruchsand 0/3; einzeilig, in C12/15 setzen; Wegeeinfassung					
	m **€ brutto**	**24**	**29**	**30**	**34**	**41**
	KG 521 € netto	20	25	25	28	34
37	**Bordstein, Beton, 12x15x25cm, l=100cm** Bordstein; Beton; H 12x15x25cm, Länge 100cm; als Hochbord, in C12/15 setzen					
	m **€ brutto**	**25**	**28**	**29**	**30**	**34**
	KG 520 € netto	21	23	24	26	29
38	**Bordstein, Beton, 12x15x30cm, l=100cm** Bordstein; Beton; H 12x15x30cm, Länge 100cm; als Hochbord, in C12/15 setzen					
	m **€ brutto**	**26**	**34**	**34**	**37**	**41**
	KG 520 € netto	22	28	29	31	35
39	**Bordstein, Beton, 8x25 cm, l=100cm** Bordstein; Beton; H 8x25cm, Länge 100cm; als Tiefbord, in C12/15 setzen					
	m **€ brutto**	**20**	**23**	**24**	**26**	**31**
	KG 520 € netto	17	20	20	22	26
40	**Bordstein, Beton, 10x25 cm, l=100cm** Bordstein; Beton; H 10x25cm, Länge 100cm; als Tiefbord in C12/15 setzen					
	m **€ brutto**	**22**	**23**	**24**	**24**	**27**
	KG 520 € netto	18	20	20	20	23
41	**Bordstein, Granit** Bordstein; Granit, spaltrau, frostbeständig F1; Breite 14-15cm; in C12/15 setzen					
	m **€ brutto**	**35**	**47**	**50**	**56**	**81**
	KG 520 € netto	29	40	42	47	68

© BKI Baukosteninformationszentrum

Straßen, Wege, Plätze — **Preise €**

Nr.	Kurztext / Stichworte Einheit / Kostengruppe		▶	▷	brutto ø netto ø	◁	◀
42	**Blockstufe, Beton, 100x35x15cm** Blockstufe; Betonfertigteil, sandgestrahlt, Kanten gefast; 15x35x100cm; in C20/25 setzen; inkl. Nebenarbeiten						
	St	**€ brutto**	**78**	**132**	**158**	**169**	**195**
	KG 534	€ netto	65	111	133	142	164
43	**Pflastersteine schneiden, Beton** Pflastersteine schneiden; Beton; Diamanttrennscheibe; Schnittgut entsorgen						
	m	**€ brutto**	**11**	**14**	**15**	**16**	**20**
	KG 520	€ netto	9,1	11,4	12,2	13,6	16,8
44	**Plattenbelag schneiden, Beton** Plattenbelag schneiden; Beton; Nassschneidegerät						
	m	**€ brutto**	**11**	**13**	**15**	**16**	**18**
	KG 520	€ netto	9,1	11,3	12,4	13,3	15,2
45	**Wassergebundene Decke** Wassergebundene Decke herstellen; Kies-Sand 0/3; Gefälle max. 3%, Dicke 2cm; verdichten; eingebaute Tragschicht						
	m²	**€ brutto**	**9,2**	**10,4**	**10,7**	**11,7**	**13,4**
	KG 521	€ netto	7,8	8,7	9,0	9,8	11,3
46	**Schotterrasendeckschicht, 20cm** Schotterrasen herstellen; Schotter-Humus-Gemisch; abwalzen, einsanden						
	m²	**€ brutto**	**9,2**	**12,2**	**13,6**	**17,4**	**24,7**
	KG 575	€ netto	7,8	10,2	11,5	14,6	20,7

E

Instandsetzung / Abbruch

Betonerhaltungsarbeiten — Preise €

Nr.	Kurztext / Stichworte Einheit / Kostengruppe		▶	▷	brutto ø netto ø	◁	◀
1	**Trockenstrahlen, Betonfläche, unbeschichtet** Trockenstrahlen, Betonoberfläche, unbeschichtet; feste Strahlmittel; Entfernen loser und mürber Teile; inkl. Nachreinigen						
	m²	**€ brutto**	**7,3**	**7,8**	**10,0**	**10,7**	**11,5**
	KG 395	€ netto	6,2	6,6	8,4	9,0	9,7
2	**Feuchtestrahlen, Betonfläche, unbeschichtet** Strahlen, Betonoberfläche, unbeschichtet; feste Strahlmittel und Wasser; Entfernen loser und mürber Teile; inkl. Nachreinigen						
	m²	**€ brutto**	**9,9**	**10,6**	**13,6**	**14,5**	**15,6**
	KG 395	€ netto	8,3	8,9	11,4	12,2	13,1
3	**Feuchtestrahlen, Beton beschichtet** Strahlen, Betonoberfläche; feste Strahlmittel und Wasser; Entfernen von Beschichtungen; inkl. Nachreinigen						
	m²	**€ brutto**	**12**	**13**	**17**	**18**	**19**
	KG 395	€ netto	10,0	11,0	14,0	15,0	16,1
4	**HDWS, Betonflächen, bis Bewehrung** Hochdruckwasserstrahlen, Betonoberfläche; Abtragen bis zur Bewehrungslage; inkl. Nachreinigen						
	m²	**€ brutto**	**18**	**20**	**24**	**26**	**28**
	KG 395	€ netto	15	16	21	22	24
5	**HDWS, Betonflächen, hinter Bewehrung** Hochdruckwasserstrahlen, Betonoberfläche; Abtragen bis hinter die Bewehrungslage; inkl. Nachreinigen						
	m²	**€ brutto**	**33**	**36**	**45**	**48**	**51**
	KG 395	€ netto	27	30	37	40	43
6	**Kugelstrahlen, Betonflächen, Boden** Kugelstrahlen, Betonoberfläche; Boden; inkl. Nachreinigen						
	m²	**€ brutto**	**30**	**33**	**42**	**45**	**48**
	KG 395	€ netto	26	28	35	37	40
7	**Betonausbruch, 10x3cm** Betonausbruch; Breite bis 10cm, Tiefe bis 3cm; bis Bewehrung ausstemmen; inkl. Bauschutt entsorgen						
	m	**€ brutto**	**10**	**12**	**14**	**15**	**16**
	KG 395	€ netto	8,8	9,7	12,0	12,9	13,8
8	**Betonausbruch, 20x5cm** Betonausbruch; Breite bis 20cm, Tiefe bis 5cm; bis hinter Bewehrung ausstemmen; inkl. Bauschutt entsorgen						
	m	**€ brutto**	**18**	**20**	**25**	**27**	**29**
	KG 395	€ netto	15	17	21	22	24

 © BKI Baukosteninformationszentrum

Kosten: Stand 3.Quartal 2015, Bundesdurchschnitt

Betonerhaltungsarbeiten **Preise €**

Nr.	Kurztext / Stichworte Einheit / Kostengruppe		▶	▷	brutto ø netto ø	◁	◀
9	**Betonausbruch, Mehrtiefe 1cm** Betonausbruch; pro 1cm Mehrtiefe; inkl. Bauschutt entsorgen						
	m	**€ brutto**	**2,3**	**2,5**	**3,2**	**3,4**	**3,6**
	KG 395	€ netto	1,9	2,1	2,6	2,8	3,0
10	**Stemmarbeiten, Kanten, 15x15cm** Stemmarbeiten, Kanten; Beton; Länge 15x15cm; inkl. Bauschutt entsorgen						
	m	**€ brutto**	**16**	**17**	**21**	**23**	**25**
	KG 395	€ netto	13	14	18	19	21
11	**Stemmarbeiten, Kanten, 5cm Mehrlänge** Stemmarbeiten, Kanten; Beton; pro 5cm Mehrlänge; inkl. Bauschutt entsorgen						
	m	**€ brutto**	**2,4**	**2,6**	**3,3**	**3,6**	**3,8**
	KG 395	€ netto	2,0	2,2	2,8	3,0	3,2
12	**Betonausbruch, bis 0,25m2x3cm** Betonausbruch, punktuell; bis Bewehrung ausstemmen; Größe 0,25m², Tiefe bis 3cm; markierte Stellen; inkl. Bauschutt entsorgen						
	St	**€ brutto**	**28**	**31**	**38**	**41**	**44**
	KG 395	€ netto	24	26	32	35	37
13	**Betonausbruch, bis 0,50m2x5cm** Betonausbruch, punktuell; bis hinter Bewehrung ausstemmen; Tiefe bis 5cm, Größe von 0,01-0,50m²; inkl. Bauschutt entsorgen						
	St	**€ brutto**	**74**	**80**	**101**	**108**	**116**
	KG 395	€ netto	62	68	85	91	97
14	**Betonausbruch, bis 3cm** Betonausbruch, flächig; bis Bewehrung ausstemmen; Tiefe bis 3cm; inkl. Bauschutt entsorgen						
	m²	**€ brutto**	**36**	**40**	**50**	**53**	**57**
	KG 395	€ netto	31	33	42	45	48
15	**Betonausbruch, bis 5cm** Betonausbruch, flächig; bis hinter Bewehrung ausstemmen; Tiefe bis 5cm; inkl. Bauschutt entsorgen						
	m²	**€ brutto**	**66**	**73**	**91**	**97**	**105**
	KG 395	€ netto	56	61	76	82	88
16	**Betonausbruch, Mehrtiefe** Betonausbruch, flächig; Mehrtiefe 1cm; inkl. Bauschutt entsorgen						
	m²	**€ brutto**	**7,9**	**9,4**	**11,8**	**12,6**	**14,1**
	KG 395	€ netto	6,6	7,9	9,9	10,6	11,9

Betonerhaltungsarbeiten						Preise €
Nr.	**Kurztext** / Stichworte **Einheit** / Kostengruppe	►	▷	**brutto ø** netto ø	◁	◄
17	**Bewehrung abtrennen, bis 16mm** Bewehrung, freigelegt; bis 16mm; abtrennen; inkl. Bauschutt entsorgen					
	St € brutto	**3,3**	**3,6**	**4,5**	**4,8**	**5,4**
	KG 395 € netto	2,8	3,0	3,8	4,0	4,5
18	**Bewehrung abtrennen, über 16mm** Bewehrung, freigelegt; über 16mm; abtrennen; inkl. Bauschutt entsorgen					
	St € brutto	**4,1**	**4,5**	**5,6**	**6,0**	**6,7**
	KG 395 € netto	3,4	3,8	4,7	5,0	5,6
19	**Bewehrung befestigen** Bewehrung, lose; befestigen mit Dübeln, bzw. Haken					
	St € brutto	**2,8**	**3,1**	**3,9**	**4,2**	**4,7**
	KG 395 € netto	2,4	2,6	3,3	3,5	3,9
20	**Bewehrung strahlen** Bewehrung, freigelegt, linienförmig strahlen; Strahlmittel, fest; Längen bis 1,00m; inkl. Nachreinigen					
	m € brutto	**4,3**	**4,6**	**5,8**	**6,2**	**7,0**
	KG 395 € netto	3,6	3,9	4,9	5,2	5,9
21	**Bewehrung strahlen Sa 2** Bewehrung, freigelegt, strahlen; Sa 2; Vorbereitung für Auftrag; inkl. Nachreinigen					
	m² € brutto	**15**	**16**	**20**	**22**	**24**
	KG 395 € netto	13	14	17	18	21
22	**Bewehrung strahlen Sa 2 1/2** Bewehrung, freigelegt, strahlen; Sa 2 1/2; Vorbereitung für Auftrag; inkl. Nachreinigen					
	m² € brutto	**18**	**19**	**24**	**26**	**29**
	KG 395 € netto	15	16	20	22	24
23	**Korrosionsschutz, mineralisch** Korrosionsschutz; Zementschlämme, kunststoffmodifiziert; Schichtdicke größer 1.000µm; Bewehrungsstahl, entrostet, Sa 2 1/2					
	m € brutto	**3,4**	**3,6**	**4,7**	**5,0**	**5,6**
	KG 395 € netto	2,9	3,1	3,9	4,2	4,7
24	**Korrosionsschutz, Epoxidharz** Korrosionsschutz, Epoxidharz; reaktionshärtendes System; 1. Schichtdicke größer 200µm, 2. Schichtdicke größer 100µm; Bewehrungsstahl, entrostet, Sa 2 1/2					
	m € brutto	**5,4**	**5,9**	**7,4**	**7,9**	**8,9**
	KG 395 € netto	4,5	5,0	6,2	6,6	7,5

 © BKI Baukosteninformationszentrum

Kosten: Stand 3.Quartal 2015, Bundesdurchschnitt

Betonerhaltungsarbeiten **Preise €**

Nr.	Kurztext / Stichworte Einheit / Kostengruppe		▶	▷	brutto ø netto ø	◁	◀
25	**Schutzbeschichtung, SPCC** Schutzbeschichtung des Korrosionsschutzes; für Spritzmörtelauftrag; auf Bewehrung						
	m	**€ brutto**	**3,5**	**3,7**	**4,8**	**5,1**	**5,7**
	KG 395	€ netto	2,9	3,1	4,0	4,3	4,8
26	**Reprofilierung, PCC, bis 0,25m2x3cm** Reprofilierung Fehlstellen, örtlich; PCC-Instandsetzungsmörtel; Größe bis 0,25m², Tiefe bis 3cm; inkl. Haftbrücke; sowie Schutz gegen Witterungseinflüsse						
	St	**€ brutto**	**13**	**14**	**18**	**19**	**21**
	KG 395	€ netto	11	12	15	16	18
27	**Reprofilierung, PCC, bis 0,50m2x5cm** Reprofilierung Fehlstellen, örtlich; PCC-Instandsetzungsmörtel; Größe bis 0,50m², Tiefe bis 5cm; inkl. Haftbrücke; sowie Schutz gegen Witterungseinflüsse						
	St	**€ brutto**	**39**	**42**	**53**	**57**	**61**
	KG 395	€ netto	33	36	45	48	51
28	**Reprofilierung, PCC, bis 3cm** Reprofilierung Fehlstellen, linear; PCC-Instandsetzungsmörtel; Tiefe bis 3cm, Länge bis 10cm; incl. Haftbrücke; inkl. Schutz gegen Witterungseinflüsse						
	m	**€ brutto**	**8,1**	**8,6**	**11,0**	**11,8**	**13,2**
	KG 395	€ netto	6,8	7,2	9,3	9,9	11,1
29	**Reprofilierung, PCC, bis 5cm** Reprofilierung Fehlstellen, linear; PCC-Instandsetzungsmörtel; Tiefe bis 5cm, Länge bis 20cm; inkl. Haftbrücke; sowie Schutz gegen Witterungseinflüsse						
	m	**€ brutto**	**20**	**22**	**28**	**30**	**32**
	KG 395	€ netto	17	19	23	25	27
30	**Reprofilierung, PCC, Mehrtiefe, linear** Reprofilierung Fehlstellen, linear; PCC-Instandsetzungsmörtel; pro cm Mehrtiefe						
	m	**€ brutto**	**7,7**	**8,4**	**10,5**	**11,3**	**12,7**
	KG 395	€ netto	6,5	7,1	8,9	9,5	10,6
31	**Reprofilierung, PCC, flächig bis 3cm** Reprofilierung Fehlstellen, flächig; PCC-Instandsetzungsmörtel; Tiefe bis 3cm; inkl. Haftbrücke; inkl. Schutz gegen Witterungseinflüsse						
	m²	**€ brutto**	**48**	**53**	**66**	**70**	**76**
	KG 395	€ netto	40	44	55	59	64

Betonerhaltungsarbeiten							**Preise €**
Nr.	**Kurztext** / Stichworte **Einheit** / Kostengruppe		▶	▷	**brutto ø** netto ø	◁	◀
32	**Reprofilierung, PCC, flächig bis 5cm** Reprofilierung Fehlstellen, flächig; PCC-Instandsetzungsmörtel; Tiefe bis 5cm; inkl. Haftbrücke; inkl. Schutz gegen Witterungseinflüsse						
	m²	**€ brutto**	**92**	**101**	**126**	**135**	**145**
	KG 395	€ netto	77	85	106	113	122
33	**Reprofilierung, PCC, Mehrtiefe, flächig** Reprofilierung Fehlstellen, flächig; PCC-Instandsetzungsmörtel; pro cm Mehrtiefe						
	m²	**€ brutto**	**11**	**13**	**16**	**17**	**19**
	KG 395	€ netto	9,6	10,5	13,2	14,1	15,8
35	**Reprofilierung, Kante, 15x15cm, PCC** Reprofilierung, Kanten; PCC-Instandsetzungsmörtel; Länge 15x15cm						
	m	**€ brutto**	**27**	**30**	**37**	**40**	**43**
	KG 395	€ netto	23	25	31	33	36
36	**Kantenschalung, SPPC** Schalung, Kanten; SPCC-Spritzmörtel; einseitige Schalung						
	m	**€ brutto**	**8,5**	**9,3**	**11,6**	**12,5**	**14,0**
	KG 395	€ netto	7,1	7,8	9,8	10,5	11,7
37	**Spritzmörtel, SPCC, 3cm** Reprofilierung, flächig; SPCC-Spritzmörtel; Tiefe bis 3cm; Betongüte min. C 20/25; inkl. Schutz gegen Witterungseinflüsse						
	m²	**€ brutto**	**61**	**67**	**84**	**90**	**96**
	KG 395	€ netto	51	56	70	75	81
38	**Spritzmörtel, SPCC, 7cm** Reprofilierung, flächig; SPCC-Spritzmörtel; Tiefe bis 7cm; Betongüte min. C20/25; inkl. Schutz gegen Witterungseinflüsse						
	m²	**€ brutto**	**105**	**115**	**144**	**154**	**165**
	KG 395	€ netto	88	96	121	129	139
39	**Spritzmörtel, SPCC, Mehrtiefe** Reprofilierung, flächig; SPCC-Spritzmörtel; pro cm Mehrtiefe						
	m²	**€ brutto**	**13**	**14**	**18**	**19**	**21**
	KG 395	€ netto	11	12	15	16	18
40	**Kantenschalung, Dreikantleisten** Kantenschalung; Dreikantleisten; Herstellung von Kanten						
	m	**€ brutto**	**12**	**13**	**16**	**17**	**19**
	KG 395	€ netto	9,8	10,6	13,3	14,3	16,0
41	**Füllbeschichtung, Schlämme** Füllbeschichtung; Zementschlämme, kunststoffmodifiziert; Füllen von Poren und Lunkern; in zwei Arbeitsgängen						
	m²	**€ brutto**	**13**	**14**	**18**	**19**	**21**
	KG 395	€ netto	11	12	15	16	17

© BKI Baukosteninformationszentrum

Betonerhaltungsarbeiten							**Preise €**
Nr.	**Kurztext** / Stichworte				**brutto ø**		
	Einheit / Kostengruppe		▶	▷	netto ø	◁	◀
42	**Feinspachtelung, 2mm**						
	Feinspachtelung, vollflächig; Zementschlämme, kunststoffmodifiziert; Dicke 2mm; Füllen von Fehlstellen, Poren und Lunkern; in zwei Arbeitsgängen						
	m²	**€ brutto**	**11**	**12**	**16**	**17**	**19**
	KG 395	€ netto	9,6	10,5	13,1	14,1	15,8
43	**Feinspachtelung, 3mm**						
	Feinspachtelung, vollflächig; Zementschlämme, kunststoffmodifiziert; Dicke 3mm; Füllen von Fehlstellen, Poren und Lunkern; in zwei Arbeitsgängen						
	m²	**€ brutto**	**14**	**15**	**19**	**20**	**23**
	KG 395	€ netto	12	13	16	17	19
44	**Feinspachtelung, Mehrstärke**						
	Feinspachtelung, vollflächig; pro cm Mehrstärke						
	m²	**€ brutto**	**3,4**	**3,6**	**4,6**	**4,9**	**5,8**
	KG 395	€ netto	2,8	3,0	3,9	4,1	4,8
45	**Grundierung, Betonfläche**						
	Grundierung; Betonfläche; Reduzierung der Saugfähigkeit, Verfestigung des Untergrunds; unpigmentiert						
	m²	**€ brutto**	**3,9**	**4,5**	**5,8**	**6,2**	**7,0**
	KG 395	€ netto	3,3	3,8	4,9	5,2	5,9
46	**Hydrophobierung OS 1**						
	Hydrophobierung OS 1; Silan-/Siloxanbasis; unpigmentiert; vorbeugender Oberflächenschutz; frei bewitterter Betonfläche; mind. zwei Schichten						
	m²	**€ brutto**	**6,8**	**7,9**	**10,1**	**10,8**	**12,1**
	KG 395	€ netto	5,7	6,6	8,5	9,0	10,1
47	**Beschichtung OS 2**						
	Beschichtung OS 2; Silan-/Siloxanbasis; Mindestschichtdicke: 130µm; vorbeugender Oberflächenschutz; nicht begeh-/befahrbare und freibewitterte Betonflächen; in mind. zwei Schichten						
	m²	**€ brutto**	**14**	**15**	**19**	**20**	**21**
	KG 395	€ netto	11	12	16	17	18
48	**Beschichtung OS 4**						
	Beschichtung OS 4; erhöhte Dichtheit; Mindestschichtdicke: 130µm; inkl. Kratzspachtelung und Oberflächenschutzschicht; nicht begeh-/befahrbare und freibewitterte Betonflächen						
	m²	**€ brutto**	**11**	**12**	**14**	**15**	**17**
	KG 395	€ netto	8,9	9,7	12,1	13,0	13,9

Betonerhaltungsarbeiten **Preise €**

Nr.	Kurztext / Stichworte Einheit / Kostengruppe		►	▷	brutto ø netto ø	◁	◄
49	**Beschichtung OS 5a** Beschichtung OS 5a; Polymerdispersion; Mindestschichtdicke: 370µm; inkl. Kratzspachtelung und zwei Oberflächenschutzschichten; nicht begeh-/befahrbare und freibewitterte Betonflächen; mit mind. geringer Rissüberbrückungsfähigkeit						
	m²	**€ brutto**	**12**	**13**	**17**	**18**	**19**
	KG 395	€ netto	10	11	14	15	16
50	**Beschichtung OS 5b** Beschichtung OS 5b; Polymer-/Zementgemisch; Mindestschichtdicke: 2250µm; inkl. Kratzspachtelung und zwei elastischen Oberflächenschutzschichten; nicht begeh-/befahrbare und freibewitterte Betonflächen; mit mind. geringer Rissüberbrückungsfähigkeit						
	m²	**€ brutto**	**19**	**21**	**26**	**28**	**30**
	KG 395	€ netto	16	18	22	24	26
51	**Beschichtung OS 8** Beschichtung OS 8; Reaktionsharzbasis; Mindestschichtdicke: 1.750µm; inkl. Grundierung, Kratzspachtelung und Deckschicht; begeh-/befahrbare, chemisch widerstandsfähige und mechanisch stark belastete Betonflächen						
	m²	**€ brutto**	**42**	**46**	**58**	**62**	**67**
	KG 395	€ netto	36	39	49	52	56
52	**Beschichtung OS 11a** Beschichtung OS 11a; Reaktionsharzbasis mit Quarzsand; Mindestschichtdicke: 3.300µm; inkl. Grundierung, Kratzspachtelung und Deckschicht; begeh-/befahrbare, chemisch widerstandsfähige und mechanisch stark belastete Betonflächen; mit erhöhter dynamischer Rissüberbrückung						
	m²	**€ brutto**	**88**	**96**	**120**	**128**	**138**
	KG 395	€ netto	74	80	101	108	116
53	**Beschichtung OS 11b** Beschichtung OS 11b; Reaktionsharzbasis mit Quarzsand; Mindestschichtdicke: 4.750µm; inkl. Grundierung, Kratzspachtelung und Deckversiegelung; begeh-/befahrbare, chemisch widerstandsfähige und mechanisch stark belastete Betonflächen; mit erhöhter dynamischer Rissüberbrückung						
	m²	**€ brutto**	**67**	**73**	**92**	**98**	**106**
	KG 395	€ netto	56	62	77	83	89

 © BKI Baukosteninformationszentrum

Kosten: Stand 3.Quartal 2015, Bundesdurchschnitt

Betonerhaltungsarbeiten **Preise €**

Nr.	Kurztext / Stichworte Einheit / Kostengruppe		▶	▷	brutto ø netto ø	◁	◀
54	**Beschichtung OS 13** Beschichtung OS 13; Reaktionsharzbasis mit Quarzsand; Mindestschichtdicke: 3.250μm; inkl. Grundierung, Kratzspachtelung und Deckversiegelung; begeh-/befahrbare, chemisch widerstandsfähige und mechanisch stark belastete Betonflächen; mit nicht dynamischer Rissüberbrückung						
	m²	**€ brutto**	**55**	**60**	**76**	**81**	**87**
	KG 395	€ netto	47	51	64	68	73
55	**Spachtelung, Rautiefe über 1mm** Spachtelung, Betonfläche; Reaktionsharzmörtel; Tiefe über 1mm						
	m²	**€ brutto**	**8,1**	**9,4**	**12,0**	**12,8**	**13,8**
	KG 395	€ netto	6,8	7,9	10,1	10,8	11,6
56	**Kratzspachtelung, Rautiefe über 5mm** Kratzspachtelung, Betonfläche; Reaktionsharzmörtel; Vertiefungen über 5mm						
	m²	**€ brutto**	**13**	**15**	**19**	**20**	**23**
	KG 395	€ netto	11	13	16	17	19
57	**Beschichtung abstreuen, Ouarzsand** Beschichtung abstreuen; Quarzsand						
	m²	**€ brutto**	**3,4**	**3,7**	**4,7**	**5,0**	**5,6**
	KG 395	€ netto	2,9	3,1	3,9	4,2	4,7
58	**Deckversiegelung, OS** Deckversiegelung OS; Oberflächenschutzsystem						
	m²	**€ brutto**	**5,6**	**6,1**	**7,7**	**8,2**	**9,2**
	KG 395	€ netto	4,7	5,2	6,5	6,9	7,8
59	**Deckversiegelung, mit Abstreuung, OS** Deckversiegelung OS; Oberflächenschutzsystem mit Quarzsand						
	m²	**€ brutto**	**5,8**	**6,4**	**8,0**	**8,6**	**9,6**
	KG 395	€ netto	4,9	5,4	6,7	7,2	8,1

Abbruch- und Rückbauarbeiten — Preise €

Nr.	Kurztext / Stichworte Einheit / Kostengruppe		▶	▷	brutto ø netto ø	◁	◀
1	**Baugelände freimachen** Baugelände abräumen; Sträucher, Bäume, Beton; StD bis 15cm; abfahren, entsorgen						
	m²	**€ brutto**	**0,9**	**3,0**	**3,7**	**5,6**	**8,6**
	KG 214	€ netto	0,8	2,5	3,1	4,7	7,2
2	**Büsche, Kleingehölze roden** Büsche / Kleingehölze roden; Holzteile; häckseln, innerhalb des Baugeländes verteilen						
	m²	**€ brutto**	**2,6**	**5,0**	**6,5**	**7,4**	**9,2**
	KG 214	€ netto	2,2	4,2	5,5	6,2	7,7
3	**Oberboden abtragen, BK 1, lagern, 30cm** Oberboden abtragen; BK 1; Dicke 30cm; fördern, lagern						
	m²	**€ brutto**	**0,8**	**2,0**	**2,2**	**2,8**	**4,5**
	KG 311	€ netto	0,7	1,7	1,9	2,3	3,7
4	**Asphalt schneiden** Asphalt schneiden; Dicke 150mm; streifenförmig						
	m	**€ brutto**	**4,9**	**8,9**	**11,0**	**12,6**	**18,3**
	KG 221	€ netto	4,1	7,5	9,2	10,6	15,3
5	**Aufbruch, Schwarzdecken, entsorgen** Aufbruch, Bituminöser Belag; Tiefe bis 15cm, Breite 70-100cm; abfahren, entsorgen; inkl. Unterbau						
	m²	**€ brutto**	**2,9**	**9,1**	**11,1**	**14,0**	**18,6**
	KG 212	€ netto	2,5	7,6	9,3	11,7	15,6
6	**Aufbruch, Gehwegfläche** Aufbruch Asphaltbelag; Tiefe bis 15cm; laden, abfahren, entsorgen; inkl. Unterbau						
	m²	**€ brutto**	**6,7**	**17,4**	**25,4**	**32,0**	**42,7**
	KG 221	€ netto	5,6	14,6	21,3	26,9	35,8
7	**Abwasserleitung abbrechen, bis DN100** Abbruch Abwasserkanal; Kunststoff/Keramik; bis DN100; Stoffe aufnehmen, entsorgen						
	m	**€ brutto**	**0,6**	**3,0**	**3,8**	**6,1**	**9,3**
	KG 394	€ netto	0,5	2,5	3,2	5,1	7,8
8	**Abwasserleitung abbrechen, bis DN150** Abbruch Abwasserleitung; Kunststoff/Keramik; über DN100-DN150; Stoffe aufnehmen, entsorgen						
	m	**€ brutto**	**3,8**	**11,4**	**15,2**	**15,9**	**34,6**
	KG 394	€ netto	3,2	9,6	12,8	13,4	29,0

 © BKI Baukosteninformationszentrum

Kosten: Stand 3.Quartal 2015, Bundesdurchschnitt

Abbruch- und Rückbauarbeiten — Preise €

Nr.	Kurztext / Stichworte Einheit / Kostengruppe		▶	▷	brutto ø netto ø	◁	◀
9	**Gussrohrleitung abbrechen, bis DN100** Abbruch, Gussrohrleitung; DN100; laden, abfahren, entsorgen; inkl. Befestigung, Formstücke						
	m	**€ brutto**	**3,2**	**8,2**	**11,3**	**17,9**	**29,0**
	KG 394	€ netto	2,7	6,9	9,5	15,0	24,4
10	**Fundamentmauerwerk abbrechen, entsorgen** Fundamentmauerwerk abbrechen, entsorgen; Mauerziegel, Mörtel; Bauschutt entsorgen						
	m³	**€ brutto**	**–**	**186**	**292**	**350**	**–**
	KG 394	€ netto	–	156	245	294	–
11	**Streifenfundamente abbrechen, entsorgen** Streifenfundament abbrechen; Bauschutt entsorgen						
	m	**€ brutto**	**–**	**35**	**52**	**62**	**–**
	KG 394	€ netto	–	30	43	52	–
12	**Fundament abbrechen, Stahlbeton** Fundament abbrechen; Stahlbeton; teilweise Handarbeit, Bauschutt entsorgen; in Gebäuden						
	m³	**€ brutto**	**69**	**89**	**139**	**167**	**195**
	KG 394	€ netto	58	74	117	140	164
13	**Bodenplatte abbrechen, Beton** Bodenplatte abbrechen; Beton, unbewehrt; Bauschutt entsorgen						
	m³	**€ brutto**	**79**	**93**	**145**	**174**	**215**
	KG 394	€ netto	66	78	122	146	180
14	**Bodenplatte abbrechen, Stahlbeton** Bodenplatte abbrechen; Stahlbeton; Bauschutt entsorgen						
	m³	**€ brutto**	**103**	**134**	**197**	**237**	**264**
	KG 394	€ netto	87	113	166	199	222
15	**Kellerboden abbrechen, Ziegel** Kellerboden abbrechen; Ziegelsteine; Bauschutt entsorgen						
	m²	**€ brutto**	**–**	**15**	**22**	**27**	**–**
	KG 394	€ netto	–	13	19	22	–
16	**Kelleraußenwände abbrechen, Beton** Kelleraußenwand abbrechen; Beton, unbewehrt; verschiedene Dicken; Bauschutt entsorgen						
	m³	**€ brutto**	**136**	**165**	**223**	**249**	**274**
	KG 394	€ netto	114	138	187	209	230
17	**Kelleraußenwände abbrechen, Stahlbeton** Kelleraußenwand abbrechen; Stahlbeton; verschiedene Dicken; Bauschutt entsorgen						
	m³	**€ brutto**	**149**	**180**	**243**	**272**	**299**
	KG 394	€ netto	125	151	204	228	251

Abbruch- und Rückbauarbeiten — Preise €

Nr.	Kurztext / Stichworte Einheit / Kostengruppe		▶	▷	brutto ø netto ø	◁	◀
18	**Außenwände abbrechen, Stahlbeton** Außenwand abbrechen; Stahlbeton; verschiedene Dicken; Bauschutt entsorgen						
	m³	**€ brutto**	**145**	**175**	**237**	**265**	**291**
	KG 394	€ netto	122	147	199	223	245
19	**Außenmauerwerk abbrechen, Ziegel 36,5cm** Außenwand abbrechen; Ziegelmauerwerk, beidseitig verputzt; Dicke 36,5cm; Bauschutt entsorgen						
	m³	**€ brutto**	**79**	**87**	**120**	**144**	**186**
	KG 394	€ netto	66	73	101	121	157
20	**Bruchsteinmauerwerk abbrechen** Bruchsteinmauerwerk abbrechen; Dicke bis 80cm; Bauschutt entsorgen						
	m³	**€ brutto**	–	**103**	**152**	**183**	–
	KG 394	€ netto	–	87	128	153	–
21	**Verblendmauerwerk, abbrechen** Verblendmauerwerk abbrechen; Mauerwerkssteine; Bauschutt entsorgen						
	m²	**€ brutto**	–	**31**	**46**	**55**	–
	KG 394	€ netto	–	26	38	46	–
22	**Ziegelpflaster abbrechen, Außenbereich** Ziegelpflaster abbrechen; Bauschutt entsorgen; außen						
	m²	**€ brutto**	–	**12**	**17**	**21**	–
	KG 394	€ netto	–	9,9	15	17	–
23	**Außentreppenstufen abbrechen, Beton** Außentreppenstufen abbrechen; Beton, inkl. Unterbau; Breite 2,00m						
	St	**€ brutto**	**105**	**127**	**172**	**192**	**211**
	KG 594	€ netto	88	107	144	162	178
24	**Innenwand abbrechen, Gipsdielen, 10cm** Innenwand abbrechen; Gipsdielen; Dicke 10cm; Bauschutt entsorgen						
	m²	**€ brutto**	–	**22**	**33**	**39**	–
	KG 394	€ netto	–	19	28	33	–
25	**Innenwand abbrechen, Porenbeton, 17,5cm** Innenwand abbrechen; Porenbeton; Dicke bis 17,5cm; Bauschutt entsorgen						
	m²	**€ brutto**	**14**	**25**	**36**	**44**	**54**
	KG 394	€ netto	12	21	31	37	45
26	**Innenwand abbrechen, Mauerwerk 11,5cm** Innenwand abbrechen; Mauerwerk, verputzt; Dicke 11,5cm; Bauschutt entsorgen						
	m²	**€ brutto**	**16**	**20**	**29**	**34**	**44**
	KG 394	€ netto	13	16	24	29	37

 © BKI Baukosteninformationszentrum

Abbruch- und Rückbauarbeiten — **Preise €**

Nr.	Kurztext / Stichworte Einheit / Kostengruppe		▶	▷	brutto ø netto ø	◁	◀
27	**Innenwand abbrechen, Mauerwerk 24cm** Innenwand abbrechen; Mauerwerk, verputzt; Dicke bis 24cm; Bauschutt entsorgen						
	m²	€ brutto	**17**	**26**	**39**	**47**	**54**
	KG 394	€ netto	14	22	33	39	45
28	**Innenwand abbrechen, Stb. bis 15cm** Innenwand abbrechen; Stahlbeton, nicht tragend; Dicke bis 15cm; Bauschutt entsorgen						
	m³	€ brutto	**133**	**160**	**217**	**243**	**266**
	KG 394	€ netto	111	135	182	204	224
29	**Innenwand abbrechen, Stb. bis 25cm** Innenwand abbrechen; Stahlbeton, tragend; Dicke bis 25cm; Bauschutt entsorgen						
	m³	€ brutto	**147**	**178**	**240**	**269**	**296**
	KG 394	€ netto	124	149	202	226	248
30	**Decke abbrechen, Kappendecke** Kappendecke abbrechen; Dicke bis 25cm; Bauschutt entsorgen						
	m²	€ brutto	**45**	**50**	**74**	**89**	**146**
	KG 394	€ netto	37	42	62	75	123
31	**Decke abbrechen, Ziegelhohlkörper** Decke abbrechen; Ziegelhohlkörper, Aufbeton; Dicke 21cm; Bauschutt entsorgen						
	m²	€ brutto	**–**	**29**	**43**	**51**	**–**
	KG 394	€ netto	–	24	36	43	–
32	**Decke abbrechen, Stb-Hohldielen** Decke abbrechen; Stb-Hohldielen inkl. Aufbeton; Dicke 15cm; Bauschutt entsorgen						
	m²	€ brutto	**–**	**31**	**46**	**55**	**–**
	KG 394	€ netto	–	26	39	46	–
33	**Stahlbetonstützen abbrechen** Stahlbetonstützen abbrechen; verschiedene Querschnitte; Bauschutt entsorgen						
	m³	€ brutto	**194**	**235**	**318**	**356**	**391**
	KG 394	€ netto	163	197	267	299	328
34	**Geschossdecke abbrechen, Stahlbeton 25cm** Geschossdecke abbrechen; Stahlbeton; Dicke bis 25cm; Bauschutt entsorgen						
	m³	€ brutto	**144**	**179**	**241**	**278**	**314**
	KG 394	€ netto	121	150	203	233	264

Abbruch- und Rückbauarbeiten **Preise €**

Nr.	Kurztext / Stichworte Einheit / Kostengruppe		►	▷	brutto ø netto ø	◁	◄
35	**Geschossdecke abbrechen, Hohldielen 25cm** Geschossdecke abbrechen; Stahlbeton-Hohldielen; Dicke bis 25cm; Bauschutt entsorgen						
	m²	**€ brutto**	**27**	**34**	**46**	**51**	**62**
	KG 394	€ netto	23	28	38	43	52
36	**Stürze/Unterzüge abbrechen, Stahlbeton** Stürze, Unterzüge abbrechen; Stahlbeton; verschiedene Querschnitte; Bauschutt entsorgen						
	St	**€ brutto**	**199**	**240**	**325**	**364**	**400**
	KG 394	€ netto	167	202	273	306	336
37	**Stahlbetontreppe abbrechen** Stahlbetontreppe abbrechen; Stahlbeton, eingeschossig; Stufen 14St, Stg. 27/18cm, Breite bis 1,50m; Bauschutt entsorgen						
	St	**€ brutto**	**393**	**475**	**643**	**720**	**778**
	KG 394	€ netto	331	399	540	605	653
38	**Natursteinbelag abbrechen, Mörtelbett** Plattenbelag im Mörtelbett, abbrechen; Naturwerkstein; Dicke 6cm; Bauschutt entsorgen						
	m²	**€ brutto**	**9,1**	**11,0**	**16,2**	**19,4**	**32,4**
	KG 394	€ netto	7,6	9,2	13,6	16,3	27,2
39	**Natursteinbelag abbrechen, Unterbeton** Plattenbelag im Mörtelbett, abbrechen; Naturwerkstein; Dicke 15cm; Bauschutt entsorgen						
	m²	**€ brutto**	**–**	**29**	**43**	**51**	**–**
	KG 394	€ netto	–	24	36	43	–
40	**Naturstein-Treppenbelag abbrechen** Plattenbelag im Mörtelbett, abbrechen; Naturwerkstein; Dicke 6cm, Breite bis 1,30m; Bauschutt entsorgen						
	m	**€ brutto**	**–**	**19**	**27**	**33**	**–**
	KG 394	€ netto	–	16	23	28	–
41	**Natursteinbekleidung abbrechen** Fassadenbekleidung abbrechen; Natursteinplatten; Dicke bis 50mm; Bauschutt entsorgen						
	m²	**€ brutto**	**–**	**27**	**40**	**48**	**–**
	KG 394	€ netto	–	23	34	40	–
42	**Fensterbank abbrechen, Naturstein außen** Fensterbank abbrechen; Naturwerkstein; Dicke 3cm, Breite bis 30cm; Bauschutt entsorgen; außen; inkl. Auflagerfläche neu vorbereiten						
	m	**€ brutto**	**–**	**9,1**	**13**	**15**	**–**
	KG 394	€ netto	–	7,6	11	12	–

 © BKI Baukosteninformationszentrum

Abbruch- und Rückbauarbeiten — Preise €

Nr.	Kurztext / Stichworte Einheit / Kostengruppe		▶	▷	brutto ø netto ø	◁	◀
43	**Fensterbank abbrechen, Naturstein, innen** Fensterbank abbrechen; Naturwerkstein; Bauschutt entsorgen; innen; inkl. Auflagerfläche neu vorbereiten						
	St	**€ brutto**	**10**	**12**	**18**	**21**	**29**
	KG 394	€ netto	8,7	10,4	15,2	18,0	24,1
44	**Betonwerksteinplatten abbrechen** Plattenbelag in Sand/-Splittbett ausbauen; Betonwerkstein; bis 50x50x5cm; Bauschutt entsorgen						
	m²	**€ brutto**	**–**	**9,2**	**14**	**16**	**–**
	KG 394	€ netto	–	7,7	11	14	–
45	**Treppenbelag abbrechen, Betonwerkstein** Treppenbelag im Mörtelbett, abbrechen; Betonwerkstein; Dicke bis 8cm, Stg. 17,5x28cm; Untergrund reinigen, Bauschutt entsorgen						
	m	**€ brutto**	**–**	**23**	**33**	**40**	**–**
	KG 394	€ netto	–	19	28	34	–
46	**Podestbelag abbrechen, Betonwerkstein** Podestplatte im Mörtelbett, abbrechen; Betonwerkstein; Dicke 5cm; Untergrund reinigen, Bauschutt entsorgen						
	m²	**€ brutto**	**–**	**15**	**22**	**26**	**–**
	KG 394	€ netto	–	13	18	22	–
47	**Betonwerksteinbelag abbrechen** Bodenplatten mit Mörtelbett abbrechen; Betonwerkstein; Dicke bis 12cm; Untergrund reinigen, Bauschutt entsorgen; inkl. Estrich						
	m²	**€ brutto**	**–**	**15**	**22**	**26**	**–**
	KG 394	€ netto	–	13	18	22	–
48	**Fensterbank abbrechen, Betonwerkstein, innen** Fensterbank abbrechen; Betonwerkstein; Bauschutt entsorgen; innen						
	m	**€ brutto**	**–**	**9,1**	**13**	**15**	**–**
	KG 394	€ netto	–	7,7	11	13	–
49	**Gehwegplatten abbrechen, Betonwerkstein** Gehwegplatten ausbauen; Betonwerkstein; Bauschutt entsorgen; inkl. Unterbau, Einfassung entsorgen						
	m²	**€ brutto**	**–**	**6,6**	**9,7**	**12**	**–**
	KG 394	€ netto	–	5,6	8,2	9,8	–
50	**Wandbekleidung entfernen, Holz** Wandbekleidung entfernen; Holz; Bauschutt entsorgen; inkl. Befestigung						
	m²	**€ brutto**	**5,9**	**6,4**	**9,4**	**11,4**	**18,9**
	KG 394	€ netto	4,9	5,4	7,9	9,6	15,9

Abbruch- und Rückbauarbeiten **Preise €**

Nr.	Kurztext / Stichworte Einheit / Kostengruppe		▶	▷	brutto ø netto ø	◁	◀
51	**Deckenbekleidung entfernen, Holz** Deckenbekleidung entfernen; Holz; Bauschutt entsorgen; inkl. Unterkonstruktion						
	m²	**€ brutto**	**10**	**12**	**18**	**21**	**29**
	KG 394	€ netto	8,5	10,1	14,9	17,8	24,1
52	**Außenwandbekleidung entfernen, Holz** Wandbekleidung entfernen; Holz; Bauschutt entsorgen; außen; inkl. Unterkonstruktion						
	m²	**€ brutto**	**–**	**11**	**16**	**19**	**–**
	KG 394	€ netto	–	9,0	13	16	–
53	**Wanddämmung entfernen, MW** Wanddämmung entfernen; Mineralwolle; Bauschutt entsorgen; außen						
	m²	**€ brutto**	**4,0**	**5,5**	**8,1**	**9,7**	**11,5**
	KG 394	€ netto	3,4	4,6	6,8	8,1	9,7
54	**Zwischensparrendämmung entfernen, MW** Zwischensparrendämmung entfernen; Mineralwolle; Dicke bis 100mm; Bauschutt entsorgen						
	m²	**€ brutto**	**3,9**	**5,6**	**8,3**	**10,0**	**13,7**
	KG 394	€ netto	3,3	4,7	7,0	8,4	11,5
55	**Dachflächenfenster entfernen** Dachflächenfenster entfernen; Größe bis 2,00m²; Bauschutt entsorgen						
	St	**€ brutto**	**30**	**48**	**70**	**84**	**99**
	KG 394	€ netto	25	40	59	71	84
56	**Lattentrennwand abbrechen** Lattentrennwand abbrechen; Holz; Bauschutt entsorgen; Keller, Speicher						
	m²	**€ brutto**	**5,9**	**8,6**	**12,6**	**15,1**	**22,9**
	KG 394	€ netto	4,9	7,2	10,6	12,7	19,3
57	**Holzständerwand abbrechen** Holzständerwand abbrechen; Bauschutt entsorgen; ohne Beplankung						
	m²	**€ brutto**	**–**	**13**	**19**	**23**	**–**
	KG 394	€ netto	–	11	16	19	–
58	**Holztreppe abbrechen** Holztreppe abbrechen; Höhe bis 3,00m, Breite bis 1,20m; Bauschutt entsorgen; inkl. Geländer und Handlauf						
	St	**€ brutto**	**102**	**114**	**167**	**201**	**329**
	KG 394	€ netto	86	96	141	169	276

 © BKI Baukosteninformationszentrum

Kosten: Stand 3.Quartal 2015, Bundesdurchschnitt

Abbruch- und Rückbauarbeiten							**Preise €**
Nr.	**Kurztext** / Stichworte				**brutto ø**		
	Einheit / Kostengruppe		▶	▷	netto ø	◁	◀
59	**Bodeneinschubtreppe abbrechen**						
	Bodeneinschubtreppe abbrechen; Bauschutt entsorgen; inkl. Deckenklappe und Zarge						
	St	**€ brutto**	**–**	**37**	**54**	**68**	**–**
	KG 394	€ netto	–	31	46	57	–
60	**Holztrittstufen entfernen**						
	Holztrittstufe entfernen; Bauschutt entsorgen						
	m2	**€ brutto**	**–**	**13**	**18**	**23**	**–**
	KG 394	€ netto	–	11	15	19	–
61	**Holzleiter abbrechen**						
	Holzleiter entfernen; Bauschutt entsorgen; Dachraum						
	St	**€ brutto**	**–**	**7,0**	**10**	**12**	**–**
	KG 394	€ netto	–	5,9	8,7	10	–
62	**Holzhandlauf entfernen**						
	Holzhandlauf entfernen; Bauschutt entsorgen; inkl. Halterung und Befestigung						
	m	**€ brutto**	**–**	**6,0**	**8,9**	**11**	**–**
	KG 394	€ netto	–	5,1	7,5	9,3	–
63	**Holzfußboden entfernen, Bodenbretter**						
	Fußbodenbretter entfernen; Holz; Bauschutt entsorgen; inkl. Sockelleiste						
	m2	**€ brutto**	**5,8**	**6,5**	**9,5**	**11,4**	**20,0**
	KG 394	€ netto	4,8	5,4	8,0	9,6	16,8
64	**Holzfußboden entfernen, Bretter/Lagerhölzer**						
	Fußbodenbretter auf Lagerhölzern entfernen; Holz; Bauschutt entsorgen; inkl. Sockelleiste						
	m2	**€ brutto**	**7,1**	**7,7**	**11,3**	**13,6**	**22,9**
	KG 394	€ netto	6,0	6,5	9,5	11,4	19,3
65	**Spanplattenboden abbrechen**						
	Spanplattenboden abbrechen; Dicke bis 25mm; Bauschutt entsorgen; inkl. Untergrund reinigen						
	m2	**€ brutto**	**9,4**	**12,0**	**17,7**	**21,2**	**29,6**
	KG 394	€ netto	7,9	10,1	14,9	17,8	24,8
66	**Schüttung entfernen, Lagerhölzer**						
	Schüttung entfernen; Höhe bis 7cm; Bauschutt entsorgen; zwischen Lagerhölzern						
	m2	**€ brutto**	**–**	**6,9**	**10**	**12**	**–**
	KG 394	€ netto	–	5,8	8,5	10	–

Abbruch- und Rückbauarbeiten **Preise €**

Nr.	Kurztext / Stichworte Einheit / Kostengruppe		▶	▷	brutto ø netto ø	◁	◀
67	**Schüttung entfernen, Holzbalkendecke** Schüttung entfernen; Höhe bis 15cm; Bauschutt entsorgen; aus Holzbalkendecke						
	m²	**€ brutto**	**7,7**	**12,3**	**18,1**	**21,8**	**27,1**
	KG 394	€ netto	6,5	10,4	15,2	18,3	22,8
68	**Fehlboden entfernen** Fehlboden entfernen; Bauschutt entsorgen						
	m²	**€ brutto**	**6,6**	**8,1**	**11,9**	**14,3**	**21,1**
	KG 394	€ netto	5,6	6,8	10,0	12,0	17,7
69	**Deckenbalken abbrechen** Deckenbalken abbrechen; Bauschutt entsorgen; inkl. Abstützmaßnahmen						
	m	**€ brutto**	**5,5**	**7,0**	**10,3**	**12,4**	**18,2**
	KG 394	€ netto	4,6	5,9	8,7	10,4	15,3
70	**Unterzug abbrechen, Holz** Unterzug abbrechen; Holz; Bauschutt entsorgen; inkl. Abstützmaßnahmen						
	m	**€ brutto**	**–**	**7,8**	**11**	**14**	**–**
	KG 394	€ netto	–	6,5	9,6	12	–
71	**Holzbalkendecke abbrechen** Holzbalkendecke komplett ausbauen; Bauschutt entsorgen; inkl. Sicherungsmaßnahmen						
	m²	**€ brutto**	**29**	**46**	**67**	**81**	**88**
	KG 394	€ netto	25	38	56	68	74
72	**Dachstuhlhölzer abbrechen** Dachstuhlhölzer ausbauen; Bauschutt entsorgen; inkl. Sicherungsmaßnahmen						
	m	**€ brutto**	**6,6**	**9,8**	**14,4**	**17,2**	**22,9**
	KG 394	€ netto	5,6	8,2	12,1	14,5	19,3
73	**Bodenabdichtung entfernen, Bitumen, 1-lagig** Bodenabdichtung einlagig, entfernen; Bitumenbahn; Rückstände reinigen, Bauschutt entsorgen						
	m²	**€ brutto**	**–**	**6,0**	**8,8**	**11**	**–**
	KG 394	€ netto	–	5,0	7,4	8,9	–
74	**Bodenabdichtung entfernen, Bitumen, 2-lagig** Bodenabdichtung zweilagig, entfernen; Bitumenbahn; Rückstände reinigen, Bauschutt entsorgen						
	m²	**€ brutto**	**–**	**9,7**	**14**	**17**	**–**
	KG 394	€ netto	–	8,1	12	14	–

 © BKI Baukosteninformationszentrum

Abbruch- und Rückbauarbeiten **Preise €**

Nr.	Kurztext / Stichworte Einheit / Kostengruppe		▶	▷	brutto ø netto ø	◁	◀
75	**Bitumenbeschichtung entfernen, Wand** Bitumenbeschichtung entfernen; Mauerwerk; Rückstände reinigen, Bauschutt entsorgen; Kelleraußenwand						
	m²	**€ brutto**	**9,1**	**11,0**	**16,2**	**19,4**	**22,9**
	KG 394	€ netto	7,6	9,3	13,6	16,3	19,3
76	**Bitumenbahnen entfernen, Wand** Wandabdichtung entfernen; Bitumenbahn; Rückstände reinigen, Bauschutt entsorgen; Kelleraußenmauerwerk						
	m²	**€ brutto**	**–**	**13**	**19**	**22**	**–**
	KG 394	€ netto	–	11	16	19	–
77	**Schutzbahn entfernen, Wand** Schutzbahn entfernen; Kunststoff-Eckschutzschiene; Wandfläche, erdberührt						
	m²	**€ brutto**	**–**	**9,3**	**13**	**16**	**–**
	KG 394	€ netto	–	7,8	11	13	–
78	**Dachdeckung entfernen** Dachdeckung entfernen; Ziegel, Betonstein; Bauschutt entsorgen						
	m²	**€ brutto**	**5,3**	**7,4**	**10,5**	**12,3**	**14,4**
	KG 394	€ netto	4,4	6,2	8,9	10,4	12,1
79	**Schieferdeckung, entfernen** Dachdeckung entfernen; Schiefer; Bauschutt entsorgen						
	m²	**€ brutto**	**8,5**	**11,9**	**16,4**	**19,2**	**23,7**
	KG 394	€ netto	7,1	10,0	13,8	16,2	19,9
80	**Schieferdeckung, entfernen, lagern** Schieferdeckung zur Wiederverwendung aufnehmen; lagern						
	m²	**€ brutto**	**–**	**13**	**19**	**23**	**–**
	KG 395	€ netto	–	11	16	20	–
81	**Faserzement-Wellplattendeckung entfernen** Faserzement-Wellplattendeckung abbrechen; nicht asbesthaltig; Bauschutt entsorgen						
	m²	**€ brutto**	**6,3**	**6,9**	**9,0**	**10,8**	**16,9**
	KG 394	€ netto	5,3	5,8	7,6	9,1	14,2
82	**Formziegel entfernen, gemörtelt** First- und Grateindeckung entfernen; Formziegel eingemörtelt; Bauschutt entsorgen						
	m	**€ brutto**	**2,6**	**4,3**	**6,3**	**7,5**	**12,6**
	KG 394	€ netto	2,2	3,6	5,3	6,3	10,6
83	**Dachlattung entfernen** Dachlattung entfernen; Lattenweite: 320-340mm; Bauschutt entsorgen						
	m²	**€ brutto**	**1,5**	**2,0**	**2,8**	**3,3**	**3,6**
	KG 394	€ netto	1,2	1,7	2,3	2,8	3,0

Abbruch- und Rückbauarbeiten **Preise €**

Nr.	Kurztext / Stichworte Einheit / Kostengruppe	▶	▷	brutto ø netto ø	◁	◀
84	**Bitumendachbahn entfernen, 1-lagig** Bitumendachbahn entfernen; Bauschutt entsorgen; einlagig auf Holzschalung					
	m² € brutto	**3,6**	**5,9**	**8,6**	**10,4**	**16,9**
	KG 394 € netto	3,0	4,9	7,3	8,7	14,2
85	**Bitumendachbahn entfernen, 2-lagig** Bitumenbahn entfernen; Bauschutt entsorgen; zweilagig auf Holzschalung					
	m² € brutto	**4,0**	**8,1**	**11,9**	**14,2**	**18,9**
	KG 394 € netto	3,4	6,8	10,0	12,0	15,9
86	**Dachschalung entfernen** Dachschalung entfernen; Bauschutt entsorgen					
	m² € brutto	**7,6**	**9,9**	**14,6**	**17,5**	**24,3**
	KG 394 € netto	6,4	8,3	12,3	14,7	20,4
87	**Ortgangbrett entfernen** Ortgangbrett entfernen; Bauschutt entsorgen					
	m² € brutto	**3,8**	**5,6**	**8,2**	**9,9**	**11,9**
	KG 394 € netto	3,2	4,7	6,9	8,3	10,0
88	**Blechteile entfernen, bis Z 600** Blechteile entfernen; bis Z 600; Bauschutt entsorgen; Dachdeckung					
	m € brutto	**1,1**	**2,4**	**3,5**	**4,2**	**7,1**
	KG 394 € netto	0,9	2,0	2,9	3,5	6,0
89	**Schneefanggitter entfernen** Schneefanggitter entfernen; Bauschutt entsorgen					
	m € brutto	**0,7**	**1,9**	**2,8**	**3,1**	**6,6**
	KG 394 € netto	0,6	1,6	2,4	2,6	5,6
90	**Blitzableiter entfernen** Blitzableiter entfernen; Bauschutt entsorgen; inkl. Befestigung					
	m € brutto	**–**	**0,9**	**1,3**	**1,6**	**–**
	KG 394 € netto	–	0,8	1,1	1,3	–
91	**Entlüftungsrohr entfernen** Ent- oder Belüftungsrohr entfernen; Dachdeckung					
	St € brutto	**1,5**	**5,6**	**8,2**	**9,9**	**19,6**
	KG 394 € netto	1,2	4,7	6,9	8,3	16,5
92	**Laufrost entfernen** Laufrost entfernen; Bauschutt entsorgen; Dach; inkl. Stützen					
	m € brutto	**1,8**	**3,5**	**5,2**	**6,2**	**9,1**
	KG 394 € netto	1,5	3,0	4,4	5,2	7,6

 © BKI Baukosteninformationszentrum

Kosten: Stand 3.Quartal 2015, Bundesdurchschnitt

Abbruch- und Rückbauarbeiten **Preise €**

Nr.	**Kurztext** / Stichworte **Einheit** / Kostengruppe		▶	▷	**brutto ø** netto ø	◁	◀
93	**Dachfenster ausbauen** Dachfenster entfernen; Bauschutt entsorgen; inkl. Blechrahmen und Flügel						
	St	**€ brutto**	**26**	**43**	**63**	**75**	**85**
	KG 394	€ netto	22	36	53	63	71
94	**Dachluke entfernen** Dachluke entfernen; Bauschutt entsorgen						
	St	**€ brutto**	**11**	**15**	**22**	**27**	**38**
	KG 394	€ netto	9,0	12,8	18,8	22,6	32,0
95	**Unterspannbahn entfernen** Unterspannbahn entfernen; Bauschutt entsorgen						
	m²	**€ brutto**	**1,7**	**3,3**	**4,8**	**5,3**	**5,8**
	KG 394	€ netto	1,4	2,7	4,0	4,4	4,8
96	**Dachrinne vorgehängt, entfernen** Dachrinne, vorgehängt, demontieren; Bauschutt entsorgen; inkl. Rinnenhaken						
	m	**€ brutto**	**1,6**	**2,5**	**3,7**	**4,6**	**6,3**
	KG 394	€ netto	1,4	2,1	3,1	3,9	5,3
97	**Kastenrinne entfernen** Kastenrinne, innenliegend, demontieren; Bauschutt entsorgen; inkl. Rinnenhaken						
	m	**€ brutto**	**2,7**	**3,5**	**5,2**	**6,4**	**8,3**
	KG 394	€ netto	2,3	2,9	4,4	5,4	7,0
98	**Schneefanggitter entfernen** Schneefanggitter entfernen; Bauschutt entsorgen; inkl. Befestigung						
	m	**€ brutto**	**2,4**	**3,1**	**4,2**	**5,2**	**9,0**
	KG 394	€ netto	2,0	2,6	3,6	4,4	7,5
99	**Fallrohr entfernen** Fallrohr entfernen; Bauschutt entsorgen; inkl. Befestigung und Verbindung zur Dachrinne						
	m	**€ brutto**	**1,3**	**2,3**	**3,5**	**4,3**	**5,9**
	KG 394	€ netto	1,1	2,0	2,9	3,6	5,0
100	**Standrohr entfernen** Standrohr abschneiden; Gusseisen; DN100; Bauschutt entsorgen						
	St	**€ brutto**	**3,4**	**6,7**	**9,9**	**12,2**	**22,4**
	KG 394	€ netto	2,9	5,6	8,4	10,3	18,9
101	**Traufblech entfernen** Traufblech entfernen; Breite bis 500mm; Bauschutt entsorgen						
	m	**€ brutto**	**1,7**	**1,7**	**2,6**	**3,2**	**6,3**
	KG 394	€ netto	1,4	1,5	2,2	2,7	5,3

Abbruch- und Rückbauarbeiten **Preise €**

Nr.	Kurztext / Stichworte Einheit / Kostengruppe		▶	▷	brutto ø netto ø	◁	◀
102	**Winkelkehle entfernen** Windkehle entfernen; Blech; Bauschutt entsorgen						
	m	**€ brutto**	**1,9**	**2,6**	**3,9**	**4,8**	**7,1**
	KG 394	€ netto	1,6	2,2	3,3	4,1	6,0
103	**Verwahrung entfernen** Verwahrung entfernen; Bauschutt entsorgen						
	m	**€ brutto**	**2,6**	**3,4**	**5,0**	**6,2**	**9,7**
	KG 394	€ netto	2,2	2,8	4,2	5,2	8,1
104	**Ortgangverblechung entfernen** Ortgangverblechung entfernen; Bauschutt entsorgen; inkl. Windleiste, Blechabdeckung						
	m	**€ brutto**	**2,2**	**3,1**	**4,7**	**5,7**	**9,6**
	KG 394	€ netto	1,9	2,6	3,9	4,8	8,0
105	**Wandanschlussprofile entfernen** Wandanschlussprofil entfernen; Bauschutt entsorgen; inkl. Befestigungsmittel						
	m	**€ brutto**	**3,9**	**6,2**	**9,2**	**11,3**	**14,4**
	KG 394	€ netto	3,3	5,2	7,7	9,5	12,1
106	**Fensterblech entfernen** Fensterblech entfernen; Bauschutt entsorgen; inkl. Befestigungsmittel						
	m	**€ brutto**	**2,1**	**2,9**	**4,3**	**5,3**	**8,3**
	KG 394	€ netto	1,8	2,4	3,6	4,4	7,0
107	**Blechabdeckung entfernen** Blechabdeckung entfernen; Breite bis 600mm; Bauschutt entsorgen						
	m	**€ brutto**	**2,3**	**4,2**	**6,2**	**7,6**	**10,9**
	KG 394	€ netto	2,0	3,5	5,2	6,4	9,2
108	**Schornsteinverblechung entfernen** Schornsteinverblechung entfernen; Bauschutt entsorgen						
	m²	**€ brutto**	**9,6**	**12,8**	**19,0**	**23,4**	**34,1**
	KG 394	€ netto	8,1	10,7	16,0	19,7	28,7
109	**Gaubenverblechung entfernen** Gaubenverblechung entfernen; Bauschutt entsorgen; inkl. Anschlüsse						
	m²	**€ brutto**	**5,2**	**7,7**	**11,5**	**14,2**	**22,6**
	KG 394	€ netto	4,3	6,5	9,7	11,9	19,0
110	**Blech-Dachdeckung entfernen** Dacheindeckung entfernen; Metallblech; Bauschutt entsorgen; auf Holzschalung						
	m²	**€ brutto**	**5,4**	**10,5**	**15,7**	**19,3**	**27,8**
	KG 394	€ netto	4,5	8,9	13,2	16,2	23,4

 © BKI Baukosteninformationszentrum

Kosten: Stand 3.Quartal 2015, Bundesdurchschnitt

Abbruch- und Rückbauarbeiten **Preise €**

Nr.	Kurztext / Stichworte Einheit / Kostengruppe		▶	▷	brutto ø netto ø	◁	◀
111	**Blechbekleidung entfernen** Blechbekleidung entfernen; Bauschutt entsorgen; Außenwand						
	m²	**€ brutto**	**–**	**12**	**18**	**22**	**–**
	KG 394	€ netto	–	9,9	15	18	–
112	**Außenputz abschlagen, Mauerwerk** Außenputz zweilagig, abschlagen; Dicke bis 30mm; reinigen, Bauschutt entsorgen; Wand						
	m²	**€ brutto**	**6,9**	**9,5**	**12,6**	**15,2**	**21,3**
	KG 394	€ netto	5,8	7,9	10,6	12,7	17,9
113	**Außenputz abschlagen, Teilflächen** Außenputz zweilagig, abschlagen; Teilflächen bis 1,00m², Dicke bis 30mm; reinigen, Bauschutt entsorgen; Wand						
	m²	**€ brutto**	**8,1**	**11,7**	**15,6**	**18,1**	**26,0**
	KG 394	€ netto	6,8	9,8	13,1	15,2	21,9
114	**Sockelputz abschlagen** Sockelputz abschlagen; Dicke bis 30mm; reinigen, Bauschutt entsorgen						
	m²	**€ brutto**	**6,9**	**8,3**	**11,1**	**12,9**	**18,4**
	KG 394	€ netto	5,8	7,0	9,3	10,8	15,5
115	**Deckenputz abschlagen** Deckenputz abschlagen; Dicke bis 30mm; Bauschutt entsorgen						
	m²	**€ brutto**	**8,8**	**12,0**	**16,0**	**18,6**	**22,8**
	KG 394	€ netto	7,4	10,1	13,5	15,6	19,2
116	**Deckenputz abschlagen, Teilflächen** Deckenputz abschlagen; Teilflächen bis 1,00m², Dicke bis 30mm; Bauschutt entsorgen						
	m²	**€ brutto**	**9,6**	**13,2**	**19,4**	**22,5**	**26,0**
	KG 394	€ netto	8,0	11,1	16,3	18,9	21,9
117	**Putzträger entfernen, Wand** Putzträger ausbauen; Streckmetall; Bauschutt entsorgen; Wand						
	m²	**€ brutto**	**6,7**	**8,5**	**11,3**	**13,2**	**20,4**
	KG 394	€ netto	5,7	7,1	9,5	11,1	17,1
118	**Putzträger entfernen, Decke** Putzträger ausbauen; Streckmetall; Bauschutt entsorgen; Decke						
	m²	**€ brutto**	**7,4**	**11,8**	**15,8**	**18,4**	**23,3**
	KG 394	€ netto	6,2	9,9	13,3	15,4	19,6
119	**Eckschutzschiene abbrechen** Eckschutzschiene abbrechen; Länge bis 1,50m; Bauschutt entsorgen; inkl. Befestigungsanker						
	m	**€ brutto**	**3,3**	**3,8**	**5,0**	**5,8**	**10,9**
	KG 394	€ netto	2,8	3,2	4,2	4,9	9,2

Abbruch- und Rückbauarbeiten | **Preise €**

Nr.	Kurztext / Stichworte Einheit / Kostengruppe		▶	▷	brutto ø netto ø	◁	◀
120	**Bodenfliesen entfernen, geklebt** Bodenbelag, Fliesen entfernen, verklebt; Dicke bis 2cm; Bauschutt entsorgen						
	m²	€ brutto	9,1	10,0	14,7	17,6	23,1
	KG 394	€ netto	7,6	8,4	12,3	14,8	19,4
121	**Bodenfliesen entfernen, Mörtelbett** Bodenbelag, Fliesen entfernen, Mörtelbett; Dicke bis 5cm; Bauschutt entsorgen						
	m²	€ brutto	8,8	11,2	16,4	19,7	26,6
	KG 394	€ netto	7,4	9,4	13,8	16,5	22,4
122	**Sockelfliesen entfernen** Sockelbelag, Fliesen entfernen; keramisch; Bauschutt entsorgen						
	m	€ brutto	2,0	3,1	4,6	5,5	8,2
	KG 394	€ netto	1,6	2,6	3,9	4,6	6,9
123	**Treppenbelag, Fliesen entfernen** Treppenbelag, Fliesen entfernen; als Tritt- und Setzstufen; Dicke bis 5cm; Bauschutt entsorgen; inkl. Abschluss- und Anschlussprofile entsorgen						
	m²	€ brutto	–	15	22	26	–
	KG 394	€ netto	–	12	18	22	–
124	**Wandfliesen entfernen, Dünnbett** Wandbelag, Fliesen entfernen, Dünnbett; Dicke bis 2cm; Bauschutt entsorgen						
	m²	€ brutto	6,4	9,0	13,2	15,8	22,4
	KG 394	€ netto	5,4	7,5	11,1	13,3	18,9
125	**Wandfliesen entfernen, Dickbett** Wandbelag Fliesen entfernen, Dickbett; Dicke bis 4cm; Bauschutt entsorgen						
	m²	€ brutto	7,1	10,2	15,0	17,9	23,2
	KG 394	€ netto	6,0	8,5	12,6	15,1	19,5
126	**Verbundestrich abbrechen, bis 25mm** Verbundestrich abbrechen; Zementestrich bis C30; Dicke bis 25mm; Bauschutt entsorgen						
	m²	€ brutto	–	7,3	11	13	–
	KG 394	€ netto	–	6,1	9,0	11	–
127	**Verbundestrich abbrechen, bis 50mm** Verbundestrich abbrechen; Zementestrich; Dicke bis 50mm; Bauschutt entsorgen						
	m²	€ brutto	9,6	11,3	16,6	20,7	25,8
	KG 394	€ netto	8,1	9,5	13,9	17,4	21,6

 © BKI Baukosteninformationszentrum

Kosten: Stand 3.Quartal 2015, Bundesdurchschnitt

Abbruch- und Rückbauarbeiten — Preise €

Nr.	Kurztext / Stichworte Einheit / Kostengruppe		▶	▷	brutto ø netto ø	◁	◀
128	**Verbundestrich abbrechen, bis 70mm** Verbundestrich abbrechen; Zementestrich; Dicke bis 70mm; Bauschutt entsorgen						
	m²	**€ brutto**	**14**	**16**	**23**	**29**	**35**
	KG 394	€ netto	11	13	19	24	30
129	**Kunstharzestrich abbrechen, bis 20mm** Verbundestrich abbrechen; Kunstharzestrich; Dicke bis 20mm; Bauschutt entsorgen						
	m²	**€ brutto**	**–**	**5,6**	**8,2**	**10**	**–**
	KG 394	€ netto	–	4,7	6,9	8,5	–
130	**Estrich, schwimmend, abbrechen** Estrich schwimmend abbrechen; Estrichdicke 40mm, Dammdicke 30mm; Bauschutt entsorgen; inkl. Dämmung, Trennschicht						
	m²	**€ brutto**	**11**	**14**	**21**	**25**	**31**
	KG 394	€ netto	9,5	12,0	17,6	21,2	26,2
131	**Estrich bewehrt, schwimmend, abbrechen** Estrich bewehrt, schwimmend, abbrechen; Estrichdicke 50mm, Dammdicke bis 100mm; Bauschutt entsorgen; inkl. Dämmung, Trennschicht						
	m²	**€ brutto**	**12**	**21**	**31**	**38**	**44**
	KG 394	€ netto	10	18	26	32	37
132	**Heizestrich abbrechen** Heizestrich abbrechen; Estrichdicke bis 70mm, Dammdicke bis 40mm; Bauschutt entsorgen; inkl. Dämmung, Trennschicht						
	m²	**€ brutto**	**–**	**24**	**35**	**42**	**–**
	KG 394	€ netto	–	20	29	35	–
133	**Heizestrich, bewehrt, abbrechen** Heizestrich abbrechen, bewehrt; Estrichdicke bis 70mm, Dammdicke bis 40mm; Bauschutt entsorgen; inkl. Dämmung, Trennschicht						
	m²	**€ brutto**	**–**	**25**	**37**	**45**	**–**
	KG 394	€ netto	–	21	31	38	–
134	**Schutzestrich abbrechen** Schutzestrich abbrechen; Dicke bis 80mm; Bauschutt entsorgen						
	m²	**€ brutto**	**13**	**18**	**27**	**32**	**40**
	KG 394	€ netto	11	15	22	27	34
135	**Kellerfenster ausbauen, Holz, 0,5m²** Kellerfenster ausbauen; Holz; Größe bis 0,5m²; Bauschutt entsorgen						
	St	**€ brutto**	**12**	**15**	**21**	**26**	**52**
	KG 394	€ netto	10,0	12,3	18,0	21,6	43,3

Abbruch- und Rückbauarbeiten **Preise €**

Nr.	Kurztext / Stichworte Einheit / Kostengruppe		▶	▷	brutto ø netto ø	◁	◀
136	**Fenster ausbauen, Holz, bis 1,5m²** Fenster ausbauen; Holz; Größe bis 1,5m²; Bauschutt entsorgen; inkl. Flügel und Fensterrahmen						
	St	**€ brutto**	**21**	**33**	**48**	**57**	**90**
	KG 394	€ netto	18	27	40	48	75
137	**Fenster ausbauen, Holz, bis 2,5m²** Fenster ausbauen; Holz; Größe bis 2,5m²; Bauschutt entsorgen; inkl. Flügel und Rahmen						
	St	**€ brutto**	**23**	**41**	**60**	**73**	**120**
	KG 394	€ netto	20	35	51	61	101
138	**Fenstertür ausbauen, Holz, bis 3,5m²** Fenster ausbauen; Holz; Größe bis 3,5m²; Bauschutt entsorgen; inkl. Flügel und Rahmen						
	St	**€ brutto**	**28**	**52**	**77**	**92**	**145**
	KG 394	€ netto	24	44	64	77	122
139	**Fenster ausbauen, Kunststoff, bis 1,5m²** Fenster ausbauen; Kunststoff; Größe bis 1,5m²; Bauschutt entsorgen; inkl. Flügel, Rahmen und Innen- und Außenfensterbank						
	St	**€ brutto**	**19**	**26**	**38**	**45**	**59**
	KG 394	€ netto	16	22	32	38	49
140	**Fenster ausbauen, Kunststoff, bis 2,5m²** Fenster ausbauen; Kunststoff; Größe bis 2,5m²; Bauschutt entsorgen; inkl. Flügel, Rahmen und Innen- und Außenfensterbank						
	St	**€ brutto**	**23**	**35**	**52**	**63**	**74**
	KG 394	€ netto	20	30	44	53	62
141	**Fenstertür ausbauen, Kunststoff, bis 3,5m²** Fenstertür ausbauen; Kunststoff; Größe bis 3,5m²; Bauschutt entsorgen; inkl. Flügel und Rahmen						
	St	**€ brutto**	**42**	**58**	**85**	**102**	**145**
	KG 394	€ netto	35	49	72	86	122
142	**Hauseingangstür ausbauen, bis 4,0m²** Hauseingangstür ausbauen; Größe bis 4m²; Bauschutt entsorgen; inkl. Türblatt und Rahmen						
	St	**€ brutto**	**52**	**80**	**118**	**141**	**155**
	KG 394	€ netto	43	67	99	119	130
143	**Kelleraußentür ausbauen, bis 2,5m²** Kelleraußentür ausbauen; Größe bis 2,5m²; Bauschutt entsorgen; inkl. Türblatt und Rahmen						
	St	**€ brutto**	**–**	**33**	**48**	**58**	**–**
	KG 394	€ netto	–	27	40	48	–

 © BKI Baukosteninformationszentrum

Abbruch- und Rückbauarbeiten **Preise €**

Nr.	Kurztext / Stichworte Einheit / Kostengruppe		▶	▷	brutto ø netto ø	◁	◀
144	**Innentür, 1-flüglig, entfernen**						
	Innentür, einflüglig, ausbauen; Holz; Größe bis 2,00m²; Bauschutt entsorgen; inkl. Türfutter						
	St	**€ brutto**	**22**	**28**	**41**	**49**	**58**
	KG 394	€ netto	19	23	34	41	48
145	**Wandbekleidung entfernen**						
	Wandbekleidung entfernen; Holzwerkstoff; Bauschutt entsorgen						
	m²	**€ brutto**	**5,8**	**12,0**	**17,7**	**21,2**	**29,4**
	KG 394	€ netto	4,8	10,1	14,8	17,8	24,7
146	**Deckenbekleidung entfernen**						
	Deckenbekleidung entfernen; Holzbretter; Bauschutt entsorgen; inkl. Sparschalung						
	m²	**€ brutto**	**–**	**15**	**22**	**26**	**–**
	KG 394	€ netto	–	13	18	22	–
147	**Fensterbank ausbauen, Holz, bis 1,5m**						
	Fensterbank ausbauen; Holz; Länge bis 1,5m, Breite bis 25cm, Dicke bis 4cm; Bauschutt entsorgen						
	St	**€ brutto**	**7,5**	**10,6**	**15,6**	**18,7**	**27,4**
	KG 394	€ netto	6,3	8,9	13,1	15,7	23,0
148	**Fensterbank ausbauen, Holz, bis 2,5m**						
	Fensterbank ausbauen; Holz; Länge bis 2,5m, Breite bis 25cm, Dicke bis 4cm; Bauschutt entsorgen						
	St	**€ brutto**	**14**	**17**	**25**	**30**	**40**
	KG 394	€ netto	12	14	21	25	34
149	**Leibungsbekleidung entfernen**						
	Leibungsbekleidung innen ausbauen; Holz; Bauschutt entsorgen; inkl. Befestigungsholz						
	m	**€ brutto**	**–**	**8,6**	**13**	**15**	**–**
	KG 394	€ netto	–	7,2	11	13	–
150	**Montagewand abbrechen, GK**						
	Montagewand abbrechen; Metallständer, beidseitig mit GK-Platten beplankt; Bauschutt entsorgen						
	m²	**€ brutto**	**10**	**12**	**19**	**23**	**30**
	KG 394	€ netto	8,7	10,3	16,1	19,3	25,1
151	**Deckenkleidung abbrechen; GK**						
	Deckenbekleidung abbrechen; Gipskartonplatten, einlagig; Bekleidungsdicke 12,5mm; Bauschutt entsorgen; inkl. Unterkonstruktion						
	m²	**€ brutto**	**8,8**	**12,3**	**18,2**	**21,8**	**25,0**
	KG 394	€ netto	7,4	10,4	15,3	18,3	21,0

Abbruch- und Rückbauarbeiten **Preise €**

Nr.	Kurztext / Stichworte Einheit / Kostengruppe		▶	▷	brutto ø netto ø	◁	◀
152	**Unterdecke abbrechen, GK** Unterdecke, abgehängt abbrechen; Gipskartonplatten auf Metallprofilen; Bauschutt entsorgen						
	m²	**€ brutto**	**7,6**	**9,9**	**14,5**	**17,4**	**22,4**
	KG 394	€ netto	6,4	8,3	12,2	14,7	18,9
153	**Verkofferung abbrechen, GK** Verkofferung von Rohrleitungen abbrechen; Bauschutt entsorgen; inkl. Unterkonstruktion						
	m²	**€ brutto**	**11**	**13**	**20**	**24**	**28**
	KG 394	€ netto	9,1	11,1	17,0	20,4	23,7
154	**Stundensatz Facharbeiter, Abbrucharbeiten** Stundenlohnarbeiten Vorarbeiter, Facharbeiter; Abbrucharbeiten						
	h	**€ brutto**	**37**	**46**	**50**	**54**	**65**
	KG 394	€ netto	31	39	42	45	54
155	**Stundensatz Helfer, Abbrucharbeiten** Stundenlohnarbeiten Werker, Helfer; Abbrucharbeiten						
	h	**€ brutto**	**31**	**40**	**44**	**48**	**59**
	KG 394	€ netto	26	34	37	40	49

 © BKI Baukosteninformationszentrum

Nachträgliche Querschnittsabdichtung in Mauerwerk — Preise €

Nr.	Kurztext / Stichworte Einheit / Kostengruppe		▶	▷	brutto ø netto ø	◁	◀
1	**Außenputz abschlagen, lose haftend** Außenputz abschlagen; lose haftend; Mauerwerk; inkl. Flächen nachreinigen und Bauschutt entsorgen						
	m²	**€ brutto**	**11**	**10**	**14**	**17**	**19**
	KG 395	€ netto	9,1	8,1	12,1	14,5	15,8
2	**Außenputz abschlagen, fest haftend** Außenputz abschlagen; fest haftend; Mauerwerk; inkl. Flächen nachreinigen und Bauschutt entsorgen						
	m²	**€ brutto**	**12**	**14**	**21**	**25**	**27**
	KG 395	€ netto	10	12	17	21	23
3	**Beschichtungen entfernen** Beschichtungen entfernen; Kelleraußenwand; inkl. Bauschutt entsorgen						
	m²	**€ brutto**	**8,0**	**6,5**	**9,7**	**11,6**	**12,6**
	KG 395	€ netto	6,7	5,5	8,2	9,8	10,6
4	**Wandflächen reinigen, abbürsten** Wandflächen reinigen; Auskratzen der Fugen und kräftiges Abbürsten; mit Stahlbesen						
	m²	**€ brutto**	**4,2**	**4,6**	**6,8**	**8,1**	**8,8**
	KG 395	€ netto	3,6	3,8	5,7	6,8	7,4
5	**Trockenstrahlen, Flächenreinigung** Flächenreinigung, Mauerwerk; Trockenstrahlen, festes Strahlmittel; Entfernen loser und haftungsmindernder Bestandteile; inkl. Strahlgut und Bauschutt entsorgen						
	m²	**€ brutto**	**7,1**	**8,1**	**12,1**	**14,5**	**15,8**
	KG 395	€ netto	6,0	6,8	10,2	12,2	13,2
6	**Trockenstrahlen, Flächen beschichtet** Flächenreinigung, Mauerwerk; Trockenstrahlen, festes Strahlmittel; Entfernen von Beschichtung; inkl. Strahlgut und Bauschutt entsorgen						
	m²	**€ brutto**	**16**	**12**	**19**	**22**	**24**
	KG 395	€ netto	13	10	16	19	20
7	**Feuchtnebel-Strahlen, Flächenreinigung** Flächenreinigung, Mauerwerk; Feuchtnebel-Strahlen; Entfernen der losen und haftungsmindernder Bestandteile; inkl. Bauschutt entsorgen						
	m²	**€ brutto**	**11**	**10**	**13**	**16**	**17**
	KG 395	€ netto	9,0	8,0	11,2	13,4	14,6
8	**Flächenreinigung, Druckluftnadelhammer** Flächenreinigung, Mauerwerk; Druckluftnadelhammer; Entfernen der losen und unreinen Bestandteile; inkl. Bauschutt entsorgen						
	m²	**€ brutto**	**10**	**11**	**15**	**17**	**19**
	KG 395	€ netto	8,6	9,2	12,2	14,7	15,9

 © BKI Baukosteninformationszentrum

Kosten: Stand 3.Quartal 2015, Bundesdurchschnitt

Nachträgliche Querschnittsabdichtung in Mauerwerk — Preise €

Nr.	Kurztext / Stichworte Einheit / Kostengruppe		►	▷	brutto ø netto ø	◁	◄
9	**Untergrund aufrauen, Druckluftnadelhammer** Untergrund aufrauen, Mauerwerk; Druckluftnadelhammer; inkl. reinigen						
	m²	**€ brutto**	**6,0**	**6,4**	**8,5**	**10,2**	**11,0**
	KG 395	€ netto	5,0	5,4	7,1	8,6	9,3
10	**Horizontalsperre, Stahlbleche, bis 13cm** Horizontalabdichtung, Stahlbleche; Edelstahl; Mauerdicke bis 13cm; eintreiben in Lagerfuge; Mauerwerk; inkl. Fugen schließen						
	m	**€ brutto**	**43**	**45**	**57**	**61**	**66**
	KG 395	€ netto	36	38	48	51	55
11	**Horizontalsperre, Stahlbleche, bis 25cm** Horizontalabdichtung, Stahlbleche; Edelstahl; Mauerdicke bis 25cm; eintreiben in Lagerfuge; Mauerwerk; inkl. Fugen schließen						
	m	**€ brutto**	**59**	**63**	**79**	**84**	**91**
	KG 395	€ netto	50	53	66	71	76
12	**Horizontalsperre, Stahlbleche, bis 38cm** Horizontalabdichtung, Stahlbleche; Edelstahl; Mauerdicke bis 38cm; eintreiben in Lagerfuge; Mauerwerk; inkl. Fugen schließen						
	m	**€ brutto**	**82**	**87**	**109**	**117**	**125**
	KG 395	€ netto	69	73	92	98	105
13	**Horizontalsperre, Stahlbleche, bis 50cm** Horizontalabdichtung, Stahlbleche; Edelstahl; Mauerdicke bis 50cm; eintreiben in Lagerfuge; Mauerwerk; inkl. Fugen schließen						
	m	**€ brutto**	**109**	**116**	**145**	**156**	**167**
	KG 395	€ netto	91	98	122	131	141
14	**Horizontalsperre, Stahlbleche, bis 70cm** Horizontalabdichtung, Stahlbleche; Edelstahl; Mauerdicke bis 70cm; eintreiben in Lagerfuge; Mauerwerk; inkl. Fugen schließen						
	m	**€ brutto**	**142**	**152**	**190**	**204**	**219**
	KG 395	€ netto	120	128	160	171	184
15	**Horizontalsperre, Stahlbleche, bis 100cm** Horizontalabdichtung, Stahlbleche; Edelstahl; Mauerdicke bis 100cm; eintreiben in Lagerfuge; Mauerwerk; inkl. Fugen schließen						
	m	**€ brutto**	**195**	**208**	**261**	**279**	**300**
	KG 395	€ netto	164	175	219	234	252
16	**Horizontalsperre, Sägen, weich, bis 13cm** Horizontalabdichtung, Sägeverfahren; Platten/Bahnen; Mauerdicke bis 13cm; sägen und mit Quellmörtel auspressen; Ziegelmauerwerk, weich; inkl. Fugen schließen						
	m	**€ brutto**	**59**	**63**	**79**	**84**	**91**
	KG 395	€ netto	50	53	66	71	76

Nachträgliche Querschnittsabdichtung in Mauerwerk — Preise €

Nr.	Kurztext / Stichworte Einheit / Kostengruppe		▶	▷	brutto ø netto ø	◁	◀
17	**Horizontalsperre, Sägen, weich, bis 25cm** Horizontalabdichtung, Sägeverfahren; Platten/Bahnen; Mauerdicke bis 25cm; sägen und mit Quellmörtel auspressen; Ziegelmauerwerk, weich; inkl. Fugen schließen						
	m	**€ brutto**	**73**	**77**	**97**	**104**	**112**
	KG 395	€ netto	61	65	82	87	94
18	**Horizontalsperre, Sägen, weich, bis 38cm** Horizontalabdichtung, Sägeverfahren; Platten/Bahnen; Mauerdicke bis 38cm; sägen und mit Quellmörtel auspressen; Ziegelmauerwerk, weich; inkl. Fugen schließen						
	m	**€ brutto**	**82**	**87**	**109**	**117**	**125**
	KG 395	€ netto	69	73	92	98	105
19	**Horizontalsperre, Sägen, weich, bis 50cm** Horizontalabdichtung, Sägeverfahren; Platten/Bahnen; Mauerdicke bis 50cm; sägen und mit Quellmörtel auspressen; Ziegelmauerwerk, weich; inkl. Fugen schließen						
	m	**€ brutto**	**104**	**111**	**139**	**149**	**160**
	KG 395	€ netto	88	93	117	125	135
20	**Horizontalsperre, Sägen, weich, bis 70cm** Horizontalabdichtung, Sägeverfahren; Platten/Bahnen; Mauerdicke bis 70cm; sägen und mit Quellmörtel auspressen; Ziegelmauerwerk, weich; inkl. Fugen schließen						
	m	**€ brutto**	**140**	**150**	**188**	**201**	**216**
	KG 395	€ netto	118	126	158	169	182
21	**Horizontalsperre, Sägen, weich, bis 100cm** Horizontalabdichtung, Sägeverfahren; Platten/Bahnen; Mauerdicke bis 100cm; sägen und mit Quellmörtel auspressen; Ziegelmauerwerk, weich; inkl. Fugen schließen						
	m	**€ brutto**	**190**	**203**	**255**	**272**	**293**
	KG 395	€ netto	160	171	214	229	246
22	**Horizontalsperre, Sägen, mittel, bis 13cm** Horizontalabdichtung, Sägeverfahren; Platten/Bahnen; Mauerdicke bis 13cm; sägen und mit Quellmörtel auspressen; Sandstein, mittel; inkl. Fugen schließen						
	m	**€ brutto**	**68**	**73**	**91**	**97**	**105**
	KG 395	€ netto	57	61	76	82	88

 © BKI Baukosteninformationszentrum

Kosten: Stand 3.Quartal 2015, Bundesdurchschnitt

Nachträgliche Querschnittsabdichtung in Mauerwerk **Preise €**

Nr.	Kurztext / Stichworte Einheit / Kostengruppe		▶	▷	brutto ø netto ø	◁	◀
23	**Horizontalsperre, Sägen, mittel, bis 25cm** Horizontalabdichtung, Sägeverfahren; Platten/Bahnen; Mauerdicke bis 25cm; sägen und mit Quellmörtel auspressen; Sandstein, mittel; inkl. Fugen schließen						
	m	**€ brutto**	**77**	**82**	**103**	**110**	**119**
	KG 395	€ netto	65	69	87	93	100
24	**Horizontalsperre, Sägen, mittel, bis 38cm** Horizontalabdichtung, Sägeverfahren; Platten/Bahnen; Mauerdicke bis 38cm; sägen und mit Quellmörtel auspressen; Sandstein, mittel; inkl. Fugen schließen						
	m	**€ brutto**	**95**	**102**	**127**	**136**	**146**
	KG 395	€ netto	80	85	107	114	123
25	**Horizontalsperre, Sägen, mittel, bis 50cm** Horizontalabdichtung, Sägeverfahren; Platten/Bahnen; Mauerdicke bis 50cm; sägen und mit Quellmörtel auspressen; Sandstein, mittel; inkl. Fugen schließen						
	m	**€ brutto**	**127**	**135**	**170**	**182**	**195**
	KG 395	€ netto	107	114	143	153	164
26	**Horizontalsperre, Sägen, mittel, bis 70cm** Horizontalabdichtung, Sägeverfahren; Platten/Bahnen; Mauerdicke bis 70cm; sägen und mit Quellmörtel auspressen; Sandstein, mittel; inkl. Fugen schließen						
	m	**€ brutto**	**190**	**203**	**255**	**272**	**293**
	KG 395	€ netto	160	171	214	229	246
27	**Horizontalsperre, Sägen, mittel, bis 100cm** Horizontalabdichtung, Sägeverfahren; Platten/Bahnen; Mauerdicke bis 100cm; sägen und mit Quellmörtel auspressen; Sandstein, mittel; inkl. Fugen schließen						
	m	**€ brutto**	**267**	**285**	**358**	**383**	**411**
	KG 395	€ netto	225	240	301	322	346
28	**Horizontalsperre, Sägen, hart, bis 13cm** Horizontalabdichtung, Sägeverfahren; Platten/Bahnen; Mauerdicke bis 13cm; sägen und mit Quellmörtel auspressen; Basalt-Kalk, hart; inkl. Fugen schließen						
	m	**€ brutto**	**82**	**87**	**109**	**117**	**125**
	KG 395	€ netto	69	73	92	98	105

Nachträgliche Querschnittsabdichtung in Mauerwerk **Preise €**

Nr.	Kurztext / Stichworte Einheit / Kostengruppe		▶	▷	brutto ø netto ø	◁	◀
29	**Horizontalsperre, Sägen, hart, bis 25cm** Horizontalabdichtung, Sägeverfahren; Platten/Bahnen; Mauerdicke bis 25cm; sägen und mit Quellmörtel auspressen; Basalt-Kalk, hart; inkl. Fugen schließen						
	m	**€ brutto**	**96**	**103**	**129**	**137**	**148**
	KG 395	€ netto	81	86	108	116	124
30	**Horizontalsperre, Sägen, hart, bis 38cm** Horizontalabdichtung, Sägeverfahren; Platten/Bahnen; Mauerdicke bis 38cm; sägen und mit Quellmörtel auspressen; Basalt-Kalk, hart; inkl. Fugen schließen						
	m	**€ brutto**	**132**	**141**	**177**	**189**	**204**
	KG 395	€ netto	111	119	149	159	171
31	**Horizontalsperre, Sägen, hart, bis 50cm** Horizontalabdichtung, Sägeverfahren; Platten/Bahnen; Mauerdicke bis 50cm; sägen und mit Quellmörtel auspressen; Basalt-Kalk, hart; inkl. Fugen schließen						
	m	**€ brutto**	**202**	**216**	**270**	**289**	**311**
	KG 395	€ netto	170	181	227	243	261
32	**Horizontalsperre, Sägen, hart, bis 70cm** Horizontalabdichtung, Sägeverfahren; Platten/Bahnen; Mauerdicke bis 70cm; sägen und mit Quellmörtel auspressen; Basalt-Kalk, hart; inkl. Fugen schließen						
	m	**€ brutto**	**263**	**281**	**352**	**376**	**404**
	KG 395	€ netto	221	236	295	316	340
33	**Horizontalsperre, Sägen, hart, bis 100cm** Horizontalabdichtung, Sägeverfahren; Platten/Bahnen; Mauerdicke bis 100cm; sägen und mit Quellmörtel auspressen; Basalt-Kalk, hart; inkl. Fugen schließen						
	m	**€ brutto**	**341**	**364**	**456**	**488**	**524**
	KG 395	€ netto	286	306	383	410	441
34	**Horizontalsperre, Injektion, bis 25cm** Horizontalabdichtung, Tränkung; Abdichtungsmittel; Mauerdicke bis 25cm; Niederdruckverfahren, Bohrlöcher; inkl. Verschließen der Bohrlöcher						
	m	**€ brutto**	**59**	**63**	**79**	**84**	**91**
	KG 395	€ netto	50	53	66	71	76

 © BKI Baukosteninformationszentrum

Kosten: Stand 3.Quartal 2015, Bundesdurchschnitt

Nachträgliche Querschnittsabdichtung in Mauerwerk **Preise €**

Nr.	Kurztext / Stichworte		brutto ø				
	Einheit / Kostengruppe		▶	▷	netto ø	◁	◀
35	**Horizontalsperre, Injektion, bis 38cm** Horizontalabdichtung, Tränkung; Abdichtungsmittel; Mauerdicke bis 38cm; Niederdruckverfahren, Bohrlöcher; inkl. Verschließen der Bohrlöcher						
	m	**€ brutto**	**73**	**77**	**97**	**104**	**112**
	KG 395	€ netto	61	65	82	87	94
36	**Horizontalsperre, Injektion, bis 50cm** Horizontalabdichtung, Tränkung; Abdichtungsmittel; Mauerdicke bis 50cm; Niederdruckverfahren, Bohrlöcher; inkl. Verschließen der Bohrlöcher						
	m	**€ brutto**	**86**	**92**	**115**	**123**	**132**
	KG 395	€ netto	72	77	97	104	111
37	**Horizontalsperre, Injektion, bis 70cm** Horizontalabdichtung, Tränkung; Abdichtungsmittel; Mauerdicke bis 70cm; Niederdruckverfahren, Bohrlöcher; inkl. Verschließen der Bohrlöcher						
	m	**€ brutto**	**100**	**106**	**133**	**143**	**153**
	KG 395	€ netto	84	89	112	120	129
38	**Horizontalsperre, Injektion, bis 100cm** Horizontalabdichtung, Tränkung; Abdichtungsmittel; Mauerdicke bis 100cm; Niederdruckverfahren, Bohrlöcher; inkl. Verschließen der Bohrlöcher						
	m	**€ brutto**	**154**	**164**	**206**	**221**	**237**
	KG 395	€ netto	129	138	173	185	199
39	**Horizontalsperre, Tränkung, bis 13cm** Horizontalabdichtung, Tränkung; Abdichtungsmittel; Mauerdicke bis 13cm; Bohrlochträngung; inkl. Verschließen der Bohrlöcher						
	m	**€ brutto**	**45**	**48**	**61**	**65**	**70**
	KG 395	€ netto	38	41	51	55	59
40	**Horizontalsperre, Tränkung, bis 25cm** Horizontalabdichtung, Bohrlochtränkung; Abdichtungsmittel; Mauerdicke bis 25cm; Bohrlochträngung; inkl. Verschließen der Bohrlöcher						
	m	**€ brutto**	**63**	**68**	**85**	**91**	**98**
	KG 395	€ netto	53	57	71	76	82
41	**Horizontalsperre, Tränkung, bis 38cm** Horizontalabdichtung, Bohrlochtränkung; Abdichtungsmittel; Mauerdicke bis 38cm; Bohrlochträngung; inkl. Verschließen der Bohrlöcher						
	m	**€ brutto**	**82**	**87**	**109**	**117**	**125**
	KG 395	€ netto	69	73	92	98	105

Nachträgliche Querschnittsabdichtung in Mauerwerk **Preise €**

Nr.	Kurztext / Stichworte Einheit / Kostengruppe		▶	▷	brutto ø netto ø	◁	◀
42	**Horizontalsperre, Tränkung, bis 50cm** Horizontalabdichtung, Bohrlochtränkung; Abdichtungsmittel; Mauerdicke bis 50cm; Bohrlochträngung; inkl. Verschließen der Bohrlöcher						
	m	**€ brutto**	**95**	**102**	**127**	**136**	**146**
	KG 395	€ netto	80	85	107	114	123
43	**Horizontalsperre, Tränkung, bis 70cm** Horizontalabdichtung, Bohrlochtränkung; Abdichtungsmittel; Mauerdicke bis 70cm; Bohrlochträngung; inkl. Verschließen der Bohrlöcher						
	m	**€ brutto**	**122**	**131**	**164**	**175**	**188**
	KG 395	€ netto	103	110	138	147	158
44	**Horizontalsperre, Tränkung, bis 100cm** Horizontalabdichtung, Bohrlochtränkung; Abdichtungsmittel; Mauerdicke bis 100cm; Bohrlochträngung; inkl. Verschließen der Bohrlöcher						
	m	**€ brutto**	**177**	**189**	**236**	**253**	**272**
	KG 395	€ netto	149	159	199	213	228
45	**Vertikalsperre, Querwand, Injektion** Vertikalabdichtung, Injektion; Abdichtungsmittel; Mauerdicke 24-40cm; senkrechte Bohrlochreihen; Querwand, innen; inkl. Verschließen der Bohrlöcher						
	m	**€ brutto**	**82**	**87**	**109**	**117**	**125**
	KG 395	€ netto	69	73	92	98	105
46	**Vertikalsperre, Querwand, Tränkung** Vertikalabdichtung, Tränkung; Abdichtungsmittel; Mauerdicke 24-40cm; senkrechte Bohrlochreihen; Querwand, innen; inkl. Verschließen der Bohrlöcher						
	m	**€ brutto**	**89**	**95**	**119**	**127**	**137**
	KG 395	€ netto	75	80	100	107	115
47	**Mauertrennung, Querwand** Mauertrennung, Querwand, nicht aussteifend; Dichtungsbahn; Mauerdicke 24cm; Mauertrennung; zwischen Innen- und Außenwand						
	m	**€ brutto**	**71**	**76**	**97**	**104**	**112**
	KG 395	€ netto	60	64	82	87	94
48	**Innenputz abschlagen, Mauerwerk** Innenputz abschlagen; salzgeschädigtes Mauerwerk; bis min. 80cm über Schadenszone; inkl. regelmäßig Bauschutt entsorgen						
	m²	**€ brutto**	**9,1**	**9,7**	**12,1**	**14,5**	**15,8**
	KG 395	€ netto	7,6	8,1	10,2	12,2	13,2
49	**Bodenflächen abdecken, Folie** Bodenflächen abdecken; Baufolie						
	m²	**€ brutto**	**1,8**	**1,9**	**2,5**	**3,1**	**3,3**
	KG 395	€ netto	1,5	1,6	2,1	2,6	2,8

 © BKI Baukosteninformationszentrum

Kosten: Stand 3.Quartal 2015, Bundesdurchschnitt

Nachträgliche Querschnittsabdichtung in Mauerwerk — Preise €

Nr.	Kurztext / Stichworte Einheit / Kostengruppe		▶	▷	brutto ø netto ø	◁	◀
50	**Bodenflächen abdecken, Folie/OSB** Bodenflächen abdecken; Folie/OSB						
	m²	€ brutto	8,4	8,7	10,9	13,1	16,4
	KG 395	€ netto	7,1	7,3	9,2	11,0	13,8
51	**Mauerwerk abbürsten** Mauerwerk, feuchte- und salzgeschädigt; abbürsten, mit Stahlbesen; inkl. Bauschutt entsorgen						
	m²	€ brutto	2,1	2,2	2,9	3,5	3,8
	KG 395	€ netto	1,7	1,8	2,4	2,9	3,2
52	**Mauerwerksfugen auskratzen** Mauerwerksfuge, mürbe und lose; auskratzen; inkl. Bauschutt entsorgen						
	m²	€ brutto	11	12	15	18	20
	KG 395	€ netto	9,1	9,7	12,8	15,4	16,7
53	**Spritzbewurf, Sanierputz, netzförmig** Spritzbewurf, Sanierputz; CS IV; netzförmig; halbdeckend, netzförmig für Sanierputz						
	m²	€ brutto	8,2	8,8	11,6	14,0	15,1
	KG 395	€ netto	6,9	7,4	9,8	11,7	12,7
54	**Spritzbewurf, Sanierputz volldeckend** Spritzbewurf, Sanierputz; CS IV; volldeckend; halbdeckend, netzförmig für Sanierputz						
	m²	€ brutto	16	17	23	28	30
	KG 395	€ netto	14	15	19	23	25
55	**Spritzbewurf, Leibungen** Spritzbewurf, Leibung; CS IV; Tiefe bis 25cm						
	m	€ brutto	4,4	4,7	6,2	7,4	8,0
	KG 395	€ netto	3,7	3,9	5,2	6,2	6,8
56	**Ausgleichsputz, Porengrundputz** Porengrundputz, Sanierputz; CS II; Schichtdicke mind. 1mm; Unebenheiten ausgleichen, Oberfläche aufrauen für Sanierputz						
	m²	€ brutto	18	19	25	31	33
	KG 395	€ netto	15	16	21	26	28
57	**Porengrundputz, Leibungen** Porengrundputz, Leibung; CS II; Tiefe bis 25cm						
	m	€ brutto	7,9	8,4	11,2	13,4	14,5
	KG 395	€ netto	6,6	7,1	9,4	11,2	12,2

Nachträgliche Querschnittsabdichtung in Mauerwerk **Preise €**

Nr.	Kurztext / Stichworte Einheit / Kostengruppe		▶	▷	brutto ø netto ø	◁	◀
58	**Sanierputz, geringe Salzbelastung** Sanierputz; CS II; Schichtdicke mind. 20mm; auf Spritzbewurf; Mauerwerk mit geringer Salzbelastung						
	m²	**€ brutto**	**44**	**47**	**62**	**74**	**80**
	KG 395	€ netto	37	39	52	62	68
59	**Sanierputz, hohe Salzbelastung** Sanierputz; CS II; Schichtdicke mind. 15mm; auf Porenputzgrund; Mauerwerk mit hoher Salzbelastung						
	m²	**€ brutto**	**40**	**43**	**57**	**68**	**74**
	KG 395	€ netto	34	36	48	57	62
60	**Sanierputz, Leibungen** Sanierputz, Leibung; CS II; Schichtdicke mind. 25mm; auf Leibungen bis 25cm; Mauerwerk mit hoher Salzbelastung						
	m	**€ brutto**	**18**	**19**	**25**	**30**	**32**
	KG 395	€ netto	15	16	21	25	27

 © BKI Baukosteninformationszentrum

Anhang

Regionalfaktoren

Anhang

Regionalfaktoren

Diese Faktoren geben Aufschluss darüber, inwieweit die Baupreise in einer bestimmten Region Deutschlands teurer oder günstiger liegen als im Bundesdurchschnitt. Sie können dazu verwendet werden, die BKI Baupreise an das besondere Baupreisniveau einer Region anzupassen. Bitte beachten und berücksichtigen Sie die weiteren Einflüsse auf die Baupreise unter Punkt 7 bei den Benutzerhinweisen.

	Landkreis / Stadtkreis	Regionalfaktor
A	Aachen, Städteregion	0.960
	Ahrweiler	1.016
	Aichach-Friedberg	1.102
	Alb-Donau-Kreis	1.031
	Altenburger Land	0.934
	Altenkirchen	0.980
	Altmarkkreis Salzwedel	0.796
	Altötting	0.971
	Alzey-Worms	1.003
	Amberg, Stadt	0.978
	Amberg-Sulzbach	0.979
	Ammerland	0.860
	Anhalt-Bitterfeld	0.680
	Ansbach	1.038
	Ansbach, Stadt	1.094
	Aschaffenburg	1.121
	Aschaffenburg, Stadt	1.107
	Augsburg	1.089
	Augsburg, Stadt	1.027
	Aurich	0.809
B	Bad Dürkheim	1.042
	Bad Kissingen	1.087
	Bad Kreuznach	1.036
	Bad Tölz-Wolfratshausen	1.128
	Baden-Baden, Stadt	1.048
	Bamberg	1.060
	Bamberg, Stadt	1.154
	Barnim	0.890
	Bautzen	0.897
	Bayreuth	1.080
	Bayreuth, Stadt	1.049
	Berchtesgadener Land	1.100
	Bergstraße	1.046
	Berlin, Stadt	1.023
	Bernkastel-Wittlich	1.102
	Biberach	1.023

E	Ebersberg	1.124
	Eichsfeld	0.882
	Eichstätt	1.068
	Eifelkreis Bitburg-Prüm	1.030
	Eisenach, Stadt	0.917
	Elbe-Elster	0.859
	Emden, Stadt	0.723
	Emmendingen	1.047
	Emsland	0.831
	Ennepe-Ruhr-Kreis	0.953
	Enzkreis	1.087
	Erding	1.041
	Erfurt, Stadt	0.892
	Erlangen, Stadt	1.000
	Erlangen-Höchstadt	1.008
	Erzgebirgskreis	0.938
	Essen, Stadt	0.928
	Esslingen	1.062
	Euskirchen	0.980
F	Flensburg, Stadt	0.924
	Forchheim	1.089
	Frankenthal (Pfalz), Stadt	0.936
	Frankfurt (Oder), Stadt	0.839
	Frankfurt am Main, Stadt	1.082
	Freiburg im Breisgau, Stadt	1.105
	Freising	1.040
	Freudenstadt	1.033
	Freyung-Grafenau	0.892
	Friesland	0.891
	Fulda	1.013
	Fürstenfeldbruck	1.168
	Fürth	1.054
	Fürth, Stadt	0.946
G	Garmisch-Partenkirchen	1.210
	Gelsenkirchen, Stadt	0.931
	Gera, Stadt	0.851
	Germersheim	1.081
	Gießen	1.007
	Gifhorn	0.914
	Goslar	0.899
	Gotha	0.949
	Grafschaft Bentheim	0.849
	Greiz	0.862
	Groß-Gerau	1.035

	Karlsruhe, Stadt	1.019
	Kassel	0.999
	Kassel, Stadt	1.035
	Kaufbeuren, Stadt	1.082
	Kelheim	0.946
	Kempten (Allgäu), Stadt	1.002
	Kiel, Stadt	0.921
	Kitzingen	1.070
	Kleve	0.997
	Koblenz, Stadt	1.081
	Konstanz	1.084
	Krefeld, Stadt	0.968
	Kronach	1.055
	Kulmbach	1.058
	Kusel	1.037
	Kyffhäuserkreis	0.865
	Köln, Stadt	0.917
L	Lahn-Dill-Kreis	0.970
	Landau in der Pfalz, Stadt	1.031
	Landsberg am Lech	1.128
	Landshut	0.941
	Landshut, Stadt	1.138
	Leer	0.778
	Leipzig	0.990
	Leipzig, Stadt	0.850
	Leverkusen, Stadt	0.930
	Lichtenfels	1.041
	Limburg-Weilburg	1.009
	Lindau (Bodensee)	1.111
	Lippe	0.958
	Ludwigsburg	1.041
	Ludwigshafen am Rhein, Stadt	0.977
	Ludwigslust-Parchim	0.889
	Lörrach	1.061
	Lübeck, Stadt	0.956
	Lüchow-Dannenberg	0.916
	Lüneburg	0.908
M	Magdeburg, Stadt	0.874
	Main-Kinzig-Kreis	1.035
	Main-Spessart	1.114
	Main-Tauber-Kreis	1.051
	Main-Taunus-Kreis	1.038
	Mainz, Stadt	1.022
	Mainz-Bingen	1.055

	Odenwaldkreis	1.016
	Oder-Spree	0.928
	Offenbach	1.036
	Offenbach am Main, Stadt	1.005
	Oldenburg	0.866
	Oldenburg, Stadt	0.918
	Olpe	1.027
	Ortenaukreis	1.033
	Osnabrück	0.827
	Osnabrück, Stadt	0.875
	Ostalbkreis	1.103
	Ostallgäu	1.070
	Osterholz	0.935
	Osterode am Harz	0.877
	Ostholstein	0.910
	Ostprignitz-Ruppin	0.820
P	Paderborn	0.949
	Passau	0.931
	Passau, Stadt	1.030
	Peine	0.912
	Pfaffenhofen a.d. Ilm	1.057
	Pforzheim, Stadt	1.013
	Pinneberg	1.027
	Pirmasens, Stadt	1.020
	Plön	0.973
	Potsdam, Stadt	0.911
	Potsdam-Mittelmark	0.928
	Prignitz	0.756
R	Rastatt	1.020
	Ravensburg	1.015
	Recklinghausen	0.908
	Regen	0.956
	Regensburg	1.010
	Regensburg, Stadt	1.066
	Regionalverband Saarbrücken	1.009
	Rems-Murr-Kreis	1.038
	Remscheid, Stadt	0.973
	Rendsburg-Eckernförde	0.883
	Reutlingen	1.065
	Rhein-Erft-Kreis	0.979
	Rhein-Hunsrück-Kreis	0.999
	Rhein-Kreis Neuss	0.941
	Rhein-Lahn-Kreis	1.050
	Rhein-Neckar-Kreis	1.032

	Rhein-Pfalz-Kreis	0.992
	Rhein-Sieg-Kreis	0.992
	Rheingau-Taunus-Kreis	1.015
	Rheinisch-Bergischer Kreis	0.960
	Rhön-Grabfeld	1.073
	Rosenheim	1.150
	Rosenheim, Stadt	1.136
	Rostock	0.885
	Rostock, Stadt	0.987
	Rotenburg (Wümme)	0.786
	Roth	1.050
	Rottal-Inn	0.945
	Rottweil	1.048
S	Saale-Holzland-Kreis	0.926
	Saale-Orla-Kreis	0.913
	Saalekreis	0.881
	Saalfeld-Rudolstadt	0.927
	Saarlouis	1.032
	Saarpfalz-Kreis	1.025
	Salzgitter, Stadt	0.874
	Salzlandkreis	0.822
	Schaumburg	0.869
	Schleswig-Flensburg	0.837
	Schmalkalden-Meiningen	0.954
	Schwabach, Stadt	1.035
	Schwalm-Eder-Kreis	1.004
	Schwandorf	0.984
	Schwarzwald-Baar-Kreis	1.024
	Schweinfurt	1.114
	Schweinfurt, Stadt	1.024
	Schwerin, Stadt	0.896
	Schwäbisch Hall	1.019
	Segeberg	0.902
	Siegen-Wittgenstein	1.032
	Sigmaringen	1.031
	Soest	0.943
	Solingen, Stadt	0.933
	Sonneberg	0.906
	Speyer, Stadt	0.902
	Spree-Neiße	0.771
	St. Wendel	0.980
	Stade	0.865
	Starnberg	1.261
	Steinburg	0.904
	Steinfurt	0.909

	Stendal	0.734
	Stormarn	0.960
	Straubing, Stadt	1.108
	Straubing-Bogen	1.005
	Stuttgart, Stadt	1.132
	Suhl, Stadt	1.037
	Sächsische Schweiz-Osterzgebirge	0.975
	Sömmerda	0.889
	Südliche Weinstraße	1.076
	Südwestpfalz	0.996
T	Teltow-Fläming	0.934
	Tirschenreuth	0.971
	Traunstein	1.078
	Trier, Stadt	1.109
	Trier-Saarburg	1.087
	Tuttlingen	1.015
	Tübingen	1.093
U	Uckermark	0.795
	Uelzen	0.899
	Ulm, Stadt	1.039
	Unna	0.966
	Unstrut-Hainich-Kreis	0.881
	Unterallgäu	1.055
V	Vechta	0.888
	Verden	0.864
	Viersen	1.012
	Vogelsbergkreis	0.982
	Vogtlandkreis	0.930
	Vorpommern-Greifswald	0.925
	Vorpommern-Rügen	0.923
	Vulkaneifel	1.020
W	Waldeck-Frankenberg	1.055
	Waldshut	1.064
	Warendorf	0.948
	Wartburgkreis	0.910
	Weiden i.d.OPf., Stadt	0.979
	Weilheim-Schongau	1.119
	Weimar, Stadt	0.930
	Weimarer Land	0.910
	Weißenburg-Gunzenhausen	1.059
	Werra-Meißner-Kreis	1.075
	Wesel	0.962